计算机网络技术与人工智能应用

屈红永　马琪　姚飞　著

吉林科学技术出版社

图书在版编目（CIP）数据

计算机网络技术与人工智能应用 / 屈红永 , 马琪 , 姚飞著 . -- 长春 : 吉林科学技术出版社 , 2024.5
ISBN 978-7-5744-1319-1

Ⅰ . ①计… Ⅱ . ①屈… ②马… ③姚… Ⅲ . ①计算机网络②人工智能—应用 Ⅳ . ① TP393 ② TP18

中国国家版本馆 CIP 数据核字 (2024) 第 092113 号

计算机网络技术与人工智能应用

著　　屈红永　马琪　姚飞
出 版 人　宛　霞
责任编辑　郭建齐
封面设计　刘梦杳
制　　版　刘梦杳
幅面尺寸　185mm × 260mm
开　　本　16
字　　数　330 千字
印　　张　16.75
印　　数　1~1500 册
版　　次　2024 年5月第1 版
印　　次　2024年10月第1次印刷

出　　版　吉林科学技术出版社
发　　行　吉林科学技术出版社
地　　址　长春市福祉大路5788 号出版大厦A 座
邮　　编　130118
发行部电话/传真　0431-81629529 81629530 81629531
81629532 81629533 81629534
储运部电话　0431-86059116
编辑部电话　0431-81629510
印　　刷　廊坊市印艺阁数字科技有限公司

书　　号　ISBN 978-7-5744-1319-1
定　　价　88.00元

前　言

当今世界的互联网技术发展迅猛，已经渗入了各个领域，对人类的日常生活和生产活动产生了极大的影响，计算机网络构建与维护、网络工程设计、网络安全管理、网站设计构架、网络维护等已经变得越来越重要了。近年来，随着互联网技术的迅速普及和应用，我国的通信和电子信息产业正以级数的增长方式发展起来，了解和掌握最新的网络通信技术也变得更加重要。

人工智能是指通过模仿人类智能的方法和技术，使机器具有自学习、自适应、语言交互等能力的技术。人工智能可以模仿人类智慧的思考方式，来模拟出复杂的推理、判断等工作。人工智能被广泛用于金融、医疗、教育、交通等领域。在金融领域中，人工智能可以模拟风险评估、市场预测等工作，提高金融系统运行的稳定性，同时为金融风险管理提供了支持。随着计算机网络技术和人工智能的不断发展，两者的结合应用逐渐成为各行各业的热点。计算机网络技术和人工智能相互融合，将是推动数字时代发展的主要动力。

本书在写作过程中参考了相关领域诸多的著作、论文、教材等，引用了国内外部分文献和相关资料，在此一并表示诚挚的谢意和致敬。由于计算机网络及人工智能等技术涉及的范畴比较新，需要探索的层面比较广，笔者在写作的过程中难免会存在一定的不足，对一些相关问题的研究不透彻，提出的发展提升路径也有一定的局限性，恳请前辈、同行及广大读者斧正。

目 录

第一章　计算机网络基础

第一节　计算机网络概述

一、计算机网络的定义

计算机网络技术是一门计算机与通信相融合、协作的交叉学科，是一门涉及多种计算机技术和通信技术的非常复杂的技术。

（一）计算机网络的概念

计算机网络技术一直在不断演变，其内涵也在不断丰富，因此，目前人们还无法从学科概念和技术层面给计算机网络一个非常准确的定义。在不同的时间和视角下，计算机网络的定义也各不相同。

从计算机和通信技术相融合的角度来看，可以将计算机网络定义为“将计算机技术和通信技术结合起来，实现远程信息处理和资源共享的技术”。随着计算机网络的进一步发展，已经从“远程终端与计算机之间的通信”发展到“计算机之间的相互通信”。基于此，又出现了一个新的定义：“计算机通信网，即为了在计算机之间传输信息而相互连接的计算机系统的集合。”

从物理结构的角度来看，可以称计算机网络为“由若干台计算机、终端、数据传输设备以及通信控制处理机组成的系统集合，其连接方式受协议控制”。这个定义的重点在于强调计算机网络由协议控制，并通过通信系统实现计算机之间的连接。这表明，计算机网络系统与简单的计算机连接形成的通信系统之间的区别在于是否使用网络协议。

综合以上不同的定义，并结合目前的主流看法，可以更具体地定义计算机网络为“一组地理上分散、相互独立的计算机，按照网络协议相互连接，以实现资源共享的计算机集合”。因为人们生活在不同的环境中，研究的侧重也有所不同，对计算机网络的称呼也略有差异。当关注网络资源共享研究时，称之为“计算机网络”；当关注通信问题时，则称之为“计算机通信网络”。

（二）计算机网络的功能

1.共享硬件和软件

计算机网络使用户能够共享网络上的硬件设备和资源，如巨型计算机、高性能打印机、通信设备等。用户只需访问网络，即可使用各种类型的硬件设备，这样可以帮助用户节省开支。同时，计算机网络还实现了共享软件的功能，确保多个用户在数据不损坏或随意变更的前提下同时访问软件。尤其是客户/服务器模式和浏览器/服务器模式（C/S和B/S模式）的出现，更方便用户访问服务器中共享的软件。另外，B/S模式使得软件版本的升级和变更仅需在服务器上执行，所有网络用户都可以同时享受各类应用、信息服务和专业软件，实现了通过计算机网络的共享。

2.共享信息

因特网是一个拥有丰富信息资源的海洋，其中储存着各种各样的信息。每个用户都可以通过因特网获取所需的资源，进行学习、娱乐、工作等活动。

3.进行通信

计算机网络的基本功能是通信，它使得分散在不同地区的网络用户能够进行沟通和交流。例如，用户可以通过电子邮箱传送信件，在网上进行多人视频通话。计算机网络平台还可以帮助用户传递文字、图片、音频、视频等多种格式的数据。

4.分摊负载和分布式处理

当某台计算机需要承担过重的工作负载时，可以通过计算机网络将一部分工作分摊到其他计算机上，这样一来，既可以实现平均分配，也可以集中分配给几台空闲的计算机。计算机网络的负载分摊和分布式处理功能使大型任务处理过程变得有序和高效，任务分配更加平均和合理。

5.使计算机系统更加实用和严谨

任何一个计算机网络集合中的计算机都可以通过网络备份自己的系统和数据到其他计算机上，这样可以减少信息的丢失和随意变更的风险。一旦网络中的某台计算机出现故障，其他计算机可以立即接替其工作，确保系统的稳定运行。

（三）计算机网络的应用领域

随着社会不断朝着信息化的方向迈进，现代通信和计算机技术也在快速发展，计算机网络的应用越发广泛，已经渗透到现代社会的各个领域。计算机网络的应用面可以概括如下。

1.在企事业单位中的应用

计算机网络的运用可以实现企事业单位的办公自动化，并与同事和工作伙伴共享软硬件及数据资源。通过将内部网络与互联网连接，企业可以实现异地办公、财务统计和战略合作。例如，公司可以通过互联网连接各地的子公司和合作单位，以便及时沟通和共享资源。此外，即使不在公司的员工也可以通过网络与公司保持沟通，获取实时指示和帮助。另外，企业还可以利用互联网提高效益，如进行市场调研、发布广告、下达指令等，以确保在互联网时代保持竞争优势。

2.在个人信息服务中的应用

计算机网络在个人信息服务方面的应用与企事业单位有所不同。家庭和个人用户通常拥有多台微型计算机，通过电话交换网或光缆与公共数据网相连。家庭和个人用户的需求通常是通过计算机网络获取信息服务，主要包括以下内容。

（1）远程信息访问

在当前信息化时代，人们可以通过万维网（WWW）获取各类信息，包括教育、娱乐、新闻、医疗等。随着报纸和期刊电子化，人们可以在线浏览报纸和期刊，并通过专业频道下载自己感兴趣的内容。此外，人们还可以通过互联网进行理财和消费，如接收账单、管理账户、处理投资和网上购物，从而节省了去银行或商场办理业务的时间和精力。

（2）个人之间的通信

在计算机通信网络出现之前，人们一直使用书信、电报和电话等方式进行通信，这些方式存在许多弊端。随着计算机通信网络的持续发展和应用，网络成为人们最常使用的交流渠道。电子邮件、QQ、微信、论坛和贴吧等工具可以帮助人们及时沟通、传送文件、交流讨论和在线阅读，这大大提高了生活质量、工作效率和幸福感。

（3）家庭娱乐

观看电影、点播节目、在线音乐、数字游戏等家庭娱乐项目可以通过计算机网络的信息服务实现。网络上存在大量的娱乐资源，能够满足家庭成员的需求。

3.在商业上的应用

计算机网络日渐普及，个人和企业主要通过电子数据交换进行国际贸易。计算机网络使用一种各地公认的数据格式代替原始的贸易单据，使位于世界各地的贸易伙伴通过互联网传输数据，从而提高效率，节省人力、物力开支。如今，随着计算机网络在商业中的不断应用和创新，很多个人或企业的商品订购是通过网络实现的，银行业务是通过网络进行的，突破了传统的商业模式。

随着网络技术的发展和各种网络应用的需求，计算机网络应用的范围正在扩大。如今，网络应用覆盖工业自动控制、辅助决策、虚拟大学、远程教育、远程医疗、管理信息系统、数字图书馆、电子博物馆、全球信息检索和信息查询、电子商务、视频会议、视频点播等其他领域，呈现出蓬勃的发展趋势。

二、计算机网络的产生和发展

（一）计算机网络的发展

在人类漫长的文明史上，每个新发明的出现都需要满足两个关键条件：强烈的社会需求和前期技术的成熟支持。回顾计算机网络的发展历程，我们可以发现它的成长也具备这两个条件。将计算机网络的发展划分为不同阶段：20世纪50年代的初期阶段、20世纪70年代的发展阶段、20世纪80年代的成熟阶段、20世纪90年代至今的广泛应用阶段。每个阶段都具有其特定的技术特点，并取得了许多技术成果。

1946年，美国诞生了第一台电子数字计算机，但当时计算机与通信之间并没有太多联系。20世纪50年代初，出于军事目的，美国的半自动地面防空系统（SAGE）需要将分散的防空信息通过长达2 410 000km的通信线路传输至IBM计算机，以实现集中处理。为了实现远程雷达和其他测量设备的连接，SAGE开始了计算机技术和通信技术相结合的研究。为了达成这一目标，首先需要研究数据通信技术的基础。通过早期的研究，人们发现分布在世界各地的多个终端设备可以通过通信线路连接到中央计算机，不同来源的数据可以由一台中央计算机进行集中处理。用户可以将数据输入程序，并通过通信线路将其传输到中央计算机，在不同的时间访问资源并进行信息处理，随后通过通信线路将处理结果返回给用户终端。这种以单台计算机为中心的联机系统适用于各种规模的计算机，形成面向终端的远程联机系统。20世纪60年代初，美国航空公司建立了航空订票系统（SABRE），该系统由一台计算机和分布在全国的2000多个终端组成，标志着计算机和数据通信的典型融合。

随着计算机技术的不断提升，人们对应用的需求也在不断发展。军事、科研、经济分析、企业管理等领域迫切需要多台计算机之间互连的技术，网络用户渴求一种能够通过通信线路将本地计算机与其他计算机互连起来的技术，实现软件、硬件和数据的共享，形成一个相互连接的“计算机—计算机”网络。

1969年，美国国防部高级研究项目署（ARPA）提出了一个研究计划，旨在通过连接许多大学、公司和研究机构的计算机来建立ARPANET（俗称ARPA网），为今天的互联网奠定了基础。从最初的4个节点发展到1973年的40个节点，再到1983年的100多个节点，ARPA网通过有线、无线和卫星通信线路实现了对欧美国家广大地区的网络覆盖。ARPA网是计算机网络技术的一个重要突破，为计算机网络技术的发展作出了杰出贡献。

从上述早期计算机网络的发展历程中，我们可以看到使用长途通信线路将分散在各地的计算机连接起来形成计算机网络是当时计算机技术的显著特点。

随着个人计算机和工作站的普及，人们提出了在小范围内多台计算机联网的需求。20

世纪70年代，一些大学和研究机构开始研究本地计算机网络，旨在实现实验室或校园内多台计算机的共同计算和资源共享。这导致了一系列对局域网技术的重大贡献，包括1972年美国加州大学的New Hall环网、1976年美国Xerox公司的Ethernet（以太网）、1974年英国剑桥大学的Cambridge Ring环网等。

20世纪80年代以后，个人计算机技术迅速发展，用户越来越渴望通过网络共享资源、软件和硬件设备，这促使局域网技术迎来突破。以太网、令牌总线和令牌环等局域网产品迅速发展。作为一种高速局域网技术，光纤分布式数据接口（Fiber Distributed Data Interface，FDDI）曾在高速与主干网的应用中发挥作用。但随着以太网的发展，FDDI逐渐退出市场。

从20世纪90年代至今，全球最大、最具影响力的计算机互联网——因特网——广泛应用，对世界经济、文化和科技的发展起着重要的推动作用。因特网通过路由器将广域网和局域网相互连接，形成了大规模的互联网。同时，高速网络的发展也成为重要议题。宽带综合业务数字网（ISDN）、异步传输模式（ATM）、高速局域网、交换式局域网和虚拟网络等高速网络技术得到广泛发展。基于光纤通信技术的宽带城域网和宽带接入网技术也成为研究热点。

（二）计算机网络技术的发展趋势

1.微型化

随着人们对计算机设备轻巧、便携的需求不断增长，微型化成为必然趋势。这就催产了微处理器芯片的发展，充分展示了新网络技术在现代生活中的重要性。为实现微型化突破，首先需要发展集成电路。同时，科学技术的飞速进步推动着新型芯片和其他相关技术的不断开发和推出，功能日趋复杂和精密，价格也逐渐降低。

2.IP协议的发展

IP协议自1969年问世以来，一直在各个领域的生产和应用中占据重要地位，其中IPv4发展态势最为强劲。然而，随着各行各业对产品和业务质量要求的提高，人们对IP协议的完善程度也提出了新的要求。IPv4的弊端和不足逐渐显露，逐步被更为完善的IPv6取代。可以预见，在未来可能出现更加符合当下时代发展要求的新一代IP协议，因此，IP协议的不断更新换代是计算机网络技术持续发展过程中不可或缺的一环。

3.三网合一

三网指的是电信网络、有线电视网络和计算机网络。将这三种网络进行整合能够有效地降低成本，提高计算机网络技术的综合实力、应用效果和工作效率，从而为人们的生产和生活带来更多便捷，推动国家快速前进。三网之间的融合将为信息交流和资源共享创造更广阔的平台。

三、计算机网络的组成

与初期计算机网络完全不同，计算机网络已经发生了很大的变化，因此概括计算机网络的组成并不容易。任何电子设备都可以连接上计算机成为网络的一部分，包括手机、平板电脑等移动设备，家用电器、消防安保系统等。计算机网络已经渗透进了生活的方方面面，因此在这里我们只能阐述计算机网络的核心组件。划分计算机网络有两种方法：一种是根据计算机技术标准将其划分为网络硬件和网络软件；另一种是根据网络各部分的功能将其划分为通信子网和资源子网。

（一）计算机网络硬件

计算机网络硬件设备作为物质基础，与软件等其他设备相连接，组成完整的网络系统。每种不同功能的网络系统都配有不同的硬件，硬件设备也随着计算机网络技术的发展，变得更加多功能、高效率、低能耗。

1.服务器

服务器是网络中提供服务和信息的关键设备，承担着为网络提供服务和存储大量共享信息的重要角色。由于服务器的工作量巨大，因此服务器必须具备高性能、高可靠性、高吞吐量和大存储容量的特点。为了确保网络的高效率和高可靠性，我们应选择配置良好的专业服务器，具备强大的CPU、大内存、高系统配置和优良的散热性能。常见的服务器包括Web服务器、数据库服务器和邮件服务器等。

2.主机或终端系统设备

除了服务器，与网络连接并访问网络资源的所有设备都被称为主机，也被称为“终端系统”。以前，局域网相对独立且未连接互联网时，大部分主机都是个人计算机（PC），在局域网内被称为“网络工作站”。然而，如今终端系统发生了巨大的改变，除了个人计算机（PC），还包括PDA（个人数字助理）、电视、平板电脑、手机、游戏机等非传统设备。每秒全世界都有数以亿计的终端系统连接到互联网。

3.通信链路

通信链路由传输介质和传输设备组成，用于连接各个终端系统。

传输介质是网络中的通信线路，根据其特点可分为有形介质和无形介质。有形介质包括双绞线、同轴电缆和光缆等，而无形介质则包括无线电和卫星通信等。不同的传输介质具有不同的传输速率和有效距离，并支持不同的网络类型。

终端系统并不是直接通过单独的传输介质进行连接，而是通过交换设备进行通信，即包交换设备。目前，常见的包交换设备包括路由器和链路层交换机。它们接收来自一个链路的数据包，并根据目的地址将它们转发到另一个链路，以此类推，直至数据包被发送到目标站点。这种方式实现了终端系统之间的高效通信。

（二）计算机网络软件

与计算机网络硬件的地位相同，软件也是计算机系统中不可或缺的一部分，是实现网络功能的软环境。网络软件通常包括网络操作系统和网络协议软件。

1.网络操作系统

网络操作系统是网络的核心，它是一种基于网络硬件的软件系统，为网络用户提供资源管理、通信和网络安全等一系列网络服务。其他软件系统只有在网络操作系统的支持下才能正常运行。在一个网络系统中，资源是共享的。为协调系统资源的利用，网络操作系统必须对用户进行控制，并负责管理、整合和调配网络资源，以避免系统混乱和数据信息丢失。

2.网络协议软件

网络协议软件是维持网络运行的关键组成部分。网络协议按照底层和高层两种层次结构进行分类。底层协议（如物理层协议）主要由硬件实现，而高层协议（如网络层协议）主要由软件实现。在互联网运营过程中，协议负责控制信息传输的全过程。目前，传输控制协议（TCP）和因特网协议（IP）是互联网上最重要的两个协议。IP协议定义了数据包的格式以及在路由系统中的接收和发送过程。而TCP协议定义了一系列传输机制，如数据包的发送、接收、验证、确认和纠正等。实际上，TCP和IP只是协议系统中的两个主要协议，与其他协议一起构成我们熟悉的TCP/IP协议套件。

要访问互联网，世界上的任何组织都必须遵守互联网协议标准。当前，因特网协议标准由因特网工程任务组（IETF）通过请求注释（RFC）文档的形式发布。例如，RFC791是IP协议的原始版本，RFC1812是互联网路由协议的标准文档。此外，一些标准化组织（如IEEE）也发布了一些网络标准文件，主要用于定义链路层以下的网络结构。例如，IEEE 802.3定义了以太网标准，IEEE802.1定义了Wi-Fi无线网络标准。

互联网是一个全球性的公共网络，尽管政府、军队和其他组织也拥有独立于外界的网络，但它们大多数仍然符合互联网标准，并采用TCP/IP协议。这些被称为内联网。

四、计算机网络的分类

计算机网络分类的方法有很多种，可以根据计算机网络覆盖的地理范围、网络的传输技术、网络的传输媒体、网络协议、所使用的网络操作系统、网络的应用范围等进行分类，最常用的是根据计算机网络的地理覆盖范围分类。

（一）按网络覆盖的地理范围分类

人们普遍认为，网络分类方法是基于网络的覆盖范围，包括网络分布的地理区域，简而言之就是网络的大小。使用该方法，网络可以大致分为三类：LAN（局域网）、MAN（城域网）和WAN（广域网）。这些类别在一定程度上与网络规模（计算机和用户数量）及财务资源有关（WAN在安装和维护时通常比LAN更贵），但最重要的决定因素是网络覆盖的地理区域。

1.局域网（LAN）

局域网，通常简称为LAN，是一种覆盖范围在几千米之内的特殊网络。主要用于连接公司办公室或工厂中的个人计算机和工作站，实现资源共享和信息交换的功能。

相比其他类型的网络，局域网最显著的特点在于其覆盖范围相对较小。这不仅指地理上的范围，还包括单位内部的范围。通常来说，一个局域网仅连接同一单位内的计算机设备。

局域网由于覆盖范围较小，传输时间有限且可预测性强。而且随着技术的进步，局域网的传输速度也大大提高，现在已经达到了万兆以上的速度。

通过了解最大传输时间，我们可以选择适合的网络设计方法。传统的局域网传输技术采用共享信道的方式，这种技术在远程网络中并不适用。共享信道的方式能够简化局域网的设计和管理。

由于局域网的小范围覆盖，网络故障的概率相对较低。例如，在教室或建筑物内部的局域网几乎不会受到外部干扰的影响，而全国范围的广域网（WAN）则更容易发生故障。

早期的局域网技术包括以太网、令牌环网和令牌总线网等。然而，现在以太网已经占据了绝对的主导地位，其他类型的局域网逐渐退出了市场。

2.城域网（MAN）

城域网（MAN）基本上是一个大型的局域网，通常采用类似局域网的技术。城域网可以覆盖相邻的公司办公室和城市范围，可以是私有的，也可以是公共的。早期的城域网标准是分布式队列双总线（DQDB），支持数据和声音的传输，并且可能涉及本地有线电视网。DQDB只使用一根或两根电缆，并且没有交换单元，即将分组分流到多个可能引出电缆的设备，这样设计简化了很多。

近年来，城域网技术发生了巨大的变化。互联网的主干网络扩展到中小城市，语音通信网络、广播电视网络和数据通信网络的逐步融合使得局域网和城域网之间的界限逐渐模糊。此外，局域网正在利用互联网的结构和技术进行构建，这使得网络技术呈现趋于统一的趋势。

3.广域网（WAN）

广域网（WAN）是一种分布在较大地理区域的网络，被广泛使用的例子就是互联网。WAN也可以是专用网络，如果一个公司在多个国家/地区设有办事处，它可以通过电话线、卫星或其他技术建立WAN连接，连接不同地点的公司局域网（LAN）。

虽然WAN可以使用专用链路进行网络连接，但通常采用常见的传输工具，如公共电话系统。因此，WAN的传输速度一般较低于LAN，典型速度通常低于56kb/s，采用顶级调制解调器通过模拟电话线信号实现。即使是高速WAN链路，如T1、线缆调制解调器和数字用户线（DSL），最高速度也只能达到1～6Mb/s，而最慢的以太网局域网连接速度可达10Mb/s。

与局域网不同，WAN的连接不是永久布线的，WAN连接通常需要进行拨号请求。尽管许多WAN链路实际上是专用的且始终连接状态，但在WAN上临时连接比在局域网上更常见。

综上所述，WAN可以使用私有或公共传输线路，WAN连接可以是永久的专用连接或拨号连接。然而，相比局域网链路，WAN连接通常速度较慢。

（二）按照网络的传输技术分类

根据网络采用的传输技术，可以将网络按照传输技术进行分类。网络的主要技术特性取决于其采用的传输技术。

在通信技术中，存在两种类型的通信信道：广播通信信道和点对点通信信道。广播通信信道允许多个节点共享同一个通信信道，其中一个节点发送广播信息，其他节点必须接收该信息。点对点通信信道则是一条通信线路只能连接两个节点，若两个节点之间没有直接连接的线路，则需要通过中间节点进行转接。因此，网络的数据传输主要依赖于这两种传输技术：广播模式和点对点模式。根据这两种传输技术，可以将计算机网络分为两类：

1.广播网络

在广播网络中，所有联网的计算机共享同一个通信信道。当某台计算机通过共享信道发送报文分组时，其他所有计算机都会“监听”该报文分组。接收该报文分组的计算机会核对目的地址是否与其节点地址相同，如果相同，则接收该报文分组；否则，将丢弃该报文分组。广播网络中的报文分组的目的地址可分为三种：单节点地址、多节点地址和广播地址。

2.点对点网络

在点对点网络中，每条物理线路连接两台计算机。如果两台计算机之间没有直接连接的线路，中间节点将接收、存储和转发计算机之间的报文分组直到目标节点。由于连接多台计算机的电路可能非常复杂，因此从源节点到目标节点可能存在多条线路。这一特点决定了从源节点到目标节点的路由选择算法。点对点网络与广播网络之间的一个重要区别是报文分组的存储转发和路由机制。

第二节 计算机网络的性能及体系结构

一、计算机网络拓扑结构

在计算机网络中，计算机作为节点，通信线路作为连接，可以形成不同的几何图形，网络拓扑结构是研究网络图形的基本属性。网络的物理和逻辑拓扑是与之相关的重要特征，物理拓扑指的是网络的形状，即电缆的布线方式；逻辑拓扑指的是信号从一个点移动到另一个点的方式。

网络的物理拓扑和逻辑拓扑可以相同。例如，在线性总线的物理形状网络中，数据按顺序从一台计算机传输到另一台计算机（通过单条线路）；网络也可以具有不同的物理和逻辑拓扑，例如，电缆以星形方式将所有计算机连接到中央集线器，而在集线器内，信号以环形方式从一个端口传输到另一个端口（逻辑上形成环状拓扑）。

根据不同的物理拓扑结构，计算机网络可以分为总线、环形、星形、网状和混合型等几种拓扑结构。其中，总线、环形和星形是局域网中常见的拓扑结构；网状拓扑主要用于需要高可靠性的情况；广域网通常采用混合型拓扑。

（一）总线型拓扑结构

尽管总线型拓扑目前很少见，作为一种网络技术，毕竟，在某些方面仍然采用共享传输媒体的多路访问技术。

在总线型拓扑中，所有网络节点直接连接到同一传输介质，称为总线。每个节点根据规则使用总线及时传输数据。发送节点发送的数据帧沿总线传播到两端，每个节点可以接收数据帧并决定是否发送给自己。如果是，则保留数据帧，否则丢弃数据帧。总线网络的传输方式取决于沿总线传播到两端的数据信号特性。

在总线网络中，所有节点共享总线，每次只有一个节点发送数据，其他节点处于接收状态。为了使节点能有序地利用总线进行数据传输，需要采用分布式访问策略来控制节点对总线的访问。以太网是典型的总线网络。

由于总线网络具有起点和终点，两端都需要终结。如果在电缆的两端没有任何处理，信号会发生反射（一种将电磁波反射的常见物理现象，如光通过空气照射到水面上的反射）。因此，通常在每个电缆端添加匹配电阻用于吸收信号。

总线网络通常使用粗略或精细尺寸的同轴电缆作为传输介质，并采用以太网10Base-2或10Base-5架构。

总线网络的优点是电缆长度短，接线方便。总线只是一个传输通道，没有处理功能，属于无源器件，工作可靠性高，且后期增加或减少节点也很方便。

总线网络的缺点是系统范围有限。由于数据速率和传输距离之间的制约关系，每根电缆的长度通常限制在几百米以内。虽然可以使用中继器延长总线长度，但考虑到网络性能，两个节点之间的最远距离不能超过2.5千米。总线型网络采用共享分布式控制策略，需要在每个节点上执行故障检测，这是很困难的。如果总线发生故障，则需要移除故障总线段，并且故障隔离也非常困难。

（二）环形拓扑结构

在环形拓扑中，每个节点通过中继器连接到网络，形成一个闭环网络。发送节点按顺时针方向传送数据帧沿着环路，每个节点决定是否将数据帧传送到自己，如果是，则复制数据帧并传递给下一个节点。数据帧通过每个节点后，发送节点将其回收。环形网络通过这种方式进行广播传输。

由于多个节点共享一个环路，需要一个分布式访问控制策略来管理每个节点对环路的访问。通常采用基于令牌的控制访问方法。每个节点都有发送和接收控制的访问逻辑，并根据一些规则控制节点对网络的访问。环状网络中的节点结构相对复杂。

环形网络的优点是所需介质短，类似于总线结构。由于链路是单向的，可以使用光纤作为传输介质。在同一个环上的不同链路可以使用不同的传输介质。在通信时，网络中信息传输的最大传输延迟时间是固定的，节点通过物理链路直接相连，传输控制机制相对简单，实时性好，易于安装。尽管所需电缆数量多于总线拓扑结构，但少于星形拓扑结构。

环形网络的缺点是如果某个节点发生故障，可能会导致整个网络无法运行，可靠性较差。为了解决可靠性问题，一些网络采用具有自愈功能的双环结构，当一个节点发生故障时，自动切换到另一个环路。在这种情况下，需要调整整个网络拓扑和访问控制机制，只有当环路不中断时，才算是可靠的拓扑结构。如果电缆在某处断开连接，整个网络将瘫痪。

（三）星形拓扑结构

在星形拓扑中，每个端点通过点对点链路连接到中间节点，并且所有端点之间的通信必须通过中间节点进行。星形结构网络中采用两种访问控制策略，即集中式访问控制和分布式访问控制，以实现对网络节点的访问控制。常用的电缆类型是非屏蔽双绞线（UTP）。

在基于集中式访问控制策略的星形网络中，中间节点不仅充当网络交换设备，还扮演每个节点的网络访问控制器的角色。在发送数据之前，端点向中间节点发送传输请求，只有在中间节点许可的情况下才能传输数据。在这种网络系统中，中间节点拥有强大的数据交换能力和网络控制功能，系统结构更加复杂，但端点的功能和结构相对简单。

而在基于分布式访问控制策略的星形网络中，中间节点主要充当网络交换设备。它通过“存储—转发”机制为网络节点提供传输路径和转发服务。根据需求，中间节点将一个节点发送的数据转发给其他所有节点，实现广播传输。每个终端节点根据网络状态来控制自身对网络的访问。如今，大多数基于分组交换的局域网都采用这种网络结构，已成为主流的网络技术。

星形拓扑相比总线型和环形拓扑有两个优点：首先，具有更高的容错性。如果某台计算机断开连接或电缆损坏，只会影响该计算机，其他计算机仍能正常通信。其次，星形网络便于重新配置，添加或移除计算机都相对简单。

星形网络的主要缺点在于价格方面。相比总线型和环形网络，星形网络需要更多电缆，并且需要中央节点（集线器或交换机）。然而，随着技术进步，设备价格的问题将逐步得到解决。

（四）网状拓扑结构

网络拓扑是一种不太经常使用的局域网拓扑图，它没有前面讨论的拓扑结构常见。在网状网络中，每台计算机都直接连接到网络中的其他计算机。这些冗余连接使网状网络成为所有拓扑中最具容错能力的网络。如果从发送计算机到目标计算机的路径之一出现故障，则另一条路径也可以送达这一信号。这种优势被安装网状网络所需大量电缆的高成本和多台计算机中涉及的网络复杂性所抵消。每添加一台新计算机，连接数目都呈指数增长。因此，网状网络仅适用于可靠性要求非常严格的情况。

（五）混合型拓扑结构

混合拓扑是指组合两种或更多种标准拓扑形式的网络（如混合网状总线、星形总线或环形总线），其特点是更加灵活，适用于现实中的许多环境，如广域网。

二、计算机网络体系结构

（一）协议和网络体系结构

1.协议

计算机网络的基本功能是资源共享和信息交换。为实现这些功能，网络中的实体需要进行各种通信和对话。这些通信实体的情况各不相同，如果没有统一的协议，结果将会非常混乱。人们常常将互联网比喻为“信息的高速公路”，为能够共享资源和交换信息，我们必须遵循一些规则和标准，也就是协议。

实际上，在现实生活中协议随处可见，只是我们已经司空见惯而未加注意。下面的生活场景可以帮助我们理解什么是协议。想象一下，当你询问另一个人现在的时间时，典型的对话过程如下。首先，你使用问候语来建立双方之间的沟通，例如，你说“你好”，通常对方会回答“你好”作为对话的回应；然后你问“现在几点了”，对方回答“9：30”，这时对话成功进行。当然，也可能会得到其他的回答，如“请勿打扰我”或“我不会说中文”，甚至没有回应，这表明对方不愿意或无法交谈。在这种情况下，你会明白不能再问时间了（按照协议）。人们发送信息并获得反馈（收到信息），然后根据反馈信息判断如何继续对话，这就是人与人之间的协议。如果人们之间存在不同的协议，如一方的行为方式另一方无法理解，或者一个人所说的时间概念另一个人无法理解，那么协议根本就无法起作用。

计算机网络协议与人类协议非常相似，只是执行协议的对象变成硬件或软件实体。两个或更多数量的硬件和软件实体可以根据协议进行信息交换。例如，两台通过物理连接的计算机通过网卡执行协议来控制比特流信号的传输；拥塞控制协议在终端系统之间管理数据包的传输，确保发送方和接收方之间的平衡；路由器中运行的协议确定在从源到目的地的传输过程中数据包的路径选择。协议在互联网的任何地方都控制着信息的传输。

让我们用一个例子来说明计算机网络协议：当我们在浏览器中输入Web地址（URL）请求Web页面时，会发生以下过程。

步骤1：浏览器向Web服务器发送连接请求并等待响应。

步骤2：通常情况下，Web服务器接收连接请求并返回连接响应。

步骤3：浏览器得知服务器已经准备就绪，将发送GET请求信息以获取所请求的Web页面的名称。

步骤4：Web服务器将请求的Web页面或文件发送回浏览器。

通过这个例子，我们可以给出计算机网络协议的定义：协议定义了计算机网络中两个及以上通信实体之间信息交换的格式和顺序，以及在连接过程中应该生成的各种行为规则和约定。

协议具有以下3个要素。

语法：数据和控制信息的格式、数据编码等。

语义学：控制信息的内容、操作和响应。

时间安排：事件的先后顺序与速度相匹配。

协议仅仅定义了各种计算机规则的外部特征，而没有指定任何内部实现方式，这与人们日常生活中的一些规定是相似的——只规定要做什么，而不描述如何去做。

计算机网络的硬件和软件制造商根据协议规定生产网络产品，以确保所生产的产品符合协议规定的标准。然而，制造商可以自行选择使用哪种电子元件和哪种编程语言，这并没有被协议规定。

2.网络体系结构

网络协议是计算机网络必不可少的一部分，功能齐全的计算机网络需要一套协议集的支持。对于复杂的网络协议，组织它们的最佳方法是根据层次结构模型组织计算机网络协议。每个相邻层之间存在接口，不同的层通过接口为其上层提供服务，并屏蔽实现此服务的细节。将网络层次模型和协议集定义为网络体系结构。网络体系结构确定义了计算机网络应该实现的功能，而如何实现这些功能的硬件和软件类型是具体的问题。

计算机网络采用层次结构的优点如下：

（1）各层之间相互独立

较高层只需要知道通过层之间的接口提供的服务，而不需知道低层如何实现。每层的技术变化不会影响其他层，因此可以使用最适合该层的技术。

（2）灵活性好

当某层发生变化时，只要接口不变，就不会影响上下的层，当不再需要某层的服务时，甚至可以直接取消。

（3）易于实现和维护

因为整个系统被分解为多个易于操作的部分，所以更容易控制大型复杂系统的实现和维护。

（4）促进标准化

每一层的功能及服务项目都有精明的描述。IBM公司在1974年提出了世界上第一个网络体系结构，即系统网络体系结构（SNA）。从那时起，许多公司都提出了自己的网络体系结构，其共同特点是它们都采用分层技术，但层的划分和功能的分配与所使用的技术术语都各不相同。随着信息技术的发展，各种计算机系统和计算机网络的互联已成为亟待解决的问题，在此背景下，OSI参考模型被提了出来。

（二）ISO/OSI参考模型

1.ISO/OSI参考模型的分层结构

OSI参考模型明确地区分了服务、接口和协议这三个概念：服务描述了每个层所提供的功能；接口定义了高层如何访问底层提供的服务；协议则是实现每个层功能的具体方式。通过区分这些概念，OSI参考模型定义了开放系统的层次结构和各层所提供的服务，将功能定义与实现细节相分离，从而使模型具备高度的通用性和适应性。

需要指出的是，OSI参考模型本身并非一种网络体系架构。根据定义，网络体系架构是由网络层次结构和相关协议组成的集合；而OSI参考模型并没有准确定义各层的协议，也不讨论编程语言、操作系统、应用程序和用户界面等细节内容，它仅仅描述了每个层所承担的功能。尽管如此，这并不妨碍ISO为各层制定标准，但这些标准并不属于OSI参考模型本身的定义范畴。

OSI参考模型具有以下特征。

①定义了一种抽象结构，而不是具体实现的描述。

②不同系统上的相同层实体被称为同等层实体，并由层级协议管理它们之间的通信。

③用于异构系统互联的体系架构，为互联系统的通信规则提供了标准框架。

④每个层完成其定义的功能，修改某个层的功能不会影响其他层。

⑤定义了面向连接和无连接的数据交换服务。

⑥同一系统上相邻层之间的接口定义了较低层向较高层提供的基本操作和服务。

⑦直接数据传输仅在最低层实施。

OSI模型将计算机网络体系结构划分为七个层：应用层、表示层、物理层、传输层、网络层、会话层和数据链路层。

每个层在OSI模型中承担特定功能的模块，并采用独有的通信指令格式，即协议。在同一层的两个功能之间进行通信的协议被称为对等协议。OSI参考模型的层次结构遵循以下主要原则。

①通过协议实现不同节点之间的对等层通信。

②同一层中的不同节点具有相同的功能。

③每个层可以使用较低层提供的服务，并为上层提供服务。

④通过接口实现同一节点中相邻层之间的通信。

⑤网络中的每个节点都具有相同的层次结构。

OSI参考模型中的每个层由执行特定网络任务的实体组成，这些实体包含发送或接收信息的硬件或软件进程，有些情况下还可以是特定的软件模块。每个层可以包含一个或多个实体。

通信可以在不同开放系统中的对等实体之间进行。管理两个对等实体之间通信的一组规则被称为协议，这样两个实体之间的通信就能够在每个层向上层提供服务。协议和服务的概念是不同的，相邻实体之间的通信通过它们之间的边界执行，这些边界被称为相邻层之间的接口。接口定义了较低层向上层提供的服务，并确定了上层（或下层）实体用于请求（或提供）服务的正式规范语句，这些语句被称为服务原语。因此，相邻实体通过服务原语进行相互作用。

协议是“水平”的，指的是在两个不同系统内的对等层实体之间的通信规则；而服务是“垂直”的，由下层通过接口向上层提供。相邻层之间的服务访问点是逻辑接口，通过这些接口上的服务访问点（SAP），相邻层之间可以交换信息，SAP有时也被称为端口或插口。每个SAP都有唯一的地址编号。

2.OSI参考模型各层的功能

（1）应用层

应用层位于OSI参考模型的最顶层，作为用户与网络的接口。包含多种计算机网络协议，用于满足用户的应用需求。

（2）表示层

表示层的主要任务是解决用户信息的语法表示问题。使用信息格式转换来将抽象语法转换为适合OSI内部使用的传输语法。同时，表示层还负责数据传输的加密和解密操作。

（3）物理层

物理层由连接不同节点的电缆和设备组成，是网络通信的传输媒介，位于OSI参考模型的最底层。物理层的主要职责包括提供物理连接给数据链路层，处理数据传输速率和监控数据错误率，以实现数据流的透明传输。

（4）传输层

传输层在会话层的两个实体之间建立传输连接，并提供可靠透明的数据传输服务，需要进行误差、顺序和流量的控制。传输层使用报文作为数据传输的单元，对于较大的报文会分成多个分组进行传输。传输层只存在于终端系统中，由主机上的软件运行。

（5）网络层

网络层负责选择通信源节点和目的节点之间最佳路径，传输的协议数据单元为数据包或分组。保证传输的数据包能够准确到达目的地，并负责拥塞网络的控制和负载均衡。当数据包需要跨越多个通信子网时，网络层提供网际互联服务。

（6）会话层

会话层用于建立应用程序之间的会话连接，这些应用程序之间进行相互通信，并交换数据。会话层提供会话、令牌、同步管理等服务。尽管会话层管理数据传输，但它不直接参与特定的数据传输，其传输单位为报文。

（7）数据链路层

数据链路层在物理层提供的基础上建立通信实体之间的数据链路连接，解决两个相邻节点之间的通信问题。负责传输帧级单位的数据包，并进行差错控制和流量控制，防止接收方处理高速数据不及时而导致的数据溢出或线路阻塞。

这些层的主要功能总结如下。

应用层：为用户提供使用网络的接口。

表示层：进行数据格式转换、数据加密和解密等操作。

物理层：确保二进制流的透明传输。

传输层：提供端到端的传输控制。

网络层：选择最佳路径和拥塞控制。

会话层：管理会话和数据传输同步。

数据链路层：负责无差错帧传输，解决相邻节点间的通信问题。

在OSI参考模型中，第1到第4层（底层）与通信相关，而第5到第7层（高层）与信息处理相关。传输层虽然是实现网络通信功能的最高层，但它仅存在于终端系统中，可以作为传输层与应用层之间的接口。因此，传输层是网络体系结构中的一个重要层级。

（三）TCP/IP参考模型

1.TCP/IP协议

TCP/IP协议是基于传输控制协议/互联网协议（TCP/IP）模型的生成和开发的。该模型和协议簇使得世界上任意两台计算机能够进行通信。

TCP/IP是传输控制协议/互联网协议的缩写。它最初的目的是使美国国防部国防高级研究计划局（DARPA）的ARPANET中的计算机能够在通用网络环境下运行。ARPANET在1969年建立，最初是一个实验项目。20世纪70年代早期，基于初步网络建设经验，开展了第二代网络协议的设计，称为网络控制协议（NCP）。随后，国际信息处理联合会补充了NCP，并随之出现了TCP/IP协议。20世纪70年代中期，伯克利大学设计了TCP/IP作为UNIX操作系统的核心。1983年，美国国防部宣布ARPANET的NCP完全转变为TCP/IP，并成为正式的军事标准。同年，SUN公司引入TCP/IP至商业领域。

TCP/IP协议是在OSI模型之前开发的，目前是行业标准，也是当今网络互联的核心协议。TCP/IP协议实现了异构网络的互联通信。

TCP/IP协议具有以下特征。

（1）协议标准是开放的，并且独立于特定计算机硬件和操作系统。

（2）标准化了高级协议，能够为用户提供更多样的服务。

（3）统一分配网络地址，使得每个TCP/IP设备在网络中都具有唯一的IP地址。

2.TCP/IP层次结构

TCP/IP协议采用分层结构有助于降低通信系统复杂性引起的不可靠因素，并扩大应用范围。该协议的层次结构基于物理层硬件概念，共包括4个层次：应用层、传输层、网络互联层和网络接口层，并通过“自上而下，自下而上”的方式进行工作。由于TCP/IP协议的设计未考虑特定的传输媒体，因此没有规定数据链路层和物理层。这种层次结构符合对等实体通信的原则，每个层次实现特定的功能。发送端的数据信息传输顺序为应用层、传输层、网络互联层，最后到网络接口层；接收端则相反。

TCP/IP协议在不同层次中承担以下功能。

（1）应用层

在TCP/IP设计中，高层协议应该包含会话层和表示层的细节，因此创建了应用层来处理与高层协议相关的表达、编码和会话。TCP/IP将所有与应用程序相关的内容归类到应用层，并确保正确地分组数据传递给下一层。因此，应用层也被称为处理层。

（2）传输层

传输层负责处理可靠性、流量控制和重传等问题。其中一种协议是传输控制协议（TCP），能够创建可靠、低错误率和流畅的网络通信过程。这类似于OSI模型中的传输层。

（3）网络互联层

网络互联层的作用是将来自互联网上的网络设备源数据包发送到目标设备，独立于传输路径和网络。该层负责自动完成路径选择。

（4）网络接口层

网络接口层也称为主机—网络层。在OSI模型中，该层显示为两层，涵盖从设备到直接连接设备的物理线路选择及传输相关问题。既包括涉及LAN和WAN的技术细节，还包含OSI模型中物理层和数据链路层的所有细节。

3.TCP/IP协议簇

TCP/IP协议簇是根据TCP/IP参考模型的不同层次而形成的，每个层次都包含特定的协议，与OSI模型有所不同。

（1）网络接口层

网络接口层是TCP/IP协议的底层，连接了网络层和硬件设备。这一层涵盖了多种协议，如逻辑链路控制和媒体访问控制。

（2）网络互联层

网络互联层负责计算机之间的通信，主要包含以下功能：①处理网络控制报文协议，负责路径选择、流量控制、拥塞控制等问题。网络互联层定义了网络互联协议（IP）

和数据分组格式。此外，该层还定义了ARP、RARP和CMP协议。②处理传输层分组的请求，接收请求后将分组加载到IP数据报中，填充报头，选择路径，并将数据报发送到适当的接口。

（3）传输层

传输层负责计算机程序之间的通信，实现端到端的通信。传输层能够调节信息流量，并提供可靠的数据传输。

传输层主要使用TCP和UDP两种协议。TCP是面向连接的可靠协议，确保通信主机之间的有效字节流传输。UDP是无连接的不可靠协议，协议简单，但无法保证传输的正确性，也无法排除重复信息。当需要可靠的数据传输时，选择TCP协议；当对数据准确性要求不高，但追求速度和效率时，选择UDP协议。

（4）应用层

应用层为用户提供一组通用应用程序。用户通过该层调用访问网络的应用程序，这些应用程序与传输层协议协同工作以发送或接收数据。应用层包含多种类型的协议，如传输报文或字节流的协议，其功能是将数据传递到传输层进行交换。主要的应用层协议包括。

超文本传输协议（HTTP）：提供WWW服务。

网络终端协议（TELNET）：用于远程维护路由器、交换机等设备，实现远程登录。

域名管理系统（DNS）：将域名转换为IP地址。

电子邮件协议（SMTP）：用于在互联网上传输电子邮件。

文件传输协议（FTP）：用于文件传输和软件下载。

简单网络管理协议（SNMP）：用于网络管理。

4.TCP/IP协议的工作原理

以下是以传输文件（FTP应用程序）为例，说明TCP/IP协议的工作原理（假设网络接口层使用以太网）。

当主机A想要将文件传输给主机B时，数据流程如下：

首先，源主机A的应用层打包一系列字节流，并通过FTP传输到传输层。

其次，传输层将字节流划分为TCP段，并将TCP包头提供给网络互联层（IP层）。

IP层生成数据包，将TCP段放入数据字段，并添加源主机A和目标主机B的IP地址。生成的IP数据包被传递到网络接口层。

最后，网络接口层中的数据链路功能将IP数据包加载到帧的数据部分，并发送到目标主机或IP路由器。这个过程称为封装，将必要的协议信息附加到数据上。

在目标主机B中，数据链路层删除数据链路层的帧头，并将IP包提供给IP层。

IP层检查IP包头，如果包头中的校验与计算的校验和不一致，则删除该包；如果一致，则IP层删除IP包头并将TCP段提供给TCP层。

TCP层检查序列号以确定TCP段的正确性，同时检查TCP包头和数据。如果不正确，TCP层丢弃数据包；如果正确，向源主机发送确认，并删除TCP包头，将字节传递给应用程序。至此，目标主机B接收到了字节流。

这个示例让人误以为源主机和目标主机直接相连，但事实上它们跨越了多个网络，需要通过分组交换设备一次次保存和转发数据。

在每个站点，IP和以太网数据包会被拆分和重新封装，只有TCP数据包保持不变。这就是传输层的作用：对于两个端点的计算机，TCP数据包是直接传递的，传输层有效地屏蔽了下层通信过程，使得两端更容易处理传输问题。

三、计算机网络性能指标

（一）速率

在计算机网络中，数据以数字形式传输。比特是计算机中的数据单位，用0和1表示。速率是指连接到计算机网络的主机通过数字信道传输数据的速率，也称比特率或数据率。速率是一项重要的性能指标，以bit/s为单位。对于较高的数据速率，通常会使用kb/s、Mb/s、Gb/s或Tb/s。

（二）宽带

宽带一词可以表示两种不同的概念。

1.带宽

带宽指的是信号中包含的频率分量所占据的频率范围，单位为赫兹（Hz）。对通信线路来说，允许通过的信号频带范围就是线路的带宽。

2.数据传输能力

数据传输能力是指计算机网络中通信线路的传输能力，单位为比特每秒（b/s）。因此，网络的宽带表示了在单位时间内从网络的一个点传输到另一个点的最大数据传输速率。

（三）吞吐量

吞吐量是指在单位时间内通过网络、信道或接口传输的数据量，用来衡量网络实际可传输的数据量，单位可以是字节数或帧数每秒。吞吐量受到网络的带宽或额定速率的限制。例如，如果一个以太网的额定速率为100Mb/s，那么它的最大吞吐量也是这个数字。

（四）时延

时延是一个非常重要的指标，指的是数据从网络的一端传输到另一端所需的时间，包括以下不同部分：

①发送时延：也称为传输时延，是主机或路由器发送数据帧所需的时间，计算公式为

发送时延 = 数据帧长度（b）/ 信道带宽（b/s）

发送时延与传输的数据帧长度成正比，与信道的带宽成反比。

②传播时延：传播时延是指电磁波在信道中传播一定距离所需的时间，计算公式如下

传播时延 = 信道长度（m）/ 电磁波在信道上的传播速率（m/s）

③处理时延：当主机或路由器接收数据包时，需要一定的时间来进行数据包的提取、分析、错误排查和路径选择等处理操作。

④排队时延：数据包在网络中经过多个路由器时需要在输入队列中排队等待，直至路由器确定转发接口后才能传输。排队时延通常由当前网络通信量决定，通信量较小时排队时延较短，而通信量较大时排队时延较长。当网络通信量过大时，发送队列可能会溢出，导致数据包丢失。

综上所述，网络中数据的总时延由传输时延、传播时延、处理时延和排队时延的和决定。具体哪个因素起主导作用取决于实际情况。

目前，存在一个误解，即认为在高速链路上比特运行得更快，这是错误的观念。在高速链路上，我们希望提高的是数据传输速率而不是比特传输速度。数据传输速率与负载信息的电磁波在通信线路上的传播速率无关。提高数据传输速率只会减少数据传输时延。此外，数据传输速率的单位是比特/秒，表示某一点或接口的传输速率；传输速率的单位是每秒传输的千米数，指的是传输线上的比特传输速率。通常所说的“光纤信道的高传输速率”意味着光纤信道的传输速率可以非常高，但光纤信道的传输速率略低于铜线的传输速率。

（五）时延宽带积

时延宽带积是指传播时延乘以带宽，表示链路容纳的比特数。计算公式如下。

时延宽带积=传播时延 × 带宽

在链路上，传播时延代表链路的长度，而带宽代表链路的容量。时延宽带积反映了链路可以容纳的比特数量，因此也被称为以比特为单位的链路长度。

（六）往返时间

往返时间表示从发送方发送数据到接收方接收确认的总时间。往返时间包括各个中间节点的处理时延、排队时延、转发传输时延以及传输分组的长度。

（七）利用率

利用率包括以下两种。

①信道利用率：指信道在某个时刻的使用比率。例如，当信道处于空闲状态时，它的利用率为0。

②网络利用率：指全网信道利用率的加权平均值。

有人会误以为信道的利用率越高越好，实际上并非如此。当信道的利用率增加时，由信道引起的时延也会随之增加。当网络通信量增加时，网络节点上数据包处理所需的排队时间会变长，从而导致时延增加。当网络利用率达到容量的一半时，时延会呈指数级增长；当网络利用率接近1时，网络时延趋近于无限。因此，在一些较大的骨干网络中，ISP通常将信道利用率控制在不超过1/2的范围，超过该范围则需要准备扩展和增加线路带宽。

第二章　计算机网络设备

第一节　路由器

一、路由器的组成

路由器是网络层上的连接，即不同网络与网络之间的连接。随着网络规模的扩大，特别是形成大规模广域网环境时，网桥在路径选择、拥塞控制及网络管理方面远远不能满足要求，路由器则加强了这些方面的功能。

路由器在网络层对信息帧进行存储转发，因而能获得更多的网际信息，更优地选择路径，由于路由器比网桥在更高一层工作，比网桥具有更高层的软件智能。路由器了解整个网络的拓扑结构，可以根据转接延时、网络拥塞、传输费用以及源目的站之间的距离来选择最佳路径。路由器不仅可以在网络段之间的冗余路径中进行选择，而且可以将相差很大的数据分组连接到局域网段。

路由器是目前网络互联设备中应用最为广泛的一种，无论是局域网与骨干网的互联，还是骨干网与广域网的互联，或者是两个广域网的互联，都离不开路由器。尤其是Internet铺天盖地似的扩展，更使得路由器的地位日益提高

路由器连接的物理网络可以是同类网络，也可以是异类网络。多协议路由器能支持多种不同的网络层协议（如IP，IPX，DECNET，Appletalk，XNS，CIND等）。路由器能够很容易地实现LAN-LAN，LAN-WAN，WAN-WAN和LAN-WAN-LAN的多种网络连接形式。国际互联网Internet使用路由器加专线技术将分布在各个国家的几千万个计算机网络互联在一起的。

二、路由器的基本功能及路由原理

（一）路由器的基本功能

1.路由选择

当两台连在不同子网上的计算机需要通信时，必须经过路由器转发，由路由器把信息分组通过互联网沿着一条路径从源端传送到目的端。在这条路径上可能需要通过一个或多个中间设备（路由器），所经过的每台路由器都必须知道怎么把信息分组从源端传送到目的端，需要经过哪些中间设备。为此，路由器需要确定到达目的端下一个路由器的地址，也就是要确定一条通过互联网到达目的端的最佳路径，所以路由器必须具备的基本功能之一是路由选择功能。

所谓路由选择，就是通过路由选择算法确定到达目的地址（目的端的网络地址）的最佳路径。路由选择实现的方法：路由器通过路由选择算法，建立并维护一个路由表，其中包含目的地址和下一个路由器地址等多种路由信息。路由表中的路由信息告诉每一台路由器应该把数据包转发给谁，它的下一个路由器地址是什么。路由器根据路由表提供的下一个路由器地址，将数据包转发给下一个路由器。通过一级一级地把包转发到下一个路由器的方式，最终把数据包传送到目的地。

当路由器接收一个进来的数据包时，它首先检查目的地址，并根据路由表提供的下一个路由器地址，将该数据包转发给下一个路由器。如果网络拓扑发生变化，或某台路由器产生失效故障，这时路由表需要更新。路由器通过发布广告或仅向邻居发布路由表的方法使每台路由器都进行路由更新，并建立一个新的、详细的网络拓扑图。拓扑图的建立使路由器能够确定最佳路径。目前，广泛使用的路由选择算法有链路状态路由选择算法和距离矢量路由选择算法。

2.数据转发

路由器的另一个基本功能是完成数据分组的传送，即数据转发，通常也称为数据交换（Switching）。在大多数情况下，互联网上的一台主机（源端）要向互联网上的另一台主机（目的端）发送一个数据包，通过指定默认路由（与主机在同一个子网的路由器端口的IP地址为默认路由地址）等办法，源端计算机通常已经知道一个路由器的物理地址（MAC地址）。源端主机将带着目的主机的网络层协议地址（如IP地址、IPX地址等）的数据包发送给已知路由器。路由器在接收了数据包之后，检查包的目的地址，再根据路由表确定它是否知道怎样转发这个包，如果它不知道下一个路由器的地址，则将包丢弃；如果它知道怎么转发这个包，路由器将改变目的物理地址为下一个路由器的地址，并把包传送给下一个路由器。下一个路由器执行同样的交换过程，最终将包传送到目的端主机。当数据包通过互联网传送时，它的物理地址是变化的，但它的网络地址是不变的，网络地址一直保留原来的内容直到目的端。值得注意的是，为了完成端到端的通信，必须为基于路由器的互联网中的每台计算机都分配一个网络层地址（IP地址），路由器在转发数据包时，使用的是网络层地址。但在计算机与路由器之间或路由器与路由器之间的信息传送仍然要依赖数据链路层完成，因此，路由器在具体传送过程中需要进行地址转换并改变目的物理地址。

（二）路由器的主要特点

由于路由器作用在网络层，因此它比网桥具有更强的异种网互联能力、更好的隔离能力、更强的流量控制能力、更好的安全性和可管理维护性。其主要特点如下：

路由器可以互连不同的MAC协议、不同的传输介质、不同的拓扑结构和不同的传输速率的异种网，有很强的异种网互联能力。

路由器也是用于广域网互联的存储转发设备，有很强的广域网互联能力，被广泛地应用于LAN-WAN-LAN的网络互联环境。

路由器互连不同的逻辑子网，每一个子网都是一个独立的广播域，因此，路由器不在子网之间转发广播信息，具有很强的隔离广播信息的能力。

路由器具有流量控制、拥塞控制功能，能够对不同速率的网络进行速度匹配，以保证数据包的正确传输。

路由器工作在网络层，与网络层协议有关。多协议路由器可以支持多种网络层协议（如IP、IPX和DECNET等），转发多种网络层协议的数据包。

路由器检查网络层地址，转发网络层数据分组（包，Packet）。因此，路由器能够基于IP地址进行包过滤，具有包过滤（Packet filter）的初期防火墙功能。路由器分析进入的每一个包，并与网络管理员制定的一些过滤政策进行比较，凡符合允许转发条件的包被正常转发，否则丢弃。为了网络的安全，防止黑客攻击，网络管理员经常利用这个功能，拒绝一些网络站点对某些子网或站点的访问。路由器还可以过滤应用层的信息，限制某些子网或站点访问某些信息服务，如不允许某个子网访问远程登录（Telnet）。

对大型网络进行微段化，将分段后的网段用路由器连接起来，这样可以达到提高网络性能和网络带宽的目的，而且便于网络的管理和维护。这也是共享式网络为解决带宽问题所经常采用的方法。

路由器不仅可以在中、小型局域网中应用，也适合在广域网和大型、复杂的互联网环境中应用。

（三）路由原理

当IP子网中的一台主机发送IP分组给同一IP子网的另一台主机时，将直接把IP分组送到网络上，对方就能收到。要送给不同IP子网上的主机时，要选择一个能到达目的子网上的路由器，把IP分组送给该路由器，由路由器负责把IP分组送到目的地。如果没有找到这样的路由器，主机就把IP分组送给一个称为“缺省网关（Default Gateway）”的路由器上。“缺省网关”是每台主机上的一个配置参数，是接在同一个网络上的某个路由器端口的IP地址。

路由器转发IP分组时，只根据IP分组目的IP地址的网络号部分，选择合适的端口，把IP分组送出去。同主机一样，路由器也要判定端口所连接的是不是目的子网，如果是，就直接把分组通过端口送到网络上，否则，也要选择下一个路由器来传送分组。路由器也有它的缺省网关，用来传送不知道往哪儿送的IP分组。这样，通过路由器把知道如何传送的IP分组正确转发出去，不知道的IP分组送给“缺省网关”路由器，这样一级级地传送，IP分组最终将送到目的地，送不到目的地的IP分组则被网络丢弃了。

路由动作包括两项基本内容：寻径和转发。寻径即判定到达目的地的最佳路径，由路由选择算法来实现。由于涉及不同的路由选择协议和路由选择算法，相对要复杂一些。为了判定最佳路径，路由选择算法必须启动并维护包含路由信息的路由表，其中路由信息依赖所用的路由选择算法而不尽相同。路由选择算法将收集到的不同信息填入路由表中，根据路由表可将目的网络与下一站（Nexthop）的关系告诉路由器。路由器间互通信息进行路由更新，更新维护路由表使之正确反映网络的拓扑变化，并由路由器根据量度来决定最佳路径，这就是路由选择协议（Routing Protocol），如路由信息协议（RIP）、开放式最短路径优先协议（OSPF）和边界网关协议（BGP）等。

转发沿最佳路径传送信息分组。路由器首先在路由表中查找，判明是否知道如何将分组发送到下一个站点（路由器或主机），如果路由器不知道如何发送分组，通常将该分组丢弃；否则就根据路由表的相应表项将分组发送到下一个站点，如果目的网络直接与路由器相连，路由器就把分组直接送到相应的端口上。这就是路由转发协议（Routed protocol）。

路由转发协议和路由选择协议是相互配合又相互独立的概念，前者使用后者维护的路由表，同时后者要利用前者提供的功能来发布路由协议数据分组。下文中提到的路由协议，除非特别说明，都是指路由选择协议。

三、路由器的分类

当前路由器分类方法各异。通常可以按照路由器能力、结构、网络中位置、功能和性能等进行分类。在路由器标准制定中主要按照能力分类，分为高端路由器和低端路由器。背板交换能力大于20Gbit/s，吞吐量大于20Mbit/s的路由器称为高端路由器；交换能力在上述数据以下的路由器称为低端路由器。与此对应，路由器测试规范分为高端路由器测试规范和低端路由器测试规范。

第二节　交换机

交换机，英文为Switch，也有人翻译为开关、交换器或交换式集线器。局域网交换机有两个主要功能：一是在发送节点和接收节点之间建立一条虚连接，二是转发数据帧。

交换机的操作是分析每个进来的帧，根据帧中的目的MAC地址，通过查询一个由交换机建立和维护的、表示MAC地址与交换机端口对应关系的地址表，决定将帧转发到交换机的哪个端口，然后在两个端口之间建立虚连接，提供一条传输通道，将帧直接转发到那个目的站点所在的端口，完成帧交换。局域网交换机工作在OSI参考模型的第二层，通常把基于数据链路层的交换称为第二层交换。它与网桥类似，交换机本质是一个多端口网桥。交换机和网桥仅处理数据链路层的帧，OSI高层协议对网桥和交换机都是透明的，它们支持任何高层协议。交换机与网桥有许多相同之处，但也有一些不同点，它们的主要区别是：交换机比网桥的转发速度快，因为交换机用硬件实现交换，网桥使用软件实现交换；交换机能提供不同速率的端口，连接不同带宽的局域网；交换机比网桥提供更多和更高密度的端口；网桥仅支持“存储—转发”交换模式，而交换机除了支持“存储—转发”模式外，还提供一种直通模式。直通模式减少了网络响应和网络延迟时间，使交换速率更快，但它的可靠性比存储—转发模式低。随着网络技术突飞猛进的发展，目前又开发出三层、四层以至多层交换技术和产品，这样的交换设备能完成更高层的交换功能，把路由功能和交换功能有机地结合起来，使网络具有更好的性能、更快的速度和更高的带宽。

一、数据交换技术

（一）电路交换

电路交换（Circuit Switching）是在两个站点之间通过通信子网的节点建立一条专用的通信线路，这些节点通常是一台采用机电与电子技术的交换设备（如程控交换机）。也就是说，在两个通信站点之间需要建立实际的物理连接，其典型实例是两台电话之间通过公共电话网络的互联实现通话。

电路交换实现数据通信需经过下列三个步骤：首先是建立连接，即建立端到端（站点到站点）的线路连接；其次是数据传送，所传输数据可以是数字数据（如远程终端到计算机），也可以是模拟数据（如声音）；最后是拆除连接，通常在数据传送完毕后由两个站点之一终止连接。电路交换的优点是实时性好，但将电话采用的电路交换技术用于传送计算机或远程终端的数据时，会出现下列问题：用于建立连接的呼叫时间大大长于数据传送时间（这是因为在建立连接的过程中，会涉及一系列硬件开关动作，时间延迟较长，如某段线路被其他站点占用或物理断路，将导致连接失败，并需重新呼叫）；通信带宽不能充分利用，效率低（这是因为两个站点之间一旦建立起连接，就独自占用实际连通的通信线路，而计算机通信时真正用来传送数据的时间一般不到10%，甚至低到1%）；由于不同计算机和远程终端的传输速率不同，因此必须采取一些措施才能实现通信，例如，不直接连通终端和计算机，而设置数据缓存器等。

（二）报文交换

报文交换（Message Switching）是通过通信子网上的节点采用存储—转发的方式来传输数据，它不需要在两个站点之间建立一条专用的通信线路。报文交换中传输数据的逻辑单元称为报文，其长度一般不受限制，可随数据不同而改变。一般它将接收站点的地址附加于报文一起发出，每个中间节点接收报文后暂存报文，然后根据其中的地址选择线路再把它传到下一个节点，直至到达目的站点，实现报文交换的节点通常是一台计算机，具有足够的存储容量来缓存所接收的报文。一个报文在每个节点的延迟时间等于接收报文的全部位码所需时间、等待时间，以及传到下一个节点的排队延迟时间之和。

报文交换的主要优点是线路利用率较高，多个报文可以分时共享节点间的同一条通道。此外，该系统很容易把一个报文送到多个目的站点。报文交换的主要缺点是报文传输延迟较长（特别是在发生传输错误后），而且随报文长度变化，因而不能满足实时或交互式通信的要求，不能用于声音连接，也不适用于远程终端与计算机之间的交互通信。

（三）分组交换

分组交换（Packet Switching）的基本思想包括数据分组、路由选择与存储转发。分组交换类似报文交换，但它限制每次所传输数据单位的长度（典型的最大长度为数千位），对于超过规定长度的数据必须分成若干个等长的小单位，称为分组（Packets）。从通信站点的角度来看，每次只能发送其中一个分组。

各站点将要传送的大块数据信号分成若干等长而较小的数据分组，然后顺序发送；通信子网中的各个节点按照一定的算法建立路由表（各目标站点各自对应的下一个应发往的节点），同时负责将收到的分组存储于缓存区中（而不使用速度较慢的外存储器），再根据路由表确定各分组下一步应发向哪个节点，在线路空闲时再转发；以次类推，直到各分组传到目标站点。由于分组交换在各个通信路段上传送的分组不大，故只需很短的传输时间（通常仅为ms数量级），传输延迟小，故非常适合远程终端与计算机之间的交互通信，也有利于多对时分复用通信线路。此外，由于采取了错误检测措施，故可保证非常高的可靠性；在线路误码率一定的情况下，小的分组还可减少重新传输出错分组的开销；与电路交换相比，分组交换带给用户的优点是费用低。根据通信子网的不同内部机制，分组交换子网又可分为面向连接（Connect-Oriented）和无连接（Connectless）两类。前者要求建立称为虚电路（Virtual Circuit）的连接，一对主机之间一旦建立虚电路，分组即可按虚电路传输，而不必给出每个分组的显式目标站点地址，在传输过程中也无须为之单独寻址，虚电路在关闭连接时撤销。后者不建立连接，数据包带有目标站点地址，在传输过程中需要为之单独寻址。

分组交换的灵活性高，可以根据需要实现面向连接或无连接的通信，并能充分利用通信线路，因此现有的公共数据交换网都采用分组交换技术。LAN局域网也采用分组交换技术，但在局域网中，从源站到目的站只有一条单一的通信线路，因此，不需要公用数据网中的路由选择和交换功能。

（四）高速分组交换技术

1.帧中继（Frame Relay）

帧中继是目前一种开始流行的高速分组技术。典型的帧中继通信系统以帧中继交换机作为节点组成高速帧中继网，再将各个计算机网络通过路由器与帧中继网络中的某一节点相连；与一般分组交换在每个节点均要对组成分组的各个数据帧进行检错等处理不同的是：帧中继交换节点在接收到一个帧时就转发该帧，并大大减少（并不完全取消）接收该帧过程中的检错步骤，从而将节点对帧的处理时间缩短一个数量级，因此称为高速分组交换。当某节点发现错误则立即中止该帧的传输，并由源站申请重发该帧。显然，只有当帧中继网络中的错误率非常低时，帧中继技术才是可行的。帧中继的帧长是可变的，可按需要分配带宽，帧中继网络的传输速率为64Kbps至45Mbps，适用于局域网、城域网和广域网。

2.ATM异步传输模式（Asynchronous Transfer Mode）

最有发展前途的高速分组交换技术是ATM异步传输模式，是一种建立在电路交换与分组交换基础上的新的交换技术，并由基于光纤网络的B-ISDN宽带综合业务数字网所采用：用户主机所在网络通过ATM交换节点再与光纤数字网络相连。

二、交换机的类型

（一）根据网络覆盖范围划分

1.广域网交换机

广域网交换机主要是应用于电信城域网互联、互联网接入等领域的广域网中，提供通信用的基础平台。

2.局域网交换机

这种交换机就是我们常见的交换机了。局域网交换机应用于局域网络，用于连接终端设备，如服务器、工作站、集线器、路由器、网络打印机等网络设备，提供高速独立通信通道。

（二）根据交换机使用的网络传输介质及传输速度划分

1.以太网交换机

这里所指的以太网交换机是指带宽在100Mbps以下的以太网所用交换机。

以太网交换机是最普遍和便宜的，它的档次比较齐全，应用领域也非常广泛，在大大小小的局域网中都可以见到它们的踪影。以太网包括三种网络接口：RJ–45、BNC和AUI，所用的传输介质分别为双绞线、细同轴电缆和粗同轴电缆。并非所有的以太网都是RJ–45接口的，只不过双绞线类型的RJ–45接口在网络设备中非常普遍而已。现在的交换机通常不可能全是BNC或AUI接口的，因为目前采用同轴电缆作为传输介质的网络已经很少见了，而一般是在RJ–45接口的基础上，为了兼顾同轴电缆介质的网络连接，配上BNC或AUI接口。

2.快速以太网交换机

这种交换机用于100Mbps快速以太网。快速以太网是一种在普通双绞线或者光纤上实现100Mbps传输带宽的网络技术。并非所有的快速以太网都是纯正100Mbps带宽的端口，事实上目前基本上还是以10/100Mbps自适应型的为主。这种快速以太网交换机通常所采用的介质也是双绞线，有的快速以太网交换机为了兼顾与其他光传输介质的网络互联，或许会留有少数的光纤接口“SC”。

3.千兆（G位）以太网交换机

千兆以太网交换机是用于目前较新的一种网络——千兆以太网中，也有人把这种网络称为“吉比特（GB）以太网”，那是因为它的带宽可以达到1000Mbps。它一般用于一个大型网络的骨干网段，所采用的传输介质有光纤、双绞线两种，对应的接口为“SC”和“RJ–45”两种。

4.10千兆（10GB）以太网交换机

10千兆以太网交换机主要是为了适应当今10千兆以太网络的接入，它一般用于骨干网段上，采用的传输介质为光纤，其接口方式为光纤接口。这种交换机也称为“10G以太网交换机”。

5.ATM交换机

ATM交换机是用于ATM网络的交换机产品。ATM网络由于其独特的技术特性，现在还只用于电信、邮政网的主干网段，因此其交换机产品在市场上很少看到。在ADSL宽带接入方式中如果采用PPPoA协议的话，在局端（NSP端）就需要配置ATM交换机，有线电视的Cable Modem互联网接入法在局端也采用ATM交换机。它的传输介质一般采用光纤，接口类型同样一般有以太网RJ-45接口和光纤接口两种，这两种接口适合于不同类型的网络互联。相对于物美价廉的以太网交换机而言，ATM交换机的价格比较高，在普通局域网中应用很少。

6.FDDI交换机

FDDI技术是在快速以太网技术还没有开发出来之前开发的，主要是为了解决当时10Mbps以太网和16Mbps令牌网速度的局限，传输速度可达到100Mbps。但它当时是采用光纤作为传输介质的，比以双绞线为传输介质的网络成本高许多，所以随着快速以太网技术的成功开发，FDDI技术也就失去了它应有的市场。正因为如此，FDDI设备，如FDDI交换机也就比较少见了。FDDI交换机多用于老式中、小型企业的快速数据交换网络中，接口形式都为光纤接口。

7.令牌环交换机

主流局域网中曾经有一种被称为“令牌环网”的网络。由IBM在20世纪70年代开发的，在老式的令牌环网中，数据传输率为4Mbit/s或16Mbit/s，新型的快速令牌环网速度可达100Mbit/s，目前已经标准化了。令牌环网的传输方法在物理上采用星形拓扑结构，在逻辑上采用环形拓扑结构，与之相匹配的交换机产品就是令牌环交换机。由于令牌环网逐渐失去了市场，相应的纯令牌环交换机产品也非常少见，但在一些交换机中仍留有一些BNC或AUI接口，以方便令牌环网进行连接。

此外，还可根据交换机所应用的网络层次、根据交换机的端口结构、根据工作的协议层、根据交换机是否支持网络管理功能等划分，这里不再一一介绍。

三、交换机工作原理

交换（Switching）是按照通信两端传输信息的需要，用人工或设备自动完成的方法，把要传输的信息送到符合要求的相应路由上的技术统称。广义的交换机（Switch）是一种在通信系统中完成信息交换功能的设备。

在计算机网络系统中，交换概念的提出是对于共享工作模式的改进。HUB集线器就是一种共享设备，HUB本身不能识别目的地址，当同一局域网内的A主机给B主机传输数据时，数据包在以HUB为架构的网络上是以广播方式传输的，由每一台终端通过验证数据包头的地址信息来确定是否接收。在这种工作方式下，同一时刻，网络上只能传输一组数据帧的通信，如果发生碰撞还得重试，这种方式就是共享网络带宽。

交换机拥有一条很高带宽的背部总线和内部交换矩阵。交换机的所有端口都挂接在这条背部总线上，控制电路收到数据包以后，处理端口会查找内存中的地址对照表以确定目的MAC（网卡的硬件地址）的NIC（网卡）挂接在哪个端口上，通过内部交换矩阵迅速将数据包传送到目的端口，目的MAC若不存在，交换机才广播到所有的端口，接收端口回应后交换机会“学习”新的地址，并把它添加入内部MAC地址表中。

使用交换机也可以把网络“分段”，通过对照MAC地址表，交换机只允许必要的网络流量通过交换机。交换机的过滤和转发可以有效地隔离广播风暴，减少误包和错包的出现，避免共享冲突。

交换机在同一时刻可进行多个端口对之间的数据传输。每一个端口都可视为独立的网段，连接在其上的网络设备独自享有全部的带宽，无须同其他设备竞争使用。当节点A向节点D发送数据时，节点B可同时向节点C发送数据，而且这两个传输都享有网络的全部带宽，都有着自己的虚拟连接。

假使这里使用的是10Mbps的以太网交换机，那么该交换机这时的总流通量就等于2×10Mbps=20Mbps，而使用10Mbps的共享式HUB时，一个HUB的总流通量也不会超出10Mbps。

总之，交换机是一种基于MAC地址识别，能完成封装转发数据包功能的网络设备。交换机可以“学习”MAC地址，并把其存放在内部地址表中，通过在数据帧的始发者和目标接收者之间建立临时的交换路径，使数据帧直接由源地址到达目的地址。

第三节 网 卡

网络接口卡（Network Interface Card，NIC），又称为网络适配器（Network Interface Adapter，NIA），简称网卡，是安装在计算机中的一块电路板，可以作为计算机的外部设备插在扩展槽中，用于实现计算机和传输介质之间的物理连接，为计算机之间相互通信提供一条物理通道，并通过这条通道进行高速数据传输。在局域网中，每一台联网计算机都需要安装一块或多块网卡，通过介质连接器将计算机接入网络电缆系统。

网卡工作在物理层和数据链路层，主要完成物理层和数据链路层的大部分功能，具体功能包括：网卡与传输介质的连接、介质访问控制（如CSMA/CD）的实现、数据帧的拆装、帧的发送与接收、错误校验、数据信号的编/解码（如曼彻斯特代码的转换）、数据的串-并转换及网卡与计算机之间的数据交换等。网卡是局域网通信接口的关键设备，是决定计算机网络性能指标的重要因素之一。

一、网卡的工作原理

网卡工作在OSI的最后两层，物理层和数据链路层，物理层定义了数据传送与接收所需要的电与光信号、线路状态、时钟基准、数据编码和电路等，并向数据链路层设备提供标准接口。以太网卡中数据链路层的芯片一般简称为MAC控制器，物理层的芯片简称为PHY。许多网卡的芯片把MAC和PHY的功能做到了一颗芯片中，比如，Intel82559网卡和3COM3C905网卡。但MAC和PHY的机制还是单独存在的，只是外观的表现形式是一颗单芯片。当然，也有很多网卡的MAC和PHY是分开做的，如D-LINK的DFE-530TX等。

（一）数据链路层MAC控制器

以太网数据链路层其实包含MAC（介质访问控制）子层和LLC（逻辑链路控制）子层。一块以太网卡MAC芯片的作用不但要实现MAC子层和LLC子层的功能，还要提供符合规范的PCI界面以实现和主机的数据交换。

MAC从PCI总线收到IP数据包（或者其他网络层协议的数据包）后，将之拆分并重新打包成最大1518Byte，最小64Byte的帧。这个帧里面包括了目标MAC地址、自己的源MAC地址和数据包里面的协议类型（如IP数据包的类型用80表示），最后还有一个DWORD（4Byte）的CRC码。

可是，目标的MAC地址是从哪里来的呢？这牵扯到一个ARP协议（介于网络层和数据链路层的一个协议）。第一次传送某个目的IP地址的数据的时候，先会发出一个ARP包，其MAC的目标地址是广播地址，因为是广播包，所有这个局域网的主机都收到了这个ARP请求。收到请求的主机将这个IP地址和自己的相比较，如果不相同就不予理会，如果相同就发出ARP响应包，这个包里面就包括了它的MAC地址。以后给这个IP地址的帧的目标MAC地址就被确定了。（其他的协议如IPX/SPX也有相应的协议完成这些操作）IP地址和MAC地址之间的关联关系保存在主机系统里面，叫作ARP表，由驱动程序和操作系统完成。在Microsoft的系统里面可以用arp-a命令查看ARP表。收到数据帧的时候也是一样，做完CRC以后，如果没有CRC校验错误，就把帧头去掉，把数据包拿出来通过标准的接口传递给驱动和上层的协议客栈，最终正确地达到我们的应用程序。

还有一些控制帧，如流控帧也需要MAC直接识别并执行相应的行为。以太网MAC芯片的一端接计算机PCI总线，另外一端接到PHY芯片上。以太网的物理层又包括MII/GMII（介质独立接口）子层、PCS（物理编码子层）、PMA（物理介质附加）子层、PMD（物理介质相关）子层、MDI子层。而PHY芯片是实现物理层的重要功能器件之一，实现了前面物理层的所有子层的功能。

（二）物理层PHY

PHY在发送数据的时候，收到MAC过来的数据（对PHY没有帧的概念，都是数据，而不管什么地址、数据还是CRC），每4bit就增加1bit的检错码，然后把并行数据转化为串行流数据，再按照物理层的编码规则（10Base—T的NRZ编码或100Base—T的曼彻斯特编码）把数据编码，再变为模拟信号把数据送出去。收数据时的流程反之。

在发送数据时，PHY还有一个重要的功能就是实现CSMA/CD的部分功能，它可以检测到网络上是否有数据在传送。网卡首先侦听介质上是否有载波（载波由电压指示），如果有，则认为其他站点正在传送信息，继续侦听介质。一旦通信介质在一定时间段内（称为帧间缝隙IFG=9.6μs）是安静的，即没有被其他站点占用，则开始进行帧数据发送，同时继续侦听通信介质，以检测冲突。在发送数据期间，如果检测到冲突，则立即停止该次发送，并向介质发送一个“阻塞”信号，告知其他站点已经发生冲突，从而丢弃那些可能一直在接收的受到损坏的帧数据，并等待一段随机时间（CSMA/CD确定等待时间的算法是二进制指数退避算法）。在等待一段随机时间后，再进行新的发送。如果重传多次后（大于16次）仍发生冲突，就放弃发送。

接收时，网卡浏览介质上传输的每个帧，如果其长度小于64字节，则认为是冲突碎片。如果接收到的帧不是冲突碎片且目的地址是本地地址，则对帧进行完整性校验，如果帧长度大于1518字节（称为超长帧，可能由错误的LAN驱动程序或干扰造成）或未能通过CRC校验，则认为该帧发生了畸变。通过校验的帧被认为是有效的，网卡将它接收下来进行本地处理。

许多网友在接入Internt宽带时，喜欢使用“抢线”强的网卡，就是因为不同的PHY碰撞后计算随机时间的方法设计上不同，使得有些网卡比较“占便宜”。不过，抢线只是对广播域的网络而言的，对于交换网络和ADSL这样点到点连接到局端设备的接入方式没什么意义，而且“抢线”也只是相对而言的，不会有质的变化。

（三）关于网络间的冲突

交换机的普及带来交换网络的普及，使冲突域网络少了很多，极大地提高了网络的带宽。但是，如果用HUB或者共享带宽接入Internet的时候还是属于冲突域网络，有冲突碰撞的。交换机和HUB最大的区别：一个是构建点到点网络的局域网交换设备，一个是构建冲突域网络的局域网互联设备。

PHY还提供了和对端设备连接的重要功能，并通过LED灯显示出目前的连接状态和工作状态。当我们给网卡接入网线的时候，PHY不断发出的脉冲信号检测到对端有设备，它们通过标准的“语言”交流，相互协商并确定连接速度、双工模式、是否采用流控等。

通常情况下，协商的结果是两个设备中能同时支持的最大速度和最好的双工模式。这个技术被称为Auto Negotiation或者NWAY，它们是一个意思——自动协商。

（四）PHY的输出部分

一颗CMOS制程的芯片工作的时候产生的信号电平总是大于0V的（这取决于芯片的制程和设计需求），但这样的信号送到100m，甚至更远的地方会有很大的直流分量的损失，而且如果外部网线直接和芯片相连的话，电磁感应（打雷）和静电，很容易造成芯片的损坏。

再就是设备接地方法不同，电网环境不同会导致双方的0V电平不一致，信号从A传到B，由于A设备的0V电平和B点的0V电平不一样，会导致很大的电流从电势高的设备流向电势低的设备。

这时就出现了Transformer（隔离变压器）。它把PHY送出来的差分信号用差模耦合的线圈耦合滤波以增强信号，并且通过电磁场的转换耦合到连接网线的另外一端。这样不但使网线和PHY之间没有物理上的连接而传递了信号，隔断了信号中的直流分量，还可以在不同电平的设备中传送数据。

隔离变压器本身设计就是耐2～3kV的电压的，也起到了防雷感应保护的作用。有些网络设备在雷雨天气时容易被烧坏，大多是PCB设计不合理造成的，而且大多烧毁了设备的接口，很少有芯片被烧毁的，就是隔离变压器起到了保护作用。

（五）网卡构造（网卡组成）

网卡包括硬件和固件程序（只读存储器中的软件例程），该固件程序实现逻辑链路控制和媒体访问控制的功能网卡包括硬件和固件程序（只读存储器中的软件例程），该固件程序实现逻辑链路控制和媒体访问控制的功能，还记录唯一的硬件地址即MAC地址，网卡上一般有缓存。网卡须分配中断IRQ及基本I/O端口地址，同时须设置基本内存地址（Base Memory Address）和收发器（Transceiver）。

（六）网卡的控制芯片

控制芯片是网卡中最重要的元件，是网卡的控制中心，如电脑的CPU，控制着整个网卡的工作，负责数据的传送和连接时的信号侦测。早期的10/100M的双速网卡会采用两个控制芯片（单元）分别控制两个不同速率环境下的运算，而目前较先进的产品通常只有一个芯片控制两种速度。

二、网卡的类型及选择

（一）网卡分类

1.以频宽区分网卡种类

目前的以太网卡分为10Mbps、100Mbps和1000Mbps三种频宽，常见的三种架构有10BaseT、100BaseTX与Base-2，前两者是以RJ-45双绞线为传输媒介，频宽分别有10Mbps和100Mbps。而双绞线又分为category 1至category 5五种规格，分别有不同的用途以及频宽。category通常简称cat，只要使用cat5规格的双绞线皆可用于10/100Mbps频宽的网卡上。而10Base-2架构则是使用细同轴电缆作为传输媒介，频宽只有10Mbps。频宽10Mbps或100Mbps是指网卡上的最大传送频宽，而频宽并不等于网络上实际的传送速度，实际速度要考虑到传送的距离、线路的品质和网络是否拥挤等因素，这里所谈的bps指的是每秒传送的bit（1个byte=8个bit）。而100Mbps则称为高速以太网卡（Fast Ethernet），多为PCI接口。因为其速度快，目前新建的局域网络大多数已采用100Mbps的传输频宽，已有渐渐取代10Mbps网卡的趋势。当前市面上的PCI网卡多具有10/100Mbps自动切换的功能，会根据所在的网络连线环境来自动调节网络速度。1000Mbps以太网卡多用于交换机或交换机与服务器之间的高速链路或Backbone。

2.以接口类型区分网卡种类

以接口类型来分，网卡目前使用较普遍的是ISA接口、PCI接口、USB接口和笔记本电脑专用的PCMCIA接口。现在的ISA接口的网卡均采用16bit的总线宽度，其特性是采用programmed I/O的模式传送资料，传送数据时必须通过CPU在I/O上开出一个小窗口，作为网卡与PC之间的沟通管道，需要占用较高的CPU使用率，在传送大量数据时效率较差。PCI接口的网卡则采用32bit的总线频宽，采用busmaster的数据传送方式，传送数据是由网卡上的控制芯片来控制，不必通过1/O端口和CPU，可大幅降低CPU的占用率，目前产品多为10/100Mbps双速自动侦测切换网卡。

3.以全双工/半双工来区分网卡种类

网络有半双工（Half duplex）与全双工（Full duplex）之分，半双工网卡无法同一时间内完成接收与传送数据的动作，如10Base-2使用细同轴电缆的网络架构就是半双工网络，同一时间内只能进行传送或接收数据的工作，效率较低。要使用全双工的网络就必须使用双绞线作为传输线才能达到，并且也要搭配使用全双工的集线器，要使用10Base或

100BaseTX的网络架构，网卡当然也要是全双工的产品。

4.以网络物理缆线接头区分网卡

目前，网卡常用的网线接头有RJ–45与BNC两种，有的网卡同时具有两种接头，可适用于两种网络线，但无法两个接头同时使用。另外还有光纤接口的网卡，通常带宽在1000 Mbps。

5.网络开机功能

有些网卡会有网络开机（WOL，Wake On Lan）功能。可由另外一台电脑，使用软件制作特殊格式的信息包发送至一台装有WOL功能网卡的电脑，而该网卡接收到这些特殊格式的信息包后，就会命令电脑打开电源，目前已有越来越多的网卡具有网络开机的功能。

6.其他网卡

从网络传输的物理媒介上还有无线网卡，利用2.4GHz的无线电波来传输数据。目前，IEEE有两种规范802.11和802.11b，最高传输速率分别为2M和11M，接口有PCI、USB和PCMCIA几种。

（二）网卡的安装和设置

1.网卡的安装

在普通计算机上安装网卡的方法如下：①关闭计算机，断开电源。②打开机箱。③在主板上找一个合适的插槽。④用螺丝刀将插槽后面对应的挡板去掉。需要注意的是，螺丝刀在使用前最好在其他金属上擦几下，以防止带静电，破坏计算机中的有关部件。⑤将网卡轻轻放入机箱中对应的插槽内。⑥用两只手将网卡压入插槽中。压的过程中要稍用些力，直到网卡的引脚全部压入插槽中为止。同时，两手用力要均匀，不能出现一端压入，而另一端翘起的现象，以保证网卡引脚与插槽之间的正常接触。⑦用螺丝将网卡固定好。旋入螺丝后再仔细检查一次，看看在固定的过程中网卡与插槽之间是否发生了错位。⑧盖好机箱，旋紧机箱螺丝。

2.网卡参数的设置

对网卡进行参数设置的必要性主要表现在以下两方面。

一是在不支持即用（PnP）功能的环境中便于网卡的使用。前文已提到，满足PnP功能时必须同时具备三个条件，但在实际使用中不可能所有的网卡、主板和操作系统都满足PnP功能。

二是网卡本身的参数（IRQ和I/O）必须与操作系统分配的参数相一致。经常安装网卡的人都会遇到这样的现象：用网卡自带的程序查看时，其IRQ值为3，但在Windows 9x下有时工作不正常。所以，即使是在支持PnP的环境下，也一定要对网卡的参数进行设置，使其本身的参数值与操作系统分配的参数相一致。网卡参数的设置步骤如下：①打开安装有网卡的计算机，以纯DOS（如DOC6.22）方式进入。②运行网卡自带驱动程序盘中的测试文件Setup.exe（不同的网卡略有些不同，有些是Autoinst.exe，不清楚时可参看其中的Readme文件），系统弹出设置界面。通过此界面，大家可以知道网卡的IRQ值、I/Q地址和网卡卡号，其中IRQ值为3，I/O地址（10Base）为300，网卡卡号为00021857881。这些信息对安装和设置网卡是很有用的，一定要记下来。③如果要修改其中的参数，如将IRQ值从3改成5时，可选择界面左上方的配置“Configuration”一项，在弹出的窗口中设置即可。④选择左上方的硬件配置“Configuration”一项，在弹出的窗口中，显示网卡的详细参数值。⑤如果要修改网卡的某一参数值（如将IRQ值从原来的3改为5），可先在右下方中选择待修改的参数（Interrupt），按“Enter”键后，在出现界面中选择其中的“IRQ5”一项即可。⑥按“Esc”键，在弹出界面中选择“Yes”，对刚才的设置进行保存。

第四节　其他设备

一、双绞线

（一）双绞线的组成

双绞线（Twisted Pairwire，TP）是局域网面线中最常用到的一种传输介质，尤其在星形网络拓扑中，双绞线是必不可少的布线材料。双绞线是由两根具有绝缘保护的铜导线组成的。把两根绝缘的铜导线按一定密度互相绞在一起，可降低信号干扰的程度，每一根导线在传输中辐射出来的电波会被另一根导线上发出的电波抵消，并在每根铜导线的绝缘层上面涂有不同的颜色，以示区别。双绞线一般由两根22～26号的绝缘铜导线相互缠绕而成。如果把一对或多对双绞线放在一条导管中，就成了双绞线电缆。与其他传输介质相比，双绞线在传输距离、信道宽度和数据速度等方面均受到一定的限制，但其价格较为低廉。目前，双绞线可分为屏蔽双绞线（Shielded Twisted Pair，STP）和无屏蔽双绞线（Unshielded Twisted Pair，UTP，也称非屏蔽双绞线）两种。其中，STP又分为3类和5类两种，而UTP分为3类、4类、5类、超5类四种。同时，6类和7类双绞线也会在不远的将来运用于计算机网络的布线系统。

屏蔽双绞线电缆最大的特点在于封装于其中的双绞线与外层绝缘胶皮之间有一层金属材料，这种结构能减少辐射，防止信息被窃听，同时具有较高的数据传输率（5类STP

在100m以内可达到155Mbps，而UTP只能达到100Mbps）。但屏蔽双绞线电缆的价格相对较高，安装时要比非屏蔽线困难，必须使用特殊的连接器，技术要求也比非屏蔽双绞线电缆高。与屏蔽双绞线相比，非屏蔽双绞线电缆外面只有一层绝缘胶皮，因而重量轻、易弯曲、易安装、组网灵活，非常适用于结构化布线，所以，在无特殊要求的计算机网络布线中，常使用非屏蔽双绞线电缆。

双绞线虽然主要是用来传输模拟声音信息的，但同样适用于数字信息的传输，特别适用于较短距离的信息传输。在传输期间，信号的衰减比较大，并且使其波形畸变。为了克服这一弱点，在线路上一般采用放大技术来再生波形。

采用双绞线的局部网络的带宽取决于所用导线的质量以及每一根导线的精确长度。只要精心选择和安装双绞线，就可以在短距离内达到每秒几百万位的可靠传输率。当距离很短，并且采用特殊的电子传输技术时，其传输率可达100Mbps。

因为使用双绞线传输信息时要向周围辐射，很容易被窃听，所以要花费额外的代价加以屏蔽，以减小辐射（但不能完全消除）。而且双绞线电缆一般具有较高的电容性，可能会使信号失真，故双绞线电缆不太适合高速率数据传输。之所以选用双绞线作为传输媒体，是因为其实用性较好、价格较低，比较适用于应用系统。

（二）双绞线分类及传输特性和用途

双绞线的种类很多，不同的种类又有不同的特性和用途。下面分别介绍不同种类双绞线的特性。

1.3类双绞线

3类双绞线的最高传输率为16MHz，最高传输速率为10Mbps，用于语音和最高传输率为10Mbps的数据传输。3类双绞线目前正逐渐从市场上消失，取而代之的是5类和超5类双绞线。

2.4类双绞线

4类双绞线的最高传输频率为20MHz，最高传输速率为16Mbps，可用于语音和最高传输速率为16Mbps的数据传输。4类双绞线在局域网布线中应用很少，目前市面上基本看不到。

3.5类双绞线

5类双绞线电缆使用了特殊的绝缘材料，其最高传输频率达到100MHz，可用于语音和最高传输速率为100Mbps的数据传输。5类双绞线是目前网络布线的主流。

4.超5类双绞线

与5类双绞线相比，超5类双绞线的衰减和串扰更小，可提供更坚实的网络基础，满足大多数应用的需求（尤其支持千兆以太网1000BaseT的布线），给网络的安装和测试带来了便利，成为目前网络系统应用中较好的解决方案。原标准规定的超5类线的传输特性与普通5类线的相同，只是超5类双绞线的全部4对线都能实现全双工通信。不过，近段时间里超5类双绞线超出了原有的标准，市面上相继出现了带宽为125MHz和200MHz的超5类双绞线（如美国通贝公司的超5类双绞线等），其特性较原标准也有了提高。据有关材料介绍，这些超5类双绞的传输距离已超过了100m的界限，可达到130m甚至更长。

5.6类双绞线

电信工业协会（TIA）和国际标准化组织（ISO）已经着手制定6类布线标准。该标准将规定未来布线应达到200MHz的带宽，可以传输语音、数据和视频，足以应付未来高速和多媒体网络的需要。6类布线标准估计将在近期正式发布。

6.7类双绞线

国际标准化组织1997年9月曾宣布要制定7类双绞线标准，建议带宽为600MHz。小型局域网一般使用非屏蔽双绞线进行网络连接。在新建网络时，建议大家使用5类或超5类的双绞线。现在市面上一些超5类双绞线的价格已经不相上下。当然，在同等的条件下，使用超5类要好一些。

二、光纤

（一）光纤的通信原理

光纤通信的主要组成部件有光发送机、光接收机和光纤，当进行长距离信息传输时还需要中继机。在通信时，由光发送机产生光束，将表示数字代码的电信号转变成光信号，并将光信号导入光纤，将其还原成为发送前的电信号。为了防止长距离传输而引起的光能衰减，大容量、远距离的光纤通信每隔一定的距离需设置一个中继机。在实际应用中，光缆的两端都应安装有光纤收发器。光纤收发器集合了光发送机和光接收机的功能，既负责光的发送，也负责光的接收。

（二）光纤接入所需元件

光纤接入设备发展到今天，由于光纤接入技术的不断更新和越来越多的生产商加盟，它的分类越来越明确，主要有三大类：①光纤通信接续文元件（适用通信及计算机网络终端连接），如光纤跳线、光纤接头（盒）等；②光纤收发器（适用计算机网络数据传输），如光纤盒、光纤耦合器和配线箱（架）等；③光缆工程设备、光缆测试仪表（大型工程专用），如光纤熔接机、光纤损耗测试仪器等。

下面就对光纤通信接续文元件和光纤收发器两大类设备进行介绍。

1.光纤跳线

跳线就是不带连接器的电缆线对或电缆单元，用在配线架上交接各种链路。光纤跳线用于长途及本地光传输网络、数据传输及专用网络、各种测试及自控系统。

2.光纤接头（盒）

光纤接头（盒）主要用于光纤与光纤、光纤与设备之间的连接。

3.光纤盒

光纤盒应用于利用光纤技术传输数字和类似语音、视频和数据信号。光纤盒可进行直接安装或桌面安装，特别适合进行高速的光纤传输。

4.光纤模块卡

千兆系列光纤模块卡是与交换机配合使用的，使用光纤或5类双绞线传输，可扩展局域网范围，扩大带宽，适合于大、中型局域网在扩大带宽、扩展其网络覆盖范围时使用。该光纤模块完全符合IEEE 802.3z协议，工作于850nm、1300nm模式；也完全符合IEEE 802.3ab协议，兼容其他相同千兆协议的设备。由于它的体积小，可以直接安装于交换机内部，无须额外占用空间，由交换机内部供电，安装使用简便，可配合多款交换机使用。

5.光纤耦合器（Coupler）

光纤耦合器又称分歧器（Splitter），是将光信号从一条光纤中分至多条光纤中的元件，属于光被动元件领域，在电信网络、有线电视网络、用户回路系统、区域网络中都会应用到，与光纤连接器分列被动元件中使用最大项。光纤耦合器可分标准耦合器（双分支，单位1×2，即将光信号分成两个功率）、星状/树状耦合器以及波长多工器（WDM，若波长属高密度分出，即波长间距窄，则属于DWDM），制作方式则有烧结（Fuse）、微光学式（Micro Optics）、光波导式（Wave Guide）3种，而以烧结式生产的占多数（约有90%）。

6.单、多模光纤转换器

单、多模光纤收发器用于光缆之间的数据通信，支持用户利用单模或多模光纤扩展UTP网络的规模，广泛应用于以太网数据通信扩展传输距离的地方，通过光纤链路实现网络的扩展和延伸。

7.光端机

视频复用光端机采用国际最先进的数码视频、千兆光纤高速传输技术和全数字无压缩技术，因此能支持任何高分辨率运动、静止图像无失真传输；克服了常规的模拟调频、调相、调幅光端机多路信号同传时交调干扰严重、容易受环境干扰影响、传输质量低劣、长期工作稳定性差等致命弱点。光端机还可以提供多路视频、音频、数据、电话语音、以太网在光纤上同时传输，大大节省了用户设备投资成本，提高了光缆利用率。它广泛应用于安防监控、高速公路、电子警察、自动化、智能小区海关、电力、水利、石油、化工等诸多领域。

三、同轴电缆

同轴电缆由绕在同一轴线上的两种导体组成。同轴电缆中央是一根比较硬的铜导线或多股导线，外面由一层绝缘材料包裹，这一层绝缘材料又被第二层导体包住，第二层导体可以是网状的导体（有时是导电的铝箔），主要用来屏蔽电磁干扰，最外面由坚硬的绝缘塑料包住。

同轴电缆的价格随直径及导体的不同而不同，通常介于双绞线与光纤之间，且细缆相对粗缆便宜一些。同轴电缆抗电磁干扰能力比双绞线强，但其安装较双绞线复杂，其典型的传输速率通常为10Mbps。

四、网关

网关用于类型不同且差别较大的网络系统间的互联，主要用于不同体系结构的网络或者局域网与主机系统的连接。在互连设备中，网关最为复杂，一般只能进行一对一的转换，或是少数几种特定应用协议的转换。

网络的主要变换项目包括信息的格式变换、地址变换、协议变换等。

格式变换：格式变换是将信息的最大长度、文字代码、数据的表现形式等变换成适用于对方网络的格式。

地址变换：由于每个网络的地址构造不同，因而需要变换成对方网络所需要的地址格式。

协议变换：把各层使用的控制信息变换成对方网络所需的控制信息，由此可以进行信息的分割/组合、数据流量控制、错误检测等。

网关按其功能可以分为三种类型：协议网关、应用网关和安全网关。

协议网关：协议网关通常在使用不同协议的网络间做协议转换工作，这是网关最常见的功能。协议转换必须在数据链路层以上的所有协议层都运行，而且要对节点上使用这些协议层的进程透明。协议转换必须考虑两个协议之间特定的相似性和差异性，所以协议网关的功能十分复杂。

应用网关：应用网关是在应用层连接两部分应用程序的网关，是在不同数据格式间翻译数据的系统。这类网关一般只适用于某种特定的应用系统的协议转换。

安全网关：与网桥一样，网关可以是本地的，也可以是远程的。另外，一个网关还可以由两个半网关构成。目前，网关已成为网络上每个用户都能访问大型主机的通用工具。

第三章　计算机网络结构

第一节　计算机网络的体系结构

一、网络的层次体系结构

（一）网络协议的重要性

计算机之间要实现通信，除了技术支持还需要一些规则来进行信息匹配，方能进行交流。不同的厂商生产不同的计算机，其CPU等内部构造不尽相同，那么计算机之间需要实现通信或交流，就需要学会同一种交流规则。对计算机来说，这种交流规则就是各种协议。协议的出现让不同厂商之间生产的计算机只要能够支持同一种协议就能实现正常通信，进行交流。

（二）网络协议的概念

网络协议是为网络数据交换而制定的规则、约定和标准。网络协议包含以下三方面的要素：

1.语法（Syntax）

包括数据格式、编码及信号电平等。

2.语义（Semantics）

包括用于协议和差错处理的控制信息。

3.同步（Timing）

包括速度匹配和排序。

（三）协议的分层结构

1.协议分层的结构

计算机网络的体系结构通常都具有可分层的特性，将复杂的大系统分成若干较容易实现的层次。协议分层结构的思想是用一个模块的集合来完成不同的通信功能，以简化设计的复杂性。大多数网络都按照层次的方式来组织，每一层完成特定的功能，每一层都建立在它的下层之上。

2.层次结构的优点

（1）各层之间相互独立，每层只实现一种相对独立的功能。

（2）每层之间界面自然清晰，易于理解，相互交流尽可能少。

（3）各层功能的精确定义独立于具体的实现方法，每层都采用最合适的技术来实现。

（4）保持下层对上层的独立性，上层单向使用下层提供的服务。

（5）整个分层结构应该能促进标准化工作。

由于分层后各层之间相对独立，灵活性好，因而分层的体系结构易于更新（替换单个模块）、易于调试、易于交流、易于抽象、易于标准化。但层次越多，有些功能在不同层中难免重复出现，产生了额外的开销，整体运行效率就越低。层次越少，就会使每一层的协议太复杂。因此，在分层时，我们也应该考虑层次的清晰程度与运行效率之间的折中、层次数量的折中。

3.选择通信协议的原则

所选择的协议要与网络结构和功能相一致；除特殊情况外，一个网络应该尽量只选择一种通信协议；每个版本的协议都有它最适合的网络环境；必须使用相同的通信协议，两台实现互联的计算机之间才能够进行通信。

4.数据单元

上、下层实体之间交换的数据传输单元称为数据单元。数据单元分为以下三种。

协议数据单元。它是在不同系统的对等层实体之间根据协议所交换的数据单位。N层的PDU通常表示为（N）PDU。协议数据单元包括该层用户数据和该层的协议控制信息。

接口数据单元。它是在同一个系统的相邻两层实体之间通过接口所交换的数据单元。接口数据单元（PDU）由两部分组成：一部分是经过接口的PDU本身，另一部分是接口控制信息。ICI是对PDU怎样通过接口的说明，仅PDU通过接口时有用。

服务数据单元。服务数据单元（SDU）是为了实现上一层实体请求的功能，下层实体服务所需设置的数据单元。一个服务数据单元就是一个服务所要传送的逻辑数据单位。

5.网络体系结构

网络体系结构是计算机之间相互通信的层次，以及各层中的协议和层次之间接口的集合。体系结构是抽象的，而实现是具体的，是指运行的一些硬件和软件。体系结构主要具有的功能：连接源节点和目的节点的物理传输线路，可以经过中间节点；每条线路两端的节点应当进行二进制通信；保证无差错的信息传输；多个用户共享一条物理线路；路由选择。网络体系结构主要具有以下特点：以功能作为划分层次的基础；第N层的实体在实现自身定义的功能时，只能使用第N-1层提供的服务；第N层向第N+1层提供的服务，不仅包括第N层本身的功能，还包括由下层服务提供的功能。

二、开放系统互连参考模型

国际标准化组织ISO在1979年建立了一个分委员会来专门研究一种用于开放系统的体系结构，提出了开放系统互连OSI模型，这是一个定义连接异种计算机的标准主体结构。OSI采用了分层的结构化技术，共分七层，物理层、数据链路层、网络层、传输层、会话层、表示层、应用层。OSI参考模型的特性：是一种异构系统互连的分层结构；提供了控制互联系统交互规则的标准骨架；定义一种抽象结构，而并非具体实现的描述；不同系统中相同层的实体为同等层实体；同等层实体之间通信由该层的协议管理；相同层间的接口定义了原语操作和低层向上层提供的服务；所提供的公共服务是面向连接的或无连接的数据服务；直接的数据传送仅在最低层实现；每层完成所定义的功能，修改本层的功能并不影响其他层。

（一）物理层

规定通信设备的机械的、电气的、功能的和规程的特性，用于建立、维护和拆除物理链路连接。具体来讲，机械特性规定了网络连接时所需接插件的规格尺寸、引脚数量和排列情况等；电气特性规定了在物理连接上传输bit流时线路上信号电平的大小、阻抗匹配、传输速率距离限制等；功能特性是指对各个信号先分配确切的信号含义，即定义了DTE和DCE之间各个线路的功能；规程特性定义了利用信号线进行bit流传输的一组操作规程，是指在物理连接的建立、维护、交换信息时，DTE和DCE双方在各电路上的动作系列。在这一层，数据的单位称为比特（bit）。物理层的主要设备有中继器、集线器、适配器。

（二）数据链路层

在物理层提供比特流服务的基础上，建立相邻节点之间的数据链路，通过差错控制提供数据帧（Frame）在信道上无差错的传输，并进行各电路上的动作序列。数据链路层在不可靠的物理介质上提供可靠的传输。该层的作用包括：物理地址寻址、数据的成帧、流量控制、数据的检错、重发等。在这一层，数据的单位称为帧（Frame）。数据链路层主要设备：二层交换机和网桥。

（三）网络层

在计算机网络中进行通信的两个计算机之间可能会经过很多个数据链路，也可能还要经过很多通信子网。网络层的任务就是选择合适的网间路由和交换节点，确保数据及时传送。网络层将数据链路层提供的帧组成数据包，数据包中封装有网络层包头，其中含有逻辑地址信息、源站点和目的站点地址的网络地址。

如果你在谈论一个IP地址，那么你是在处理第三层的问题，这是“数据包”问题，而不是第二层的“帧”。IP是第三层问题的一部分，此外，还有一些路由协议和地址解析协议（ARP）。有关路由的一切事情都在第三层处理。地址解析和路由是第三层的主要目的。网络层还可以实现拥塞控制、网际互联等功能。在这一层，数据的单位称为数据包（Packet）。网络层协议的代表包括：IP、IPX、RIP、ARP、RARP、OSPF等。网络层主要设备：路由器。

（四）传输层

第四层的数据单元也称作处理信息的传输层。但是，当你谈论TCP等具体的协议时又有特殊的叫法，TCP的数据单元称为段（Segments），而UDP协议的数据单元称为“数据报”。这个层负责获取全部信息，因此，它必须跟踪数据单元碎片、乱序到达的数据包和其他在传输过程中可能发生的危险。第四层为上层提供端到端（最终用户到最终用户）的透明的、可靠的数据传输服务。所谓透明的传输，是指在通信过程中传输层对上层屏蔽了通信传输系统的具体细节。传输层协议的代表包括TCP、UDP、SPX等。

（五）会话层

会话层也可以称为会晤层或对话层，在会话层及以上的最高层次中，数据传送的单位不再另外命名，统称为报文。会话层不参与具体的传输，它提供包括访问验证和会话管理在内的建立和维护应用之间通信的机制，如服务器验证用户登录便是由会话层完成的。

（六）表示层

表示层主要解决用户信息的语法表示问题。将欲交换的数据从适合于某一用户的抽象语法，转换为适合OSI系统内部使用的传送语法，提供格式化的表示和转换数据服务。数据的压缩和解压缩、加密和解密等工作都由表示层负责。

（七）应用层

应用层为操作系统或网络应用程序提供访问网络服务的接口。应用层协议的代表包括：Telnet、FTP、HTTP、SNMP等。由于OSI体系结构太复杂，在实际应用中TCP/IP的四层体系结构得到广泛应用。

三、Internet的体系结构

Internet网络体系结构以TCP/IP协议为核心。其中，IP协议用来给各种不同的通信子网或局域网提供一个统一的互联平台，TCP协议则用来为应用程序提供端到端的通信和控制功能。Internet并不是一个实际的物理网络或独立的计算机网络，它是世界上各种使用统一TCP/IP协议的网络的互联。Internet已是一个在全球范围内急剧发展且占主导地位的计算机互联网络。TCP/IP协议遵守一个四层的模型概念：网络接口层、网际层、传输层、应用层。

（一）网络接口层

模型的最底层是网络接口层，负责数据帧的发送和接收，帧是独立的网络信息传输单元。网络接口层将帧放在网上，或从网上把帧取下来。

（二）网际层

互联协议将数据包封装成Internet数据包，并运行必要的路由算法。

（三）传输层

传输协议在计算机之间提供通信会话。传输协议的选择根据数据传输方式而定。两个传输协议如下：

传输控制协议TCP：为应用程序提供可靠的通信连接，适合于一次传输大批数据的情况。同时，适用于要求得到响应的应用程序。

用户数据报协议UDP：提供了无连接通信，且不对传送包进行可靠的保证。适合一次传输小量数据，可靠性则由应用层来负责。

（四）应用层

应用程序通过这一层访问网络。应用层包含所有的高层协议，具体包括以下协议：

1.虚拟终端协议（TELNET）

允许一台机器上的用户登录到远程机器上，并进行工作。

2.文件传输协议（FTP）

提供有效的方法将文件从一台机器上移到另一台机器上。

3.电子邮件传输协议（SMTP）

用于电子邮件的收发。

4.域名服务（DNS）

用于把主机名映射到网络地址。

5.网络文件系统（NFS）

FreeBSD支持的文件系统中的一种，它允许网络中的计算机之间通过TCP/IP网络共享资源。

6.超文本传送协议（HTTP）

用于在WWW上获取主页。

7.简单网络管理协议（SNMP）

支持网络管理系统，用于监测连接到网络上的设备是否有任何引起管理上关注的情况。

第二节　物理层与数据链路层

一、物理层

（一）物理层的概念

物理层位于OSI模型的最底层，负责比特流的传输。物理层协议要定义为实现比特流传输采用的传输介质、设备的连接接口、采用的比特流传输编码、同步方式及实现物理链路的连接管理和传输控制。OSI对物理层的定义是，在物理信道实体之间合理地通过中间系统为比特流的传输建立、维持和终止传输数据比特流的物理连接提供机械的、电气的、功能的和规程的手段。

从OSI网络模型可知，网络由资源子网和通信子网构成，资源子网对应计算机主机部分，通信子网对应通信网络部分。按照前面讨论的通信模型，数据终端设备DTE通过数据通信设备DCE接入信道，实现通信。在OSI网络模型中的计算机主机就是数据终端设备DTE，通信子网的接入设备就是数据通信设备DCE，通信网络就是信道。

具体来说，物理层协议的机械特性规定了为实现数据流传输，物理层连接的DTE设备与DCE设备间连接设备的插头和插座的机械形状和大小的具体标准。

功能特性规定了物理层连接DTE设备与DCE设备间的连接插座、插头引脚数和排列的标准。

电气特性规定了在物理信道上传输数据流时，数据流采用什么编码，一个比特码持续多少时间（数据速率）；数据流用什么电压代表“1”，用什么电压代表“0”，以及设备电路的形式等电气标准。

功能特性说明了DTE设备与DCE设备间的连接接口的形状、大小，连线引脚的个数和排列，每个引脚连线的功能，哪些是用于数据传输的传输线，哪些是用于传输控制的控制线。

规程特性规定了控制线上的控制信号如何实现传输控制，数据线何时进行数据传输，控制信号之间的工作顺序如何，控制连线的控制信号如何实现数据传输初始阶段物理链路的建立，数据传输阶段物理链路的维持，以及传输完成后物理链路的终止等控制。

物理层为实现比特流传输涉及的传输介质。设备的连接接口、采用的比特流传编码、同步方式及实现物理链路的连接管理和传输控制，这一切在物理层的传输双方都要事前有一致的约定，并在传输过程中遵循这些事前约定的规则。这些双方事前约定并遵循的一切规则构成物理层协议的内容。

（二）物理层协议

物理层协议与具体的物理传输技术有关，不同的技术采用不同的协议标准。OSI在定义物理层协议标准时，采纳了各种现成的协议，如RS-232C、RS-449、X.21、V35、ISDN以及IEEE802、IEEE802.3、IEEE802.4、IEEE802.5等协议。RS-232C和X.21是两个物理层通常使用的物理层协议，这里将它们作为物理层的协议实例加以介绍。

1.RS-232C接口

RS-232C是美国电子工业协会在1996年颁布的异步通信接口标准，是为使用公用电话网进行数据通信而制定的标准。由于公用电话网是传输模拟信号的网络，计算机产生的信号是数字信号，两台计算机主机通过电话网进行数据通信时，需要使用调制解调器完成模拟信号和数字信号的转换，在发送方的调制解调器将计算机主机的数字信号转换成模拟信号送入电话网，传输到接收端后，接收端的调制解调器将接收到的模拟信号恢复为数字信号交给计算机。RS-232C就是为实现这种方式下的通信而设计的协议标准。按照通信模型对DTE、DCE的定义，这里的计算机主机为DTE，调制解调器为DCE，公用电话网为通信信道。

2.同步通信接口X.21接口

RS-232C接口是为在模拟信道上传输数据而制定的接口标准，早在1969年，国际电报电话咨询委员会就预见数据通信迟早会从模拟信道演变成数字信道，于是开始研究和制定数字信道的接口标准。1976年，CCITT通过了用于数字信道传输的数字信道同步通信接口标准的建议书X.21。

公用数据网是传输数字信道的网络，X.21是为采用公用数据网实现数据通信而设计的协议标准。在采用公用数据网进行数据通信时，计算机需要通过公用数据交换网的接入设备PAD接入公用数据网，X.21是数据终端设备DTE与公用数据交换网的接入设备PAD之间的接口标准。

X.21整个数据传输也是由建立连接、数据传输、拆除连接三个阶段完成。数据传输前先要建立连接，使DTE、DCE为本次数据传输做好准备，建立完成后才可以进行数据传输。数据传输完毕，还需要拆除连接，使DTE和DCE回到无通信的初始状态，以便再有连接请求时能进行下一次通信服务。

二、数据链路层

（一）数据链路层的概念

数据链路层负责网络中相邻节点间的帧的传输，通过数据链路层的协议完成帧的同步、节点间传输链路的管理、传输控制及实现节点间传输的差错控制和流量控制，在不太可靠的物理链路上实现了数据帧可靠地传输。

数据链路层负责网络中两个节点间的数据链路上数据帧的传输，传输节点设备的软、硬件和传输链路构成数据链路。数据链路层将物理层传送的比特流组织成数据链路层的协议数据单元帧进行传送，负责建立、维持和释放数据链路的链路管理任务，通过校验、确认和反馈重发等手段进行帧传输的差错控制和流量控制，实现将原始的物理链路改造成无差错的数据链路。

数据链路层的协议数据单元为帧，帧是将上层网络层的数据单元——分组作为数据链路层的数据，加上数据链路层的帧头和帧尾构成数据链路层的帧（打包）。帧头和帧尾的信息有地址信息、控制信息及实现差错控制的校验码，这些信息与数据信息一起构成帧。数据链路层的发送节点需要将上层网络层的数据单元分组作为数据链路层的数据打包成帧，以帧的数据格式向接收节点发送。在接收节点根据帧头和帧尾的信息完成数据帧的接收，然后将帧头、帧尾的这些信息取出，还原回分组交给网络层，这个过程为解包。所以，打包和解包是数据链路层的功能之一。

数据链路层的另一个功能为链路管理。链路管理就是数据链路建立、维持和拆除的操作。当网络中两个节点要进行数据帧的传输时，数据传输的两个节点要事前交换一些信息，让发送节点和接收节点及传输链路都处于准备数据发送和数据接收的状态，网络中这个工作阶段被称为数据链路层的建立连接。完成数据链路的建立连接后，可以进入数据传输阶段。在数据传输阶段，两个节点需要一直处于能够发送数据和接收数据的状态，网络中这个工作阶段称为维持连接。数据传输结束后，两个节点可以不再处于以上状态，可以释放建立连接阶段占有的资源，网络中这个工作阶段称为拆除连接。

数据链路原始的物理链路，由于噪声干扰等因素，在传输比特流时可能发生差错。所以，数据链路层要采取差错控制发现差错，并通过纠错、重发等手段使接收端最终得到无差错的数据帧，实现将原始的物理链路改造成无差错的数据链路。另外，相邻节点之间的数据传输还要防止发送数据过快而来不及接收和处理数据帧，从而发生数据丢失，所以数据链路层要采取流量控制，保证数据在数据链路层的可靠接收。因此，数据链路层承担着相邻节点传输的差错控制和流量控制任务。

此外，数据链路还要约定采用什么样的帧格式进行传输，即定义帧格式；决定如何识别一个帧的到来和帧的结束，即实现帧同步。

数据链路层涉及的帧格式、帧同步方法，链路管理、差错控制和流量控制方式。这一切在数据链路层的传输双方都要事前有一致的约定，并在传输过程中遵循这些事前约定的规则，这些双方事前约定并遵循的约定的一切规则构成数据链路层协议的内容。

（二）帧同步方式

数据链路层负责网络中两个节点间的数据链路上数据帧的传输。数据帧从发送节点传输到接收节点，接收节点要准确地接收数据帧，首先要解决数据帧的同步问题。要实现数据帧的同步，就是要准确识别一个帧的到来（开始）和结束，从而实现帧的准确接收。数据链路层协议的帧同步一般有两种方式，采用特殊控制字符实现帧同步和采用特殊比特串实现帧同步。

1.采用特殊控制字符实现帧同步

在发送帧时，在帧的前面加上特殊的控制字符SYN（00010110）来启动帧的传输，在其后加上表示帧开始的控制字符SOH（0000001），再加上包含地址、控制信息的报头，以及传输的数据块和块校验码BCC等，最后在校验码BCC后加上表示帧结束的控制字符ETX（000001）等。

数据传输时，数据帧到达接收节点，接收节点只要检测到连续两个以上的SYN字符就可确认已进入同步状态；检测到SOH，就可确认数据帧开始，并在SOH结束时，开始接收数据。随后的数据块传送过程中，双方以同一频率工作（同步），一直进行数据的接收，直到收到指示数据结束的ETX控制字符到来时，传输结束。以这种方式，接收节点能准确地识别出数据帧何时到来，数据字段何时开始、何时结束，准确地完成数据帧的接收。

2.采用特殊比特串实现帧同步

发送节点在发送帧时，在帧的前面加上特殊比特串1111110来启动帧的传输，再加上报头及传输的数据块和校验码、FCS等，最后在校验码FCS后同样加上特殊比特串1111110表示帧结束。接收节点只要检测到特殊比特串0111110就确认帧到来，进入同步状态，开始接收数据帧，直到特殊比特串0111110再次来到时，传输结束。

采用特殊比特串0111110实现帧同步的方式存在透明传输问题。由于该方式以特殊比特串111110识别帧起始和结束，在数据帧的数据字段中如果出现0111110比特串，也会被误认为是帧的结束标志到来，做出帧结束处理的动作，这显然导致错误发生。要避免这种情况发生，就必须规定数据段不允许出现特殊比特串0111110。这种规定将给数据发送带来障碍，网络中称这种情况为不能支持透明传输。

为了支持透明传输，对这种采用特殊比特串0111111作为帧起始、结束标志的协议，必须采取比特填充法进行处理。比特填充法的具体操作如下：

在发送数据时，先对数据段的数据位进行检查，当数据位中出现连续5个“1”时，则自动在其后插入一个“0”，而接收方则做该过程的逆操作，即每当接收到的数据段的数据位中出现连续5个“1”时，将跟在后面的“0”自动删去，以此恢复原始数据信息。这样做保证了发送出来的数据流不会出现连续6个“1”，如果收到连续6个“1”，则一定是用于帧同步的特殊比特串0111110。这种连续5个“1”插“0”的方法使得数据段的数据传输不再受限制，实现了数据的透明传输。“0比特插入”方法简单易行，容易用硬件实现，对传输速度几乎无影响，在网络中得到普遍的使用。

（三）差错控制

网络需要通过差错控制来提高传输的可靠性，差错控制方式可以采用前向纠错FEC方式和自动请求重发ARQ方式。自动请求重发ARQ方式由于算法简单，实现容易，是目前数据链路层协议实现差错控制的主要方式。

在ARQ方式中，发送数据的成功与否通过接收端向发送端返回应答来确认，即接收端收到数据帧后经过校验，根据校验结果向发送端返回肯定应答ACK或否定应答NAK。当接收端返回的应答为否定应答时，说明收到的数据帧出错，发送端需要重新发送。通过出错重新发送的处理，使得最终收到的是正确的数据帧，实现了差错控制，提高了传输的可靠性。

ARQ方式的应答情况如下：肯定应答ACK：接收端对收到的帧进行校验，无误后向发送端返回肯定应答ACK，发送端收到此应答后知道发送成功；否定应答NAK：接收端对收到的帧进行校验，发现有错误后向发送端返回否定应答NAK，发送端收到此应答后知道发送失败，需要重新发送该数据；超时控制：应答是建立在发送的帧没有丢失的情况下的，如果发送的帧在传输过程中发生丢失，接收端永远收不到该帧，也不会返回该帧的应答，于是将出现发送端永远收不到应答的情况，此时发送端将处于无意义的等待状态。这种情况在网络中是需要避免的。网络中采用超时控制来避免这种情况，在发出一个帧后启动一个计数器开始计时，在设定的时间到达时，还没有收到应答帧，则认为该帧已经丢失并重新发送该帧。网络的数据链路层协议差错控制经常使用的ARQ技术有3种。

1.停等法

停等法的工作方式是发送端每发送完一帧后就要停止发送，一直等到该帧的应答帧返回，才能发送下一帧。

发送端每次将当前信息帧作为待确认帧保留在缓冲器中，当发送端开始发送该帧时，随即启动计时器，当接收端收到无差错的帧时，即向发送端返回一个肯定应答帧ACK，发送端收到该肯定应答帧ACK后，知道发送成功，可以将保留在缓冲器中的帧清除，腾出缓冲器空间，用于存储其他帧。

若接收端收到的是有差错的帧，即向发送端返回一个否定应答帧NAK，同时将收到的错误帧丢弃。当收到的是NAK帧时，则需要重发该帧，发送端将保存在缓冲器中的该帧重新发送；当收到的是ACK帧时，则清除缓冲区中的帧，同时将计数器清零，开始下一帧的发送。如果发出一个帧后在设定的时间还未收到应答帧，则认为该帧已经丢失并重新发送，发送端将保留在缓冲器中的该帧重新发送。

停等法每发送一帧就要进入等待，直到应答帧返回才能继续发送下一帧，使得线路利用率不高，因此在实际网络中用得不多。在实际网络，一般使用连续重发方式。使用连续重发方式在发送端发送数据时，可以连续发送一系列数据帧，即不用等待前一帧被确认就可以发送下一帧。连续重发方式需要一个较大的缓冲空间，以存放若干待确认的数据帧。GO-back-N和选择重发是两种常用的连续重发方式。

2.GO-back-N

在GO-back-N方式中，发送端可以连续发送一系列数据帧，然后进入等待应答状态。当返回的应答有对某一帧的否定应答NAK时，无论发送端已经发出多少帧，发送端都需要退回到该帧，重新发送该帧及下面的各帧。

GO-back-N策略可能会将已经发送到的帧再传送一遍，这显然是一种浪费。在以上例子中，F2有差错发生，返回NAK2，收到NAK2时退回到F2帧重新发送。此时已经发送过去的F3帧可能是正确的，但按照GO-back-N策略，还是得退回到F2帧开始重新重发，并重复发送已经发送到接收端的F3帧，这势必造成线路资源的浪费。针对这个问题，选择性重发应该是一种更好的策略。

3.选择性重发

选择性重发采集哪一帧出错，重发哪一帧的办法。发送端连续发送了F0、F1、F2、F3帧，正确收到F0、F1，返回ACK0、ACK1，但F2有差错发生，返回NAK2，收到NAK2时，将F2帧重新发送，然后继续发送F4、F5帧。显然选择性重发避免了对已经正确达到的帧的再次传送，提高了线路利用率。

（四）流量控制

流量控制是数据链路层的重要功能。数据链路层的流量控制限制链路上的帧的传输速率，使发送速率不超过接收速率，保证接收端的正确接收。在数据帧传输过程中，当发送速率超过接收速率时，会发生帧的丢失现象，导致差错发生。数据链路层的流量控制避免了这种情况的发生，进一步提高了数据链路层传输的可靠性。数据链路协议常用的流量控制方案主要有XON、XOFF方案和滑动窗口协议。

1.XON、XOFF方案

数据链路层发生发送速率超过接收速率时，会发生帧的丢失现象，导致差错发生。发生这种问题的主要原因是缓冲区容量有限，当发送端发送过来的帧的数目已经超过接收端缓冲区能够接收的帧的数目时，会发生帧的丢失现象，从而发生差错。

XON、XOFF方案使用一对控制字符来实现流量控制。当通信链路上的接收端缓冲区已满，不能继续接收发送来的数据帧时，便向发送端发送一个要求暂停发送的控制字符XOFF（00010011），意思是关闭发送链路，发送端收到此控制字符便停止发送信息帧，进入等待状态。等缓冲器区的帧处理完毕，腾出了缓冲空间可以继续接收新的信息帧时，接收端向发送方返回一个可以继续接收信息帧的控制字符XON（00010001），意思是开启发送链路，同时可以继续发送信息帧。

2.滑动窗口协议

在使用连续ARQ协议时，如果发送端一直没有收到接收端的确认应答信息，不能无限制地继续发送数据帧，因为当未被确认的帧太多时，只要有一帧出错，就会有许多帧需要重传（GO-back-N策略），这必然浪费很多时间。如果能够发送大量的帧，缓冲区也需要有一定的大小，否则无法接收较多的帧，这两种情况都需要增加一些不必要的开销。因此，在连续ARQ协议中，必须对已经发送出去但未被确认的数据帧的数目加以限制，这就是滑动窗口协议的思想。发送窗口通过在发送方设置一定大小的发送窗口和接收窗口，限制发送帧的数量，实现流量控制的目的。

发送窗口：发送窗口用来控制发送方发送数据帧的数量。发送窗口的大小WT表示在还没有接收到对方确认应答的条件下发送方最多可以发送的数据帧数目。如设定WT=4，则发送方发出4个数据帧后如果没有应答回来，则发送端就不可以继续发送，必须等待应答回来后，根据应答情况再决定可以发送的帧数目。

可以看出，在接收窗口不滑动时，发送窗口无论如何也不会滑动，只有当接收窗口发生了滑动，发送窗口才会发生滑动。通过滑动窗口协议，控制了发送出去的信息帧的数量，使得发送出去没有收到应答的帧的数目始终控制在发送窗口范围，达到流量控制的目的。滑动窗口协议可以在收到确认信息之前发送多个数据帧，这种机制使得网络通信处于忙碌状态，提高了整个网络的吞吐率。滑动窗口协议不但可以用于数据链路层的流量控制，还可以用于网络层通信子网的流量控制，解决了端到端的通信流量控制问题。

（五）数据链路层协议

在数据链路层中，数据帧的传输通过数据链路层协议实现。对于数据链路层协议，OSI也采用当前流行的协议，其中包括BSC、HDLC、LAPB及局域网IEEE802标准的数据链路层协议IEEE 802.2。BSC和HDLC是面向字符传输协议和面向比特传输协议的两个经典的数据链路层协议，这里将它们作为数据链路层的协议实例加以介绍。

1.二进制同步传输协议

二进制同步传输协议是IBM公司提出的数据链路层传输协议，该协议采用特殊的帧格式及控制字符实现传输控制。在BSC协议的帧格式中，第一字段和第二字段是两个同步字符SYN，然后是指示报头开始的控制字符SOH，接着是报头部分。报头结束后，是指示数据报文开始的控制字符STX，然后是数据报文部分。数据报文部分结束后，是指示数据报文结束的控制字符ETX，最后是16位的校验码BCC。

BSC协议采用特殊同步字符方式实现帧同步，SYN是帧同步控制字符，当连续出现2个SYN时，表示一个帧的开始；SOH是报头开始控制字符，表示报头开始，其后面就是报头信息；STX是报文开始控制字符，表示数据报文开始，其后面就是数据报文；ETX是报文结束控制字符，表示数据报文结束。通过这样的方式，可以识别什么时候发送的帧到来，什么时候发送的帧结束，实现帧同步的目的。

BSC帧分为数据帧和控制帧。数据帧用于数据发送，控制帧主要用于差错控制和流量控制。发送端的数据帧到达接收端后，接收端使用BCC字段的校验码对该数据帧进行校验，若收到的数据帧正确，则向发送端返回ACK帧，发送端收到ACK帧后，发送方可以继续发送下一个数据帧。若收到的数据帧出错，则向发送端返回NAK帧，发送端收到NAK帧后，将预留在缓冲区的该帧取出，重新进行发送。

BSC协议的流量控制采用停等法实现，即每发送完帧后就要停止发送，一直等到该帧的应答帧返回，才能发下一帧。由于必须等到应答回来才能继续发送，控制应答的发出时间就可以实现流量控制。

二进制同步传输协议BSC是面向字符型的传输控制协议，它采用特殊控制字符实现传输控制，数据报文中的数据也只能是完整的字符，所以它不支持不是完整字符的任意比特串的数据传输。面向字符的传输使得传输与字符编码关系过于密切，不利于兼容，为了实现透明传输，需采用字符填充法，实现起来比较复杂。BSC仅支持半双工方式，传输效率较低。目前，在网络设计中已经很少使用BSC传输协议，而是普遍使用后来发展起来的高级数据链路控制传输协议HDLC。

2.高级数据链路控制传输协议

高级数据链路控制传输协议是一种面向比特的数据链路层的传输控制协议，它是由国际标准化组织ISO根据IBM公司的协议开发而成的。

（1）HDLC的特点

HDLC是一种面向比特的数据链路层的传输控制协议，可以支持任意比特串的数据传输，数据以帧的形式传输，协议不依赖任何一种字符编码集（面向比特），帧中的数据可以是任意比特值，对于任何一种比特流都可以实现透明传输。

HDLC使用特殊比特串1111110实现帧同步，即通过特殊比特串0111110来标识一个帧起始和结束，通过“0比特插入法”实现透明传输。无论是数据帧还是控制帧，HDLC都采用统一的帧格式，并且都采用循环校验码CRC进行差错校验，提高帧传输的可靠性。HDLC是一种通用的数据链路控制协议，无论是点对点、点对多点链路，还是平衡结构和非平衡结构，都能采用HDLC协议实现数据传输。

（2）站点关系

由于能支持多种站点结构，采用HDLC协议进行数据传输时，要事先定义链路上站点的操作方式。所谓链路操作方式，就是链路上的工作站是以主站方式操作，还是以从站方式操作，或者是主从站兼备的复合站操作。

在链路上用于控制目的的站称为主站，其他受主站控制的站称为从站。主站负责组织数据传输和链路管理控制，并且对链路上的差错实施恢复操作。主站可以主动发起数据传输。而从站是从属于主站的站，不能进行链路管理控制，也不能主动向主站发起数据传输。从站只有在得到主站的命令后，才能以相应方式向主站发送数据。由主站发往从站的帧称为命令帧，而由从站返回主站的帧称为响应帧。主从站以命令和响应的方式进行数据传输，具有主从站关系的站点结构为非平衡结构。

除了主从站关系，链路上的站关系还有复合站关系。复合站关系是指链路上的站点既可以作为主站，也可以作为从站，即链路上需要传输数据的两个站中，任何一个站都可以作为主站，也可以作为从站，既可以主动发起数据传输，以命令方式要求对方响应传输，也可以以响应方式向对方发送数据，这样的站点关系称为复合站关系。复合站兼备了主站和从站的功能，具有复合站关系的站点结构为平衡结构。

点对多点的方式，链路上连有多个站点，为了实现有序的传输，有多个站点的链路控制通常使用轮询技术。在这多个站中，其中有一个站是主站，其他站为从站，主站轮流询问每一个从站是否需要传输，有传输需要时，将链路分配给其使用。显然，轮询其他站的站称为主站，被轮询的站称为从站，主站需要比从站有更多的逻辑功能。在一个站连接多条链路的情况下，该站对一些链路而言可能是主站，而对另外一些链路而言可能是从站。

（3）三种操作方式

为了适应不同的站点关系，HDLC协议定义了3种操作方式。分别是正常响应方式、异步响应方式和异步平衡方式。

NRM是一种用于主从站关系、非平衡结构的数据链路操作方式，有时也称为非平衡正常响应方式。在这种操作方式下，传输过程由主站启动，并控制超时和重发，从站只有收到主站某个命令帧后，才能作为响应向主站传输信息，整个链路的建立、维持、拆除等管理由主站负责。

ARM也是一种用于主从站关系、非平衡结构的数据链路操作方式。与NRM不同的是，ARM方式中，从站可以主动发起数据传输，并负责控制超时和重发，但链路的建立、维持、拆除等管理仍然由主站负责。与NRM相比，ARM可以认为是一种准NRM方式。

ABM是一种用于复合站关系、平衡结构的数据链路操作方式。由于链路上的站点是复合站，在任何时候，任何站都能主动发起传输，每个站既可作为主站，又可作为从站。各站都有相同的一组协议，任何站都可以发送或接收命令，也可以给出应答，并且各站对差错恢复过程都负有相同的责任。

（4）HDLC的帧格式

在BSC协议中，数据报文和控制报文是以不同的帧独立传输的，而在HDLC协议中，无论是数据帧还是控制帧，都采用统一的帧格式进行传输，并且都采用循环校验码CRC进行差错校验，提高了帧传输的可靠性。

第三节　网络层、传输层与应用层

一、网络层

（一）网络层的概念

网络层是通信子网的最高层，它是通信子网和用户主机组成的资源子网的界面，该层综合物理层、数据链路层和本层的功能向资源子网提供丰富的服务。网络层要解决的问题很多，首先是网络层向上面的运输层提供服务，其次是解决通信子网传输的路由选择、流量控制及差错控制处理等。另外，当通信的双方必须经过两个或更多的网络时，网络层还涉及网络间的互联问题。

1.网络层的主要功能

（1）网络寻址

网络层通过网络地址标识每一个不同的网络，互联的网络通过网络地址实现寻址，使数据分组能从一个网络传输到另外一个网络。

（2）网络连接

在面向连接的传输服务中，完成网络连接的建立、维持和拆除。

（3）分组交换

通过通信子网内各节点的交换，将发送方发出的分组最终转发到接收方。

（4）路由选择

在源主机到目的主机存在多条路径的网络中，选择合适的路径将分组从源主机传到所要通信的目的主机。

（5）流量控制

对进入分组交换网的通信量应加以控制，避免网内发生拥挤，提高网络传输性能。

（6）差错控制

解决数据从通信子网源节点到目标节点的可靠传输。

（7）中继功能

网络互联后，通信的双方必须经过两个或更多的网络时，如果传输路径经过的网络采用了不同的传输协议，需要由中继完成不同网络之间的协议转换，这种协议转换可以通过路由器或专用的网关来实现。

（8）优先数据传送

对某些数据采用优先传送，使其不受流量控制的影响。

（9）复位或重启动

若传输的分组序号错乱，无法组装报文时，复位从第一个分组重新传送；当出现网络故障使数据无法正常传输时，重新启动，并重置网络各参数。

2.网络层提供的服务

从OSI/RM的角度看，网络层所提供的传输服务有两大类，即面向连接的传输服务和无连接的传输服务。

面向连接的服务就是通信双方在通信时要事先选择一条通信传输路径，该路径选择完成后，本次传输的所有分组都沿这条路径进行传输。面向连接的服务通信过程有建立连接、维持连接和拆除连接三个过程。面向连接的服务由于事先选定了传输路径，在数据传输过程中，各分组不需要携带目的节点的地址，只要沿着选定的传输路径就可到达目的端。面向连接的服务在一定程度上类似于建立了一个通信管道，发送者在一端放入数据，接收者在另一端取出数据。面向连接服务的数据传输的收发数据顺序不变，因此传输的可靠性好。面向连接的传输服务一般适用于实时性要求不高、数据量较大的数据传输。

无连接的服务不要求事先选定路径，传输时，只需向目的端发送带着源端地址和目的地址的数据分组（也称为数据包），通信网中的各转发节点根据分组携带的地址进行路由选择，分组通过通信网中逐节点的不断转发，最终到达目的节点，完成传输。无连接的服务由于没有建立网络连接、维持连接、拆除连接的过程，传输中也不额外占用网络系统的其他资源，所以传输速度快，协议简单。但无连接的服务不能防止分组的丢失、重复等差错，所以可靠性相对不高。无连接的传输服务一般适合于实时性要求高、数据量较少的数据传输。

3.网络服务质量

网络服务质量是ISO用来定义通信子网网络传输服务好坏的参数。网络服务质量一般通过网络带宽、传输时延、时延抖动、分组丢失率、差错发生率等性能来衡量。网络带宽决定网络的传输速率，带宽越宽、传输速率越高，传输时延为分组从发送方到接收方的传输所用时间，时延抖动为传输分组间的时延差异，分组丢失率为分组在传输过程中发生丢失的比例，差错发生率为分组在传输过程中发生差错的比例。显然，在网络中，网络带宽越大越好，传输时延越小越好，时延抖动、分组丢失率、差错发生率越小越好。

网络服务质量越高越好，但高质量的网络服务质量是要付出开销代价的。为了在服务质量与开销代价间寻找平衡，网络传输时，需要事前约定需要的网络服务质量，网络服务质量的约定通常在建立连接时由传送实体与网络实体协商确定，通常有一组参数的期望值和一组能接受的最坏值。ISO关于网络服务质量的参数一部分已经在有关的网络协议中能找到对应关系，但另一些参数还未严格定义。

（二）虚电路、数据报

虚电路服务和数据报服务分别是网络层中的面向连接传输服务和无连接传输服务的同义词。实际上，在网络层以上的各层也有两种不同的服务，即面向连接传输服务和无连接传输服务，只是在网络层以上各层不使用虚电路和数据报这两个名词罢了。OSI在制定各层标准中开始时多采用面向连接的传输服务，但随着通信子网质量的不断提高，无连接传输服务逐渐显现出它的优越性，现在的OSI标准都是既提供面向连接的传输服务，也提供无连接的传输服务。

1.虚电路方式

虚电路既类似于电路交换，又不同于电路交换，它是综合了电路交换和分组交换的优点的一种传输服务。从前面学习可知，电路交换方式在传输前要为本次传输建立一条传输通路，通路建立完成后，本次传输沿着这条通路进行传输。虚电路类似电路交换，虚电路方式在传输数据之前也要先在源主机、通信子网、目的主机之间选择一条传输路径，传输路径建立完成后，本次数据传输的各分组都沿这条固定路径按“存储—转发”方式进行传输。虚电路方式类似电路交换方式，却不是电路交换方式，所以称为虚电路方式。虚电路方式由于传输是沿固定路径传输，可方便地进行差错控制和流量控制，使得传输可靠性高。但由于这些控制处理的时间开销，也带来了一定的传输延时。

虚电路方式的具体传输过程如下：在传输时，发送方先发送一个要求建立连接的呼叫请求分组，这个呼叫请求分组在网络中传播，途中的各个交换节点根据当时的链路拥挤情况和节点的排队情况为该呼叫请求分组选择路由进行转发。该分组经过逐节点的转发最终到达目的端，将这个呼叫请求提交给目的端。如果目的端可以响应这个请求，则向发送方返回一个呼叫接收的肯定应答，该呼叫接收分组沿呼叫请求分组传输的路径返回到发送方，发送方收到该分组后，则完成传输路径的选择，在源端和目的端之间的通信子网内为本次传输建立起一条虚电路。这个过程就是建立连接的过程。建立连接完成后，进入数据传输阶段。在数据传输阶段，源主机发送的所有分组都沿这条虚电路传输。传输结束后，还需要拆除连接，即释放为组织本次传输占用的资源，以使这些资源能继续为其他传输服务。拆除连接完成后，既释放了为组织本次传输占用的资源，也放弃了本次建立的该条虚电路。

虚电路和电路交换的不同在于，在虚电路建立后的传输期间，传输的双方并不独占线路，其他需要通信的双方仍然可以使用这条虚电路进行数据传输。每一台主机都只是断续地使用这条虚电路的链路。分组在每个节点上仍然需要存储缓冲，并在线路上进行排队等待输出，它并不是真正的电路交换方式，所以称它为虚电路。

由于虚电路以分组方式进行传输，所以它仍然具有分组传送传输延迟小、出现差错时只需重发出错的分组、重发量少、线路利用率高等优点。

虚电路可以是暂时的，即每一次传输开始时建立起相应的虚电路，传输结束后就拆除这条虚电路，以此种方式工作的虚电路称为临时虚电路。此外，还存在永久虚电路。通信双方建立起虚电路后，就不再拆除，每次传输都使用这条虚电路，即虚电路建立起来后就不再拆除，一直提供给通信双方使用，以这种方式工作的虚电路叫作永久虚电路。

2.数据报方式

在数据报方式中，每个分组的传送就像报文交换中的报文一样，也是独立处理的。在这里，每一个分组称为一个数据报，每个数据报都带有完整的地址信息，从发送节点进入网络后，经各节点不断转发，每一个节点收到一个数据报后，根据各节点所存储的路由信息，为该分组选择转发的路径，把数据报原样发送到下一节点，各节点根据分组携带的目的地址逐节点向目的节点转发，最终到达目的节点。

数据报方式与虚电路的主要差别在于，数据报方式的每个分组在网络中的转发传播路径完全是由网络当时的状况随机决定，而虚电路方式是沿固定路径传输的。

在数据报方式中，当一台主机发起一次数据传输时，先把数据分割成若干分组，然后打包，带上目的地址等信息和分组的序号，依次送入通信子网，各个分组在通信子网的各个节点独立地选择路由进行转发。由于各个节点需要根据当时通信子网内的网络流量、各节点的队列情况等为到达的分组选择路由，导致各个分组所走的路径可能不再相同，从而各个分组到达目的地址的顺序可能和发送的顺序不一致。有些早发送的分组可能在中间某段交通拥挤的线路上耽搁了，反而比后发出的分组更晚到达。由于数据报方式存在传输分组可能不按顺序到达的问题，目标主机在收到所有分组后，还必须对收到的分组进行重新排序才能恢复原来的信息。

在分析了虚电路和数据报方式的工作原理后，可以对这两种传输方式进行比较。

虚电路分组沿固定路径传输，分组是按顺序到达的，接收方不必重新排序。数据报每个分组独立地选择路径进行传输，各分组传输的路径可能是不相同的，到达目的地址的顺序也可能不按顺序到达，接收方需要对到达的分组进行重新排序。

虚电路沿固定路径传输，容易控制，可靠性高。数据报分组中，各分组传输的路径可能是不相同的，传输不容易控制，可靠性相对较差。

虚电路建立起连接后，各分组通过虚电路号选择路径，并沿固定路径传输，不必携带完整的地址信息，而数据报的每一个分组都必须带上完整的地址信息。

以虚电路方式传输前必须建立虚电路连接，传输结束后还要拆除连接，而数据报方式省去了呼叫建立和拆除连接阶段。在传输的数据量较少时，采用数据报方式速度快、灵活；对于长时间、大批量的数据传输，采用虚电路方式更可靠。

在虚电路方式中，当虚电路经过的链路或节点出现故障时，所有经过该链路和节点的虚电路被破坏，传输不能进行；数据报方式中，分组可以绕开故障区照常进行传输。分组传输有很多优点，网络中一般多采用分组交换方式，而分组传输的虚电路、数据报方式分别适用于不同的数据业务。一个网络系统中往往同时提供数据报和虚电路两种服务，用户可根据需要选用。

二、传输层

（一）传输层的概念

传输层是OSI体系结构中的第四层，传输层存在于通信子网之外的主机中，在下面通信子网的支持下，为用户提供可靠的端主机到端主机的数据传输服务。传输层的核心功能可以简单地归纳为以下两条：不管通信子网的质量如何，在传输层支持下，两个末端系统之间都能进行可靠的数据交换；屏蔽和隔离通信子网的技术细节，向高层提供独立于网络的运输服务。

在互联网中，各个通信子网所能提供的服务往往是不一样的。为了能使通信子网的用户得到统一的通信服务，有必要设置一个传输层。它应弥补各个通信子网提供服务的差异与不足，使得不管通信子网的质量如何，都向网络层的用户提供统一质量的传输服务。换言之，传输层向高层用户屏蔽了下面通信的细节，使高层用户不必知道实现通信功能的物理链路是什么、数据链路采用的是什么规程，也不必知道底层有几个子网及这些子网是怎样互联起来的。传输层除以上两个核心功能外，还有以下功能。

1.传输层的寻址

传输层的地址表示方法是连接标识符。连接标识符的目的是向服务请求方提供一种事务跟踪，以对实体进行调用，实现服务。例如，多个计算机终端共同访问一台服务器，这时每一个计算机终端的请求都建立了一个连接标识符，服务器靠这些连接标识符识别当前的服务是哪一个计算机终端提出的服务请求。

2.传输层的分段与组装

高层产生的数据包一般都是比较大的，为了能使用网络层提供的分组传送服务，传输层将高层的数据包分割成段，以便下层网络层以分组方式传送。同样，在传输层完成将下层送来的、剥去分组头的分组段进行组装，恢复成数据包传送给高层。

（二）传输层的模型

在OSI的七层模型中，传输层恰好处于中间，其通过下面三层提供的服务为上面的高层用户提供服务。传输层的用户可以是会话层实体，也可以直接是更高层的实体。传输层实体之间通过交换传输层协议数据单元来完成协议的功能，通过传输服务原语实现传输层用户交换数据，通过网络服务原语取得下层的网络服务。传输层实体通过传输服务访问点为上层提供服务，通过网络服务访问点使用网络层提供的服务。

（三）传输层服务

传输层的最终目标是利用网络层提供的服务来为其用户提供有效的、可靠的数据传输服务。根据不同业务需求，传输层提供两种服务供选择，即面向连接的传输服务和无连接的传输服务。

面向连接的传输服务在数据交换之前，需要在两个传输实体之间建立连接，建立连接的任务之一就是在用户请求服务和传输实体之间建立起联系，并用连接标识符加以表示，通过连接标识符使用户的服务请求指向相应的传输实体。连接建好后，传送的用户数据就可以不附加完整的目标地址，只需要一个连接标识号即可。面向连接的传输过程中，传输双方通过连接，做好传输准备，提高了传输的可靠性。同时，需要向发送方确认收到的每一份报文，这种机制提供了可靠的交付，但也带来较多的时间开销。

无连接协议中每个数据报都必须带有目标用户的完整地址，独立地进行路由选择传输。无连接的传输服务在数据交换之前不需要建立连接，源地主机的传输层在收到报文后也不给出任何确认，因此无连接传输服务不提供可靠交付。但无连接的传输服务没有建立连接、拆除等时间开销，减小了传输时延，传输效率较高。

当两个传输用户（两个主机进程）需要可靠地交换大量数据时，适合采用面向连接的传输服务。例如，传输文件一般采用面向连接的传输服务。但如果两个用户之间仅仅是交换简短的信息，且对可靠性要求不太高时，就可以选用无连接的传输服务。另外，如果传输间歇性短数据，显然无连接方式较优。如果要求既要可靠地发送一个短报文，又不希望经历建立连接的麻烦，则可选用带确认的数据报服务，即无连接带确认的服务。无连接带确认的服务类似于带回执的挂号信。

面向连接的OSI传输层协议按网络层提供的服务质量（QoS）的不同，有五种不同的传输层协议与之对应，以适应不同通信子网服务质量的差异和用户对服务质量的要求。网络层提供的服务越完善，传输层协议就越简单；网络的服务越简单，传输层协议就越复杂。

（四）服务质量

根据传输层的功能，传输实体应该根据用户的要求提供不同的服务，这些不同的服务是用服务质量参数来说明的，如传输连接建立延迟、传输连接建立失败率、吞吐量、输送延迟、残留差错率、传输失败率、传输连接拆除延迟、传输连接拆除失败率等。QoS参数是运输层性能的度量，反映了运输质量及服务的可用性，其主要集中在传输延迟和传输差错方面。

各QoS参数定义如下：传输连接建立延迟，是指在连接请求和相应的连接确认间容许的最大延迟；传输连接失败率，是在一次测量样本中传输连接失败总数与传输连接建立的全部尝试次数之比；连接失败率，定义为由于服务提供者方面的原因，造成在规定的最大容许建立延迟时间内所请求的传输连接没有成功，而由于用户方面的原因造成的连接失败不能算在传输连接失败率内；吞吐量，是单位时间传输用户数据的字节数，每个方向都有吞吐量，由最大吞吐量和平均吞吐量值组成；输送延迟，是在数据请求和相应的数据指标之间所经历的时间。每个方向都有输送延迟，包括最大输送延迟和平均输送延迟；残留差错率，是在测量期间，所有错误的、丢失的和重复的用户数据与所请求的用户数据之比；传输失败率，是在进行样本测量期间观察到的传输失败总数与传输样本总数之比；传输连接拆除延迟，是在用户发起拆除请求到成功地拆除传输连接之间可允许的最大延迟；传输连接拆除失败率，是引起拆除失败的拆除请求次数与在测量样本中拆除请求总次数之比。

QoS参数由传输服务用户在请求建立连接时加以说明，它可以给出所期望的值和可接受的值，如果传输实体可以接受提出的值，则连接成功。在某些情况下，传输实体在检查QoS参数时能立即发现其中一些值是无法实现的，传输实体直接将连接失败的信息告诉请求者，同时说明失败的原因。

（五）传输协议类型

在互联网的情况下，各个通信子网所能提供的服务往往是不一样的。为了向不同通信子网提供统一的通信服务，传输层必须提供不同的服务质量，以弥补各个通信子网提供服务的差异与不足。为此，网络中心将通信子网按服务质量划分为3种类型，并定义了5类传输协议，用户根据通信子网的服务质量匹配相应的传输协议，实现向高层用户提供统一的服务。通信子网按服务质量划分的3种类型定义如下。

A类：具有可接受的残留差错率和故障通知率（网络连接断开和复位发生的比率），无N-RESET网络服务。该定义描述了A类网是一种服务质量最完美、基本无错无故障的完美服务，基于A类服务质量的传输层协议是很简单的。

B类：具有可接受的残留差错率和故障通知率，存在N-RESET网络服务。该定义描述了B类网是一种基本无差错的服务，但网络内部会由于内部拥塞、硬件故障或软件错误等发生网络服务中断，此时需要发生N-RESET服务原语，使网络重新建立连接，重新同步。N-RESET服务原语，导致系统混乱甚至崩溃。传输层协议要纠正由于N-RESET导致的混乱而建立新的连接，重新同步，恢复正常传输，使传输服务用户得到的始终是可靠的传输。

C类：具有不可接受的残留差错率和故障通知率，存在N-RESET网络服务。该定义描述了C类网是一种不可靠的服务，存在连接不可靠、有丢失和重复的分组等差错发生，以及会发出N-RESET服务原语。C类网是一种服务质量最差的网络，基于C类网的传输层协议是较复杂、功能较为完善的协议。

为了既经济又可靠地提供传输服务，在不同质量通信子网的支持下，需要选用不同的传输协议，传输层提供了以下5类传输协议。

0类协议是最简单的一类，每建立一个传输连接，对应地建立一个网络连接。使用0类传输层协议的前提是网络连接不出错，依靠网络层保证传输层数据的正确传输。0类传输协议不再进行排序、流控和错误检测，它只提供建立和释放连接的机制。0类协议是针对A类网络定义的。

1类协议除包括对网络层崩溃的错误进行复位之外，其他方面与0类相似。如果一个传输连接使用的网络连接受到网络复位的影响，那么连接两端的两个传输实体就进行一次重新同步。然后从中断处开始继续运行，它们必须对被传输的数据编号进行跟踪。除此之外，1类传输协议也没有流控和纠错功能。1类协议是针对B类网络定义的。

2类协议像0类一样，也是针对可靠的A类网络服务而设计的。它不同于0类之处的是，其协议中允许多个传输连接共用一个网络连接（称为多路复用）。2类协议是针对A类网络，但可以复用的情况定义的。

3类协议集中了1类和2类的特点，它既允许多路复用，又能在网络复位后恢复运行。另外，它还采用了流量控制。3类协议是针对B类网络，但可以复用的情况定义的。

4类协议是针对C类网络而定义的。为此，4类传输协议必须处理分组的丢失、重复、误码、错序、重复位等错误，因此，采用了重传、丢失、计算校验和数据编号的措施。

三、会话层、表示层、应用层

（一）会话层

网络中把两个应用进程彼此进行的通信称为会话，会话层利用传输层端到端的服务，向表示层或会话用户提供会话服务。会话层负责通信双方主机的进程到进程的会话，为用户之间的会话和活动提供组织及同步传输所必需的手段，以便对数据的传输进行控制和管理。

会话层建立在传输层提供的服务的基础上。传输层及以下各层已经使数据可靠、透明地传输，会话实体对下层是如何完成通信的、用什么样的网络进行通信等，不必考虑。换言之，会话层是面向应用的，而会话层以下的各层是面向通信的，会话层在这两者之间起到了中间连接作用。

由于网络中主机间可以有多个进程进行通信，它们的通信需要通过控制从而有序地进行，即每一个进程的通信应该在前一个进程通信结束后开始。会话层负责会话的管理，并解决会话中各进程该谁传输、该谁听、该谁开始、该谁结束的问题。

当建立一个会话连接时，意味着该会话开始；当该会话结束时，需要拆除该会话连接。在半双工情况下，会话管理通过令牌机制来实现该谁传输、该谁听的管理问题，只有拥有令牌的用户才可以发送数据。

会话层还提供会话同步服务。若两台机器进程间要进行较长时间、较大文件传输，往往由于通信子网的质量问题而发生差错。这种情况下，采取全部重新传送显然是浪费线路的，是不合理的。为解决这样的问题，会话层的同步服务提供了在数据流中插入同步点的机制，长的会话（如传输一个长文件）需要插入同步点对传输数据进行分解，一段一段地进行传输，有一段传错了，这段可以回到分界的地方重新传输。这就是所谓对话的同步。会话层提供活动管理。会话层之间的通信可以划分为不同的逻辑单位，每一个逻辑单位为一个活动，每个活动具有相对的完整性和独立性（如传输一个文件为一次活动）。在任意时刻，一个会话连接一般只能被一个活动所使用，但允许某个活动跨越多个会话连接，或者多个活动顺序使用一个会话连接。

在多个文件传输时，要进行活动管理。如多个文件下载，哪个文件下载完毕，哪个文件还在传输，需要通过会话层提供的活动管理来进行管理。所以，会话层需要提供建立会话（会话连接）、结束会话（释放连接）、数据传输、令牌管理、会话控制、会话同步、活动管理、异常处理等服务。

（二）表示层

表示层位于OSI参考模型的第六层。在会话层服务的基础上，表示层为上层用户提供需要的数据或信息语法表示，解决网上不兼容的主机间传送数据的问题，保证数据传输到对方后，对方能够读懂传输来的数据的语义。由于不兼容的主机的信息表示标准不同，当两个数据标准不一样的系统进行数据传输时，尽管物理层到会话层解决了发送、接收信息的准确、可靠的问题，但由于信息表示存在差异，这些正确传送的信息仍然无法使对方读懂。例如，一幅图片可以表示为JPEG格式，也可表示为BMP格式，如果对方不识别本方的表示方法，就无法正确显示这幅图片。

为了解决不兼容的主机之间的信息传送问题，除了由通信底层解决数据从源主机可靠地传输到目的主机的问题，还需要解决在源主机与目的主机之间完成数据格式的相应转换的问题，才能使这些数据表示标准不一样的主机之间能进行信息交互。不兼容的主机之间完成数据格式的相应转换，各自将传输来的数据转换成自己系统能识别的数据格式，这在计算机网络中称为语法转换。

语法转换可以一对一地完成，既可以在源主机端进行，也可以在目的主机端进行。在源主机端进行时，源主机将源端语法表示转换成对方的语法表示后，再传输到对方；在目的主机端进行时，源主机将自己的语法表示信息传输到目的主机后，由目的主机转换成自己的语法表示。也可以定义一种标准语法，发送方将自己语法表示转换成标准语法后进行传输，达到目的端后，目的端再将标准语法转换成目的端语法。这种方式在网络中存在多种语法时特别有效。按照这种方式，所有的传输双方都只需解决在源端将自己的语法表示转换成统一的标准语法，在目的端将标准语法转换成自己的语法的问题即可。

每个表示层主要解决数据表示问题，涉及数据编码、解码等关键技术，为此，需要一种足够灵活且能够适应各种类型应用的标准数据描述方法。OSI中提出了一种称为抽象语法标记ASN1的标记语法。

ASN1在传输数据结构时，可以将该数据结构和与其对应的ASN1标志一起传输给表示层。表示层按照ASN1标志定义，便知道该数据结构的域的类型及大小，从而对它们进行编码并传输。达到目的端后，目的端应用层查看此数据结构的ASN1标识，便知道该数据结构的域的类型和大小。由此，表示层就可以实现外部数据格式到内部数据格式的转换，实现不同数据格式的主机间的信息交互。

除了数据格式转换问题，网络中为了节省网络带宽，对传输的数据往往采取数据压缩技术，发送方对数据先进行压缩，再进行传输，达到对端后，再进行数据恢复。同样，网络在远程数据传输时，往往借助公用的数据通信网进行数据传输。这存在极大的安全隐患。考虑到数据的安全性，网络在远程数据传输时，往往采取加密措施，对拟传输的数据先进行加密再传输，传输到目的端后，再解密恢复数据。数据压缩和数据加密也是数据表示问题，也属于表示层的功能范畴。

（三）应用层

应用层是OSI模型的最高层，这一层的协议直接为终端用户提供应用服务。网络的其他层都是为支持这一层的功能而存在的。

应用层由若干应用进程（应用程序）组成，建立计算机网络的目的就是通过这些应用程序来提供网络服务。常用的应用程序包括文件传输、网站访问、域名解析、电子邮件、目录服务等。由于各种应用程序都要使用一些相同的基本操作，如与对等的应用实体建立联系等，为了避免各种应用重复开发这些基本操作，OSI在应用层将实现这些公用基本功能的模块做成一些可供使用的基本单元，称为应用服务元素。应用服务元素由若干个特定的应用访问服务元素和多个公用访问服务元素组成。这些应用服务元素组成应用层的应用实体。所以，应用层的作用不是把各种应用进程（应用程序）标准化，而是把一些应用进程经常要用到的应用层服务、功能及实现这些功能所要求的协议进行标准化。应用层直接为用户的应用进程提供服务。

CASE提供应用层中最基本的服务，其核心元素是联合控制服务元素（ACSE）。应用实体之间要协调工作，首先要建立应用联系。ACSE的功能就是提供应用联系的建立和释放。CASE提供的服务元素还有提交、进发和恢复（CCR）元素。在应用层中，许多任务往往需要网络上的多台机器共同完成。在这种情况下，如果某台机器的操作任务没有完成，会造成不可接受的错误发生。CCR元素可以防止这种情况发生。CCR元素提供了这样一种机制：要么用户所希望的操作完全成功，否则就恢复到执行操作前的状态，从而避免由于某台机器的操作任务没有完成而造成不可接受的错误发生。

特定的应用访问服务元素提供一些网络环境下特定的应用服务。例如，提供网络环境下不同主机间的文件传输、访问和管理（FTAM）；网络环境下的电子邮件的处理（E-mail）、网站的访问（WWW）、域名的解析（DNS）、方便不同类型终端和不同类型主机间通过网络交互访问的虚终端协议（VTP）等。

FTAM用于在两个系统（客户机、服务器）之间进行文件传输、访问和管理服务。系统间的文件传输首先要建立一个面向连接的会话，一旦会话建立起来，就可以开始传输文件，文件传输结束再释放连接。文件访问对某个远程文件中的指定部分进行读写或删除，文件管理用来对远程文件或文件库进行管理。在开放式网络系统中，文件系统在网络中进行交互，FTAM引入了虚拟文件的概念。它使得应用程序可以对不同类型的文件进行操作，而不必了解某个远程文件系统的细节，即用户即使不了解所使用的文件系统的细节，也可以对该文件系统进行操作。

电子邮件在过去也被称为基于计算机的文电处理系统，它是允许终端用户在计算机上编辑电文，并通过网络进行传输的一种网络服务功能。电子邮件分为单系统电子邮件和网络电子邮件。单电子邮件系统允许一个共享计算机系统上的所有用户交换电文，每个用户在系统上登记，并有唯一的标识符、姓名，与每个用户相联系的是一个邮箱。邮箱实际上是由文件管理系统维护的一个文件目录。每个邮箱有一个用户与之相连。任何用户输入的信件只是简单地作为文件存放在用户邮箱的目录下，用户可以取出并阅读电文。

在单一电子邮件系统中，电文只能在特定的系统用户间交换，如果希望通过网络系统在更广的范围内交换电文，就需要OSI模型的1～6层的服务，并在应用层制定一个标准化的电文传输协议，这就是网络电子邮件。

网络电子邮件系统由用户代理、邮件传输代理、简单邮件传输协议及存储系统组成。网络电子邮件的发送、接收过程如下：用户通过UA使用邮件系统（登录邮件服务器），编写邮件交给本地MTA；本地MTA通过查询收件方域名，获得对方邮件服务器的IP；本地MTA与收件方邮件服务器的MTA建立TCP连接，使用SMTP协议传输邮件；收件方邮件服务器MTA将邮件放入MS中。

网络电子邮件系统的运作方式与其他的网络应用有着本质上的不同。在其他绝大多数网络应用中，网络协议直接负责将数据发送到目的地。而在电子邮件系统中，发送者并不等待发送工作完成，而仅仅将要发送的内容发送出去。例如，文件传输协议（FTP）就像打电话一样，实时地接通对话双方，如果一方暂时没有应答，则通话就会失败。而电子邮件系统则不同，其将要发送的内容通过自己的电子邮局将信件发给电子邮局。如果电子邮局暂时繁忙，那么自己的电子邮局就会暂存信件，直到可以发送。而当用户未上网时，用户的电子邮局就暂存信件，直到去取。可以说，网络电子邮件系统在Internet上实现了传统邮局的功能。

第四章　局域网与广域网

第一节　计算机局域网

一、局域网的功能和分类

局域网（Local Area Network，LAN），是指在某一区域内由多台计算机互联成的计算机组。“某一区域”指的是同一办公室、同一建筑物、同一公司或同一学校等，一般是方圆几千米以内。局域网可以实现文件管理、应用软件共享、打印机共享、扫描仪共享、工作组内的日程安排、电子邮件和传真通信服务等功能。局域网是一种受限制的计算机网络，通常由办公室内的两台计算机或一家公司的两台以上的计算机组成。

（一）局域网的功能

LAN最主要的功能是提供资源共享和相互通信，它可提供以下几项主要服务。

1.资源共享

资源共享包括硬件资源共享、软件资源共享及数据库共享。在局域网上各用户可以共享昂贵的硬件资源，如大型外部存储器、绘图仪、激光打印机、图文扫描仪等特殊外设。用户可共享网络上的系统软件和应用软件，避免重复投资及重复劳动。网络技术可使大量分散的数据能被迅速集中、分析和处理，分散在网内的计算机用户可以共享网内的大型数据库而不必重复设计这些数据库。

2.数据传送和电子邮件

数据和文件的传输是网络的重要功能。现代局域网不仅可以传递文件和数据信息，还可以传输声音和图像。局域网内部的站点可以提供电子邮件服务，允许网络用户输入邮件并发送给另一个用户。收件人可以通过“邮箱”服务查看、处理和回复邮件，这不仅节省了纸张，也大大提高了工作的效率和便捷性。

3.提高计算机系统的可靠性

局域网中的计算机可以互为后备，避免了单机系统的无后备时可能出现的故障导致系统瘫痪，大大提高了系统的可靠性，特别在工业过程控制、实时数据处理等应用中尤为重要。

4.易于分布处理

利用网络技术可实现多台计算机的联网连接，从而构建高性能计算机系统。通过特定的算法将复杂性较高的综合性问题分配给独立的计算机进行处理。在网络环境中，分布式数据库系统得以建立，这将显著提升整个计算机系统的性能表现。

（二）局域网的分类

局域网有许多不同的分类方法，如按拓扑结构分类、按传输介质分类、按介质访问控制方法分类等。

1.按拓扑结构分类

局域网根据拓扑结构的不同，可分为总线网、星状网、环状网和树状网。总线网各站点直接接在总线上。总线网可使用两种协议：一种是传统以太网使用的CSMA/CD，这种总线网现在已演变为目前使用最广泛的星状网；另一种是令牌传递总线网，即物理上是总线网而逻辑上是令牌网，这种令牌总线网已成为历史，早已退出市场。近年来，由于集线器（HUB）的出现和双绞线大量使用于局域网中，星状以太网以及多级星状结构的以太网得到了广泛应用。环状网的典型代表是令牌环网（Token Ring），又称令牌环。

2.按传输介质分类

局域网使用的主要传输介质有双绞线、细同轴电缆、光缆等。以连接到用户终端的介质可分为双绞线网、细缆网等。

3.按介质访问控制方法分类

介质访问控制方法提供传输介质上网络数据传输控制机制。按不同的介质访问控制方式局域网可分为以太网、令牌环网等。

二、局域网的特点

局域网是在较小范围内，将有限的通信设备连接起来的一种计算机网络。其最主要的特点是网络的地理范围和站点（或计算机）数目均有限，且为一个单位拥有。除此之外，局域网与广域网相比较还有以下特点。

①具有较高的数据传输速率，低的时延和较小的误码率。

②采用共享广播信道，多个站点连接到一条共享的通信媒体上，其拓扑结构多为总线状、环状和星状等。在局域网中，各站是平等关系而不是主从关系，易于进行广播（一站发，其他所有站收）和组播（一站发，多站收）。

③底层协议较简单。广域网范围广，通信线路长，投资大，面对的问题是如何充分有

效地利用信道和通信设备，并以此来确定网络的拓扑结构和网络协议。在广域网中多采用分布式不规则的网状结构，底层协议比较复杂。局域网因其传输距离短，时延小和成本低等优点而备受青睐。相较于其他网络，局域网的底层协议相对较为简单，能够允许报文头部较大。

④局域网不单独设置网络层。由于局域网的结构简单，网内一般无须中间转接，流量控制和路由选择大为简化，通常不单独设立网络层。因此，局域网的体系结构仅相当于OSI/RM的最低两层，只是一种通信网络。高层协议尚没有标准，目前由具体的局域网操作系统来实现。

⑤有多种媒体访问控制技术。当前网络采用广播信道，且该信道可通过不同的传输介质进行承载。因此，局域网面对的问题是多源、多目的管理，由此引出多种媒体访问控制技术，如载波监听、多路访问/冲突检测（CSMA/CD）技术、令牌环控制技术、令牌总线控制技术和光纤分布式数据接口（FDD1）技术等。

三、局域网的组成及工作模式

局域网的组成包括硬件和软件。网络硬件包括资源硬件和通信硬件。资源硬件包括构成网络主要成分的各种计算机和输入/输出设备。利用网络通信硬件将资源硬件设备连接起来，在网络协议的支持下，实现数据通信和资源共享。软件资源包括系统软件和应用软件。不同的需求决定了组建局域网时不同的工作模式。

（一）局域网的组成

1.网络硬件

通常组建局域网需要的网络硬件主要是服务器、网络工作站、网络适配器（网卡）、交换机及传输介质等。

（1）服务器

在网络系统中，一些计算机或设备应其他计算机的请求而提供服务，使其他计算机通过它共享系统资源，这样的计算机或设备称为网络服务器。服务器具有保存文件、打印文档、协调电子邮件和群件等功能。

服务器大致可以分为四类：设备服务器，主要为其他用户提供共享设备；通信服务器，它是在网络系统中提供数据交换的服务器；管理服务器，主要为用户提供管理方面服务的；数据库服务器，它是为用户提供各种数据服务的服务器。

由于服务器是网络的核心。大多数网络活动都要与其通信。因此，它的速度必须足够快，以便对客户机的请求作出快速响应；要有足够的容量，可以在保存文件的同时为多名用户执行任务。服务器速度的快慢一般取决于网卡和硬盘驱动器。

（2）网络工作站

网络工作站是为本地用户访问本地资源和网络资源提供服务的配置较低的微机。

工作站分带盘（磁盘）工作站和无盘工作站两种类型。带盘工作站是带有硬盘（本地盘）的微机，硬盘可称为系统盘。加电启动带盘工作站，与网络中的服务器连接后，盘中存放的文件和数据不能被网上其他工作站共享。通常可将不需要共享的文件和数据存放在工作站的本地磁盘中，而将那些需要共享的文件夹和数据存放在文件服务器的硬盘中。无盘工作站是不带硬盘的微机，其引导程序存放在网络适配器的EPROM中，加电后自动执行，与网络中的服务器连接。这种工作站具备了一定的安全功能，能够有效地遏制计算机病毒通过工作站攻击文件服务器，也能防范非法用户非法拷贝网络中的重要数据。

（3）网络适配器（网络接口卡）

网络适配器俗称网卡，是构成网络的基本部件。它是一块插件板，插在计算机主板的扩展槽中，通过网卡上的接口与网络的电缆系统连接，从而将服务器、工作站连接到传输介质上并进行电信号的匹配，实现数据传输。

（4）交换机

交换机是在局域网上广为使用的网络设备，交换机对数据包的转发是建立在MAC（Media Access Control）地址，即物理地址基础之上的。交换机在操作过程中会不断地收集资料去建立它本身的一个地址表，这个表相当简单，它说明了某个MAC地址是在哪个端口上被发现的，所以当交换机收到一个TCP/IP数据包时，他便会看一下该数据包的标签部分的目的MAC地址，核对一下自己的地址表以确认该从哪个端口把数据包发出去。

（5）传输介质

传输介质也称为通信介质或媒体，在网络中充当数据传输的通道。传输介质决定了局域网的数据传输速率、网络段的最大长度、传输的可靠性及网卡的复杂性。

局域网的传输介质主要是双绞线、同轴电缆和光纤。早期的局域网中使用最多的是同轴电缆。伴随着技术的发展，双绞线和光纤的应用越来越广泛，尤其是双绞线。目前，在局部范围内的中、高速局域网中使用双绞线，在较远范围内的局域网中使用光纤已很普遍。

2.网络软件

组建局域网的基础是网络硬件，网络的使用和维护要依赖网络软件。在局域网上使用的网络软件主要是网络操作系统、网络数据库管理系统和网络应用软件。

（1）局域网操作系统

在局域网硬件提供数据传输能力的基础上，为网络用户管理共享资源、提供网络服务功能的局域网系统软件被定义为局域网操作系统。

网络操作系统是网络环境下用户与网络资源之间的接口，用于实现对网络的管理和控制。网络操作系统的水平决定着整个网络的水平，能否使所有网络用户都能方便、有效地利用计算机网络的功能和资源。

（2）网络数据库管理系统

网络数据库管理系统是一种可以将网上的各种形式的数据组织起来，科学、高效地进行存储、处理、传输和使用的系统软件，可把它看作网上的编程工具。

（3）网络应用软件

软件开发者根据网络用户的需要，用开发工具开发出各种应用软件。例如，常见的在局域网环境中使用的Office办公套件、银台收款软件等。

（二）局域网的工作模式

局域网有以下三种工作模式：

1.专用服务器结构（Server–Baseb）

在计算机网络中，专用服务器结构（也称为“工作站/文件服务器”结构）是一个由若干台微机工作站和一台或多台文件服务器通过通信线路连接而成的结构。在这种结构中，工作站通过通信线路访问服务器的文件，从而实现共享存储设备的目的。文件服务器的主要目的是通过共享磁盘文件来提供服务。

对于一般的数据传递来说已经够用了，但当数据库系统和其他复杂而被不断增加的用户使用的应用系统到来的时候，服务器已经不能承担这样的任务了，因为随着用户的增多，为每个用户服务的程序也增多，每个程序都是独立运行的大文件，给用户感觉极慢，因此产生了客户机/服务器模式。

2.客户机/服务器模式（Client/Server）

客户机/服务器模式是一种高效的网络架构，其中一台或多台性能强大的计算机作为服务器，负责管理和存取集中式共享数据库。在这种模式下，其他的应用处理任务被分散到网络中的其他微型计算机上，形成一个分布式处理系统。服务器的角色不仅限于文件管理，而是扩展到了更为复杂的数据库管理。因此，在客户机/服务器模式中，服务器常被称为数据库服务器。

数据库服务器的主要职责包括数据定义、确保数据存取的安全性、备份与恢复、并发控制以及事务管理。此外，它还执行一系列数据库管理功能，如选择性检索、索引排序等。这种架构的关键优势在于服务器的能力：它可以只将用户所需的特定数据部分（而非整个文件）通过网络传输到客户机，这大大减轻了网络的传输负担。

客户机/服务器结构是数据库技术发展和广泛应用与局域网技术发展相结合的产物。这种模式有效地利用了网络资源，提高了数据处理的效率和安全性，是现代网络环境中常见的一种架构方式。

3.对等式网络（Peer-to-Peer）

在拓扑结构上与专用Server与C/S相同。在对等式网络结构中，没有专用服务器。每一个工作站既可以起客户机的作用，也可以起服务器的作用。

尽管当前市场上提供的网卡、HUB和交换机均支持100Mbps甚至更高带宽，但如果局域网的配置不合理，即使所使用的设备属于高档型号，网络速度也不尽如人意。此外，经常出现死机、无法打开小文件或无法连接服务器等问题也时有发生。尤其在一些设备档次参差不齐的网络中，这些问题更加突出。因此，在局域网中进行恰当的配置，可以最大限度地优化网络性能，并充分发挥网络设备和系统的性能。

其实，局域网也是由一些设备和系统软件通过一种连接方式组成的，所以局域网的优化包括以下方面。

①设备优化：包括传输介质的优化、服务器的优化、HUB与交换机的优化等。

②软件系统的优化：包括服务器软件的优化和工作站系统的优化。

③布局的优化：包括布线和网络流量的控制。

四、介质访问控制方式

介质访问控制技术是局域网的一项重要技术，主要是解决信道的使用权问题。局域网的介质访问控制包括两方面的内容：一是确定网络中每个节点能够将信息送到传输介质上的特定时刻；二是如何对公用传输介质的访问和利用加以控制。

介质访问控制协议主要分为以下两大类。

一类是争用型访问协议，如CSMA/CD协议。CSMA/CD（Carrier Sense Multiple Access with Collision Detection）是一种随机访问技术，用于网络站点访问介质时可能引发冲突现象，从而导致网络传输的失败，进而使站点访问介质的时间存在不确定性。该技术是基于逻辑“开放”和“关闭”信号来实现资源共享和冲突监测的，从而保证网络的有效运行和稳定性。在采用CSMA/CD协议的网络中，主要包括以太网等常见的网络类型。

另一类是确定型访问协议，如令牌（Token）访问协议。站点以一种有序的方式访问介质而不会产生任何冲突，并且站点访问介质的时间是可以测算的。采用令牌访问协议的网络有令牌总线网（Token Bus），令牌环网（Token Ring）等。

（一）CSMA/CD

Ethernet采用的是争用型介质访问控制协议，即CSMA/CD，它在轻载情况下具有较高的网络传输效率。这种争用协议只适用于逻辑上属于总线拓扑结构的网络。在总线网络中，每个站点都能独立地决定帧的发送，若两个或多个站同时发送帧，就会产生冲突，导致所发送的帧出错。总线争用技术可以分为CSMA和CSMA/CD两大类。

在数据传输的过程中，首先需要确保媒体上传波的可用性（是否存在传输）。只有当媒体处于空闲状态时，站点才能够进行数据传输。否则，该站点将避让一段时间后再作尝试。这种方法就是载波监听多路访问CSMA技术。在CSMA中，由于没有冲突监测功能，即使冲突已发生，仍然要将已破坏的帧发送完，使总线的利用率降低。

一种CSMA的改进方案是使发送站点在传输过程中仍继续监听媒体，以检测是否存在冲突，若存在冲突，则立即停止发送，并通知总线上其他各个站点。这种方案称作载波监听多路访问/冲突检测协议（CSMA/CD）。CSMA/CD协议类似电话会议，允许多个设备在通信通道上进行通信。然而，如果每个人都同时发送数据，就会出现数据冲突和错误，导致通信错误。为了避免这种情况，CSMA/CD协议采用了一种称为“听众检测（listening）”的技术，即在数据传输开始前，每个设备先检测通信通道是否空闲，以确定是否有其他设备正在使用它。如果通信通道是空闲的，则设备可以开始传输数据，否则它必须等待一段时间（称为等待时间），直到通信通道被其他设备释放后才能开始传输数据。通过这种方式，CSMA/CD协议确保了数据传输的可靠性，避免了数据冲突和错误。

数据帧在使用CSMA/CD技术的网络上进行传输时，一般按下列四个步骤进行。

①传输前监听。各工作站不断地监听介质上的载波（“载波”是指电缆上的信号），以确定介质上是否有其他站点在发送信息。如果工作站没有监听到载波，则它假定介质空闲并开始传输。如果介质忙，则继续监听，一直到介质空闲时再发送。

②传输并检测冲突。在发送信息帧的同时，还要继续监听总线。在同段电缆中，多个工作站同时进行传输可能会产生数据冲突。这种冲突是由介质上的信号来识别的。当多个收发器在同时进行数据传输时，如果它们的信号强度相等或大于当前正在传输的数据，则可认为存在信号冲突现象。

③如果冲突发生，重传前等待。如果工作站在冲突发生后立即进行重传，则二次传输时也可能会再次发生冲突。因此，工作站在重传前必须随机等待一段时间。

④重传或夭折。若工作站是在繁忙的介质上，即便其数据没有在介质上与其他产生冲突，也可能不能进行传输。工作站在它必须夭折传输前最多可以有16次的传输。

工作站传输时是双向发送的。在介质上活动的工作站实现下列四个步骤。

①浏览收到的数据报并且校验是否成为碎片。在Ethernet局域网上，介质上的所有工作站将浏览传输中的每一个数据包，并不考虑其地址是不是本地工作站。接收站检查数据包来保证它有合适的长度，而不是由冲突引起的碎片，包长度最小为64字节，即当接收的帧长度小于64字节时，则认为是不完整的帧而将它丢弃。

②检验目标地址。接收站在判明已不是碎片之后，下一步是校验包的目标地址，看它是否要在本地处理。如果不匹配，则说明不是发送给本站的而将它丢弃掉。

③如果目标是本地工作站，则校验数据包的完整性。在这个步骤中，接收方并没有

确信所接收到的数据包是否符合正确的格式。因此，需要对帧进行多种校验，看是否数据包太长，是否包含CRC校验错，是否有合适的帧定位界，如果帧全都成功地通过了这些校验，则进行最后的长度校验。接收到的帧长必须是8位的整数倍，否则丢弃掉。

④处理数据包。如果已通过了所有的校验，则认为帧是有效的，其格式正确、长度合法。这时候就可以将有效的帧提交给LLC层了。

在CSMA/CD网络上，工作站为了处理一个数据包，必须完成以上所有步骤。

（二）令牌访问控制方法

令牌法（Token Passing）又称为许可证法，用于环形结构局域网的令牌法称为令牌环访问控制法（Token Ring），用于总线型结构局域网的令牌法称为令牌总线访问控制法（Token Bus）。

令牌法是一种基本的信息传递机制，其基本思想在于通过一种独特的标志信息来实现信息从一个节点到另一个节点的传递。这种标志信息被称为令牌，它可以通过单个节点或多位二进制数组成的码等方式来表示。例如，令牌是一个字节的二进制数“11111111”，设该令牌沿环形网依次向每个节点传递，只有获得令牌的节点才有权发送信包。令牌有“忙”“空”两个状态，“11111111”为空令牌状态。当一个工作站准备发送报文信息时，首先要等待令牌的到来，当检测到一个经过它的令牌为空令牌时，即可以“帧”为单位发送信息，并将令牌置为“忙”（如将“00000000”标志附在信息尾部）向下一站发送。下一站用按位转发的方式转发经过本站但又不属于由本站接收的信息。由于环中已无空闲令牌，因此其他希望发送的工作站必须等待。接收过程：每个节点在处理经过本节点的信号时，通过查找特定的信包目的地址是否与本节点地址匹配来决定是否需要进行信息转发。如果匹配，则该节点会拷贝所有相关信息并继续将其转发至网络环上。在此过程中，帧信息会沿着环路传输一圈，最终回到原始发送源。这种工作方式确保了发送权始终在源节点的控制之下。只有源节点放弃了发送权并将Token（令牌）设置为空，其他节点才有机会发送自己的信息。

五、无线局域网技术

（一）无线局域网的特点

1.灵活性和移动性

在有线网络中，网络设备的安放位置受网络位置的限制，而无线局域网在无线信号覆盖区域内的任何一个位置都可以接入网络。无线局域网另一个最大的优点在于其移动性，连接到无线局域网的用户可以移动且能同时与网络保持连接。

2.安装便捷

无线局域网是一种新兴的网络技术，其独特的优势在于可以免去或最大限度地减少网络布线的工作量。一般情况下，只需要安装一至多个接入点设备，即可建立覆盖整个区域的局域网络。这种技术不仅能够提高工作效率，降低成本，还能够带来更加便捷的网络体验。

3.易于进行网络规划和调整

有线网络的办公地点或网络拓扑改变往往需要进行重新布线，这是一个耗资巨大、耗时长、费时费力且烦琐的过程。相比之下，无线局域网可以有效地避免或减少这些问题。

4.故障定位容易

有线网络一旦出现物理故障，尤其是由于线路连接不良而造成的网络中断，往往很难查明，而且检修线路需要付出很大的代价。无线网络则很容易定位故障，只需更换故障设备即可恢复网络连接。

5.易于扩展

无线局域网是一种配置灵活，可扩展性强，具有许多优点的网络类型。它能够在短时间内从一个小型局域网升级到大型网络，能够支持节点间的漫游特性，这是有线网络无法实现的。由于其优越的性能和广泛的应用场景，无线局域网在过去几年里得到了迅猛的发展。在企业、医院、商店、工厂和学校等场合，无线局域网已经成为一种不可或缺的通信工具。

无线局域网的不足之处：无线局域网在能够给网络用户带来便捷和实用的同时，存在着一些缺陷。无线局域网的不足之处体现在以下方面。

第一，性能，在无线局域网中，无线信号的传输是由无线电波完成的。但是，建筑物、车辆、树木以及其他障碍物都会干扰无线电波的传播，从而影响网络性能。

第二，速率，无线信道的传输速率与有线信道相比要低得多。目前，无线局域网的最大传输速率为1Gbit/s，只适合个人终端和小规模网络应用。

第三，安全性，本质上无线电波不要求建立物理连接通道，无线信号是发散的。从理论上讲，很容易监听到无线电波广播范围内的任何信号，造成通信信息泄露。

（二）无线局域网的组成

无线局域网通常是作为有线局域网的补充而存在的，单纯的无线局域网比较少见，通常只应用于小型办公室网络中。在无线局域网WLAN中，其主要网络结构分为两类，即点对点Ad-Hoc结构和基于AP的Infrastructure结构。

1.点对点Ad-Hoc结构

在无固定基础设施的无线局域网自组网络中，点对点Ad-Hoc对等结构被认为是类似有线网络中的多机直接通过网卡互联，并且中间没有集中接入设备，信号是以直接对等方式传输的。

在有线网络中，由于每台设备都需要专门的传输介质，因此多台中可能会有多张网卡安装。而在WLAN中，没有物理传输介质，信号不是通过固定的传输作为信道传输的，而是以电磁波的形式发散传播的，所以在WLAN中的对等连接模式中，各用户无须安装多块WLAN网卡，相比有线网络来说，组网方式要简单许多。

Ad-Hoc对等结构网络通信中没有一个信号交换设备，网络通信效率较低，所以仅适用于较少数量的计算机无线互联。同时，由于这一模式没有中心管理单元，所以这种网络在可管理性和扩展性方面受到一定的限制，连接性能也不是很好。而且各无线节点之间只能单点通信，不能实现交换连接，就像有线网络中的对等网一样。这种无线网络模式通常只适用于临时的无线应用环境，如小型会议室、SCH家庭无线网络等。

移动自组网络的应用前景：在军事领域，携带了移动站的战士可利用临时建立的移动自组网络进行通信；这种组网方式也能够应用到作战的地面车辆群和坦克群，以及海上的舰艇群、空中的机群；在面临自然灾害时，为了尽快开展抢险救灾行动，利用移动自组网络进行实时通信是一个十分有效的措施。

2.基于AP的Infrastructure结构

基于无线AP的Infrastructure结构模式其实与有线网络中的星形交换模式差不多，也属于集中式结构类型，其中的无线AP相当于有线网络中的交换机，起着集中连接和数据交换的作用。在无线网络结构中，需要使用类似Ad-Hoc对等结构中的无线网卡，而且还需要一个称为“访问点”或“接入点”的设备，以实现无线网络连接。这个AP设备就是用于集中连接所有无线节点，并进行集中管理的。当然，一般的无线AP还提供了一个有线以太网接口，用于与有线网络、工作站和路由设备的连接。

这种网络结构模式的特点主要表现在网络易于扩展、便于集中管理、能提供用户身份验证等优势，另外数据传输性能也明显高于Ad-Hoc对等结构。在这种AP网络中，AP和无线网卡还可针对具体的网络环境调整网络连接速率。

基础结构的无线局域网不仅可以应用于独立的无线局域网中，如小型办公室无线网络、SOHO等，还可以应用于更加广泛的场景中，如企业内部的无线局域网、公共无线网络等。希望能够为您提供有用的信息。家庭无线网络，也可以以它为基本网络结构单元组建成庞大的无线局域网系统，如ISP在“热点”位置为各移动办公用户提供的无线上网服务，在宾馆、酒店、机场为用户提供的无线上网区等。

（三）无线网络互连

WLAN的实现协议有很多，其中最为著名也是应用最为广泛的是Wi-Fi，实际上提供了一种能够将各种终端都使用无线进行互联的技术，为用户屏蔽了各种终端之间的差异性。

在实际应用中，WLAN的接入方式很简单，以家庭WLAN为例，只需一个无线接入设备（路由器），一个具备无线功能的计算机或终端（手机或PAD），没有无线功能的计算机只需外插一个无线网卡即可。有了以上设备后，具体操作：使用路由器将热点（其他已组建好且在接收范围的无线网络）或有线网络接入家庭，按照网络服务商提供的说明书进行路由配置，配置好后在家中覆盖范围内（WLAN稳定的覆盖范围在20 ~50 m）放置接收终端，打开终端的无线功能，输入服务商设定的用户名和密码即可接入WLAN。

（四）无线局域网的应用

作为有线网络的延伸，WLAN可以广泛应用在生活社区、游乐园、旅馆、机场车站等游玩区域实现旅游休闲上网；可以应用在政府办公大楼、校园、企事业等单位实现移动办公，方便开会及上课等；可以应用在医疗、金融证券等方面，实现医生在路途中对病人在网上诊断，实现金融证券室外网上交易。

对于难以布线的环境，如老式建筑、沙漠区域等，对于频繁变化的环境，如各种展览大楼；对于临时需要的宽带接入，流动工作站等，建立WLAN是理想的选择。

WLAN的典型应用场景如下：

第一，大楼之间：大楼之间建构网络的联结，取代专线，简单又便宜。

第二，餐饮及零售：餐饮服务业可使用无线局域网络产品，直接从餐桌即可输入并传送客人点菜内容至厨房、柜台。零售商促销时，可使用无线局域网络产品设置临时收银柜台。

第三，医疗：使用附无线局域网络产品的手提式计算机取得实时信息，医护人员可借此避免对伤患救治的迟延、不必要的纸上作业、单据循环的迟延及误诊等，而提升对伤患照顾的品质。

第四，企业：企业内员工使用无线局域网络产品时，无论其身处办公室的何处角落，皆能任意通过无线网络发送电子邮件、共享文件以及浏览网络。

第五，教育行业：WLAN可以让教师和学生对教与学的时时互动。学生可以在教室、宿舍、图书馆利用移动终端机向教师问问题、提交作业；教师可以时时给学生上辅导课。学生可以利用WLAN在校园的任何一个角落访问校园网。WLAN可以成为一种多媒体教学的辅助手段。

第六，证券行业应用：有了WLAN，股市有了菜市场般的普及和活跃。原来，很多炒股者利用股票机看行情，现在不用了，WLAN能够让您实现实时看行情，实时交易。股市大户室也可以不去了，不用再为大户室缴纳任何费用。

（五）无线局域网的安全技术

随着无线局域网技术的快速发展，WLAN市场、服务和应用的增长速度非常惊人，各级组织在选用WLAN产品时如何使用安全技术手段来保护WLAN中传输的数据，特别是敏感的、重要的数据的安全，是值得考虑的非常重要的问题，必须确保数据不外泄和数据的完整性。

有线网络和无线网络有着不同的传输方式。有线网络的访问控制往往以物理端口接入方式进行监控，数据通过双绞线、光纤等介质传输到特定的目的地，有线网络辐射到空气中的电磁信号强度很小，很难被窃听，一般情况下，只有在物理链路遭到盗用后数据才有可能泄露。无线网络的数据传输主要利用电磁波在空气中辐射传播的方式实现，只要在接入点（Access Point，AP）覆盖的范围内，所有具备无线通信功能的终端设备都能够感知并接收无线信号。无线网络的这种电磁辐射的传输方式是无线网络安全保密问题尤为突出的主要原因。

通常网络的安全性主要体现在两方面：一是访问控制，用于保证敏感数据只能由授权用户进行访问；二是数据加密，用于保证传送的数据只被所期望的用户所接收和理解。相对于有线局域网，无线局域网增加了一些与电磁波传输相关的安全问题。但是，在整体上，无线局域网和有线局域网的安全问题具有相似的特点和威胁因素。

1.WLAN的访问控制技术

（1）服务集标识SSID（Service Set Identifier）匹配

通过配置多个无线接入点，并要求用户输入正确的SSID才能访问，可以实现对不同群组用户资源访问权限的严格限制。但是，由于SSID只是一个简单的字符串标识，任何使用该无线网络的人都可以轻松获得该SSID，这种方式存在泄露SSID的情况。此外，如果无线接入点配置为广播SSID，那么该网络的安全性将受到进一步降低，因为任何人都可以利用工具或内置的Windows XP无线网卡扫描功能获得当前区域内的所有SSID信息。因此，仅依赖SSID作为安全性防护手段只能提供较低级别的保护。

（2）物理地址（MAC，Media Access Control）过滤

由于每个无线工作站的网卡都有唯一的类似于以太网的48位的物理地址，因此可以在AP中手工维护一组允许访问的MAC地址列表，实现基于物理地址的过滤。如果各级组织中的AP数量很多，为了实现整个各级组织所有AP的无线网卡MAC地址统一认证，现在有的AP产品支持无线网卡MAC地址的集中RADIUS认证。物理地址过滤的方法要求AP中的MAC地址列表必须及时更新，因此此方法维护不便、可扩展性差；MAC地址还可以通过工具软件或修改注册表伪造，因此这也是较低级别的访问控制方法。

（3）端口访问控制技术（IEEE 802.1x）和可扩展认证协议（EAP）

IEEE 802.1x协议是一种基于端口的网络访问控制协议，旨在解决无线局域网用户的接入认证问题。该协议通过集中式、可扩展、双向用户验证的架构来实现这一点。与传统的访问控制技术相比，IEEE 802.1x协议的优势在于其可靠性、灵活性和可扩展性。在有线局域网中，计算机终端通过网线接入固定位置物理端口，从而实现局域网的接入。但是，由于无线局域网的网络空间具有开放性和终端可移动性，很难通过网络物理空间来界定终端是否属于该网络。因此，如何通过端口认证来防止非法的移动终端接入本单位的无线网络就成为一项非常现实的问题。

IEEE 802.1x提供了一个可靠的用户认证和密钥分发的框架，可以控制用户只有在认证通过以后才能连接到网络。但IEEE 802.1x本身并不提供实际的认证机制，需要和扩展认证协议EAP（Extensible Authentication Protocol）配合来实现用户认证和密钥分发。EAP允许无线终端使用不同的认证类型，与后台的认证服务器进行通信，如远程认证拨号用户服务器（RADIUS）交互。EAP的类型有EAP-TLS、EAP-TTLS、EAP-MD5、PEAP等类型，EAP-TLS是现在普遍使用的，因为它是唯一被IETF（因特网工程任务组）接受的类型。当无线工作站与无线AP建立关联关系后，是否能够通过AP的受控端口进行网络连接取决于IEEE 802.1x认证过程的结果。当无线工作站通过非受控端口发送认证请求，而该请求成功地通过了认证验证后，无线AP便会为无线工作站打开受控端口。如果认证请求未能通过认证验证，则无线AP会一直关闭受控端口，从而阻止用户进行网络连接。

2.WLAN的数据加密技术

（1）WEP（Wired Equivalent Privacy）有线等效保密

为了确保数据在无线网络传输中的安全性，制定了一项加密标准，该标准采用了共享密钥RC4加密算法。只有当用户的加密密钥与无线网络访问点（AP）的密钥匹配时，才被许可访问网络资源，从而防止非授权用户的监听以及非法用户的访问。密钥长度最初为40位（5个字符），后来增加到128位（13个字符），有些设备可以支持152位加密。

WEP标准在保护网络安全方面存在固有缺陷，如一个服务区内的所有用户都共享同一个密钥，一个用户丢失或者泄露密钥将使整个网络不安全。另外，WEP加密有自身的安全缺陷，有许多公开可用的工具能够从互联网上免费下载，用于入侵不安全网络。而且黑客有可能发现网络传输，然后利用这些工具来破解密钥，截取网络上的数据包，或非法访问网络。

（2）WPA保护访问（Wi-Fi Protected Access）技术

WEP存在的缺陷不能满足市场的需要，而最新的IEEE 802.11i安全标准的批准被不断推迟，Wi-Fi联盟适时推出了WPA技术，作为临时代替WEP的无线安全标准协议，为IEEE 802.11无线局域网提供较强大的安全性能。WPA实际上是IEEE 802.11i的一个子集，其核心就是IEEE 802.1x和TKIP。

WPA相对于WEP，具有更高的安全性能，这是由于WPA采用了改进过的WEP加密算法。WEP密钥分配是静态的，这使得黑客可以通过截取和分析加密数据，从而在较短时间内破译密钥，而WPA采用了系统定期更新主密钥的方式，确保每个用户的数据分组都使用不同的密钥进行加密。即使黑客截获了很多的数据，破解其加密过程也变得异常困难。

（3）WLAN验证与安全标准——IEEE 802.11i

为了进一步加强无线网络的安全性和保证不同厂家之间无线安全技术的兼容，IEEE 802.il工作组于21世纪初正式批准了IEEE 802.11i安全标准，从长远角度考虑解决IEEE 802.11无线局域网的安全问题。IEEE 802.11i标准主要包含的加密技术是TKIP（Temporal Key Integrity Protocol）和AES（Advanced Encryption Standard），以及认证协议IEEE 802.1x。定义了强壮安全网络RSN（Robust Security Network）的概念，并且针对WEP加密机制的各种缺陷做了多方面的改进。

IEEE 802.11i规范了IEEE 802.1x认证和密钥管理方式，在数据加密方面，定义了TKIP（Temporal Key Integrity Protocol）、CCMP（Counter-Mode/CBC-MAC Protocol）和WRAP（Wireless Robust Authenticated Protocol）3种加密机制。其中，TKIP可以通过在现有的设备上升级固件和驱动程序的方法实现，达到提高WLAN安全的目的。CCMP机制基于AES（Advanced Encryption Standard）加密算法和CCM（Counter-Mode/CBC-MAC）认证方式，使得WLAN的安全程度大大提高，是实现RSN的强制性要求。AES是一种对称的块加密技术，有128/192/256位不同加密位数，提供比WEP/TKIP中RC4算法更高的加密性能，但由于AES对硬件要求比较高，因此CCMP无法通过在现有设备的基础上进行升级实现。

（4）WLAN的其他数据加密技术——虚拟专用网络（VPN）

虚拟专用网络（VPN）是指在一个公共IP网络平台上通过隧道以及加密技术保证专用数据的网络安全。它不属于IEEE 802.11标准定义，是以另外一种强大的加密方法来保证传输安全的技术，可以和其他的无线安全技术一起使用。VPN支持中央安全管理，不足之处是需要在客户机中进行数据的加密和解密，增加了系统的负担，另外，要求在AP后面配备VPN集中器，从而提高了成本。无线局域网的数据用VPN技术加密后再用无线加密技术加密，就好像双重门锁，提高了可靠性。

3.建设WLAN时的安全事项

（1）制订安全规划

在当今网络安全日益重要的背景下，特别是在无线局域网（WLAN）的建设和运维中，确保数据安全成了一个至关重要的议题。对各级组织而言，无论是企业、教育机构还是政府部门，在部署WLAN时，都必须高度重视数据的安全性和完整性。

第一，组织在制定WLAN安全策略时，应确保所有重要数据的传输都得到充分的保护。这不仅包括防止数据泄露，也包括确保数据在传输过程中的完整性和不被篡改。为此，必须采取一系列有效的措施，如使用加密技术保护数据传输，实施严格的身份认证和访问控制策略，以及定期对网络进行安全审计和漏洞扫描。

第二，组织在制订安全规划时，还应考虑WLAN的特殊性。由于无线网络的开放性和易接入性，比有线网络更容易受到外部攻击。因此，组织在设计WLAN时，不仅要考虑内部数据安全管理，还要重视如何防范外部威胁，比如，防止非授权访问和防御网络攻击。

第三，随着技术的发展和网络环境的变化，组织的WLAN安全规划也应是动态的，需要定期更新和改进。这包括及时更新安全策略，引入最新的安全技术，以及对员工进行安全意识和操作技能的培训。通过这些措施，可以有效提高组织WLAN的安全性，保护关键数据免受威胁。

（2）从访问控制考虑

无论是对有线的以太网络还是无线的IEEE 802.11网络，RADIUS（远程授权Dial-in User Service）是一种标准化的网络登录技术，得到了广泛的应用。尤其是支持IEEE 802.1x协议的RADIUS技术，能够提高WLAN（无线局域网）的用户认证能力。IEEE 802.1x技术能够为用户带来高效、灵活的无线网络安全解决方案。因此，选用具有IEEE 802.1x技术的无线产品是各级组织WLAN访问控制的最佳选择。对于那些没有技术和设备条件的各级组织，在访问控制上至少需要使用SSID匹配和物理地址过滤技术。

（3）数据加密考虑

无线网络作为现代信息技术中不可或缺的一部分，其数据传输主要依靠无线电波来实现。然而，由于无线网络的数据传输完全依赖空中的信号覆盖，因此对于涉及机密信息的传输，我们不得不非常谨慎地处理安全性问题。因此，在选择无线产品的时候，保密性和安全性尤为重要。WPA、TKIP、AES等先进的数据加密技术可以有效地提高无线产品安全性，而128位的WEP加密技术则只能是被动接受的一种选择。

（4）选购合适的产品

无线产品目前主要有IEEE 802.11b、IEEE 802.11a、IEEE 802.11 g标准。IEEE 802.11b技术运行在2.4GHz频段，能够提供11Mbps的数据传输速率，IEEE 802.11b产品成本较低，对电源要求较低，得到了众多厂商的广泛支持和普遍应用；运行于5GHz频段的IEEE 802.11a规范能够提供高达54Mbps的数据传输速率；IEEE 802.11g标准是专门设计用来提升IEEE 802.11b网络的性能与应用，运行在2.4GHz频段的IEEE 802.11g标准将设备的数据传输速率提升到了20Mbps之上，最高可以提供54Mbps的数据传输速率，IEEE 802.11g+甚至可以达到108Mbps。IEEE 802.11a/g调制的功效比IEEE 802.11b高出2~3倍。这使得我们在WLAN上操作时，移动设备的电池寿命能够获得显著改善。尽管

IEEE 802.11b在某个时间瞬间所耗的功率可能较少，但在IEEE 802.11b在网络上传输/接收有意义的应用数据量的时间却可能比IEEE 802.11a/g无线局域网长出5倍，支持更长的传输/接收时间所需的功率使IEEE 802.11b的功效大大低于IEEE 802.11a/g。所以，在产品选型上，尽量选用IEEE 802.11a/g的产品。

制定了安全规划后，在选择无线产品时，要仔细查看设备是否提供SSIDIEEE 802.1x.MAC地址绑定、WEP、WPA、TKIP、AES等安全机制，以保证无线网络的顺利部署。

（5）硬件安装

为了确保无线网络的安全性，合理布置无线AP及工作站的位置是至关重要的。例如，应将AP设置于建筑物中心附近，远离外向的墙壁或窗户。这样做不仅可以使所有办公室都能够更好地接入WLAN，还可以减少外界干扰的可能性。此外，还应灵活调整AP广播强度，仅覆盖所需区域，以减少被窃听的机会。

（6）技术人员重视安全技术措施

从最基本的安全制度到最新的访问控制、数据加密协议，各级组织的网络技术主管部门都需要采用最高安全保护措施。采用的安全措施越多，其网络相对就越安全，数据安全才能得到保障。

（7）用户安全教育

各级组织的网络技术人员可以让办公室中的每位网络用户负责安全性，将所有网络用户作为“安全代理”，明确每位员工都负有安全责任并分担安全破坏费用，以帮助管理风险。重要的是帮助员工了解不采取安全保护的危险性，特别需要向用户演示如何检查其电脑上的安全机制，并按需要激活这些机制，这样可以更轻松地管理和控制网络。

（8）安全制度建设

制定安全制度，进行定期安全检查。WLAN实施是危险的，网络技术人员应该公布关于无线网络安全的服务等级协议或政策，还应指定政策负责人，积极定期检查各级组织网络上的欺骗性或未知接入点。此外，更改接入点上的缺省管理密码和SSID，并实施动态密钥（IEEE 802.1x）或定期配置密钥更新，这样有助于最大限度地减少非法接入网络的可能性。

第二节　网络互联与广域网接入技术

一、网络互联

所谓网络互联，就是利用网络互联设备将两个或者两个以上具有独立自治能力的计算机网络连接起来，通过数据通信扩大资源共享和信息交流的范围，以容纳更多的用户。自20世纪90年代以来，局域网迅速发展并被广泛应用，许多单位和部门都建立了局域网，网络的应用和信息的共享促进了网络向外延伸的需求，网络互联成为20世纪90年代计算机网络发展的标志。越来越多的人开始意识到：如果没有网络互联技术的支持，用于信息传输的计算机网络会形成一个个“信息孤岛”。因此，网络互联是计算机网络发展到一定阶段的必然结果。

在网络互联领域，类型相同（一般指网络拓扑结构或执行的协议相同）的网络称为同构网络，类型不同的网络称为异构网络，参与互联的网络一般统称为子网。网络互联包括同构网络互联和异构网络互联。从互联的范围看，网络互联主要体现为局域网与局域网的互联、局域网与广域网的互联、局域网之间经广域网的互联等。

二、广域网基础

（一）广域网简介

当主机之间的距离较远时，例如，相隔几十或几百千米，甚至几千千米，局域网显然就无法完成主机之间的通信任务。这时就需要另一种结构的网络，即广域网。广域网（Wide Area Network）是以信息传输为主要目的的数据通信网，是进行网络互联的中间媒介。由于广域网能连接多个城市或国家，并能实现远距离通信，因而又称为远程网。广域网与局域网之间，既有区别，又有联系。

对于局域网，人们更多关注的是如何根据应用需求来规划、建立和应用，强调的是资源共享；对于广域网，侧重的是网络能够提供什么样的数据传输业务，以及用户如何接入网络等，强调的是数据传输。由于广域网的体系结构不同，广域网与局域网的应用领域也不同。广域网具有传输媒体多样化、连接多样化、结构多样化、服务多样化的特点，广域网技术及其管理都很复杂。

广域网的特点：一是对接入的主机数量和主机之间的距离没有限制；二是大多使用电信系统的公用数据通信线路作为传输介质；三是通信方式为点到点通信，在通信的两台主机之间存在多条数据传输通路。

广域网和局域网的区别：一是广域网不限制接入的计算机数量且大多使用电信系统的远程公用数据通信线路作为传输介质，因此可以跨越很大的地理范围。局域网使用专用的传输介质，因此通常局限在一个比较小的地理范围内。二是广域网可连接任意多台计算机，局域网则限制接入的计算机的数量。三是广域网的通信方式一般为点到点方式，而局域网的通信方式大多是广播方式。

（二）广域网组成与分类

与局域网相似，广域网也由通信子网和资源子网（通信干线、分组交换机）组成。

广域网中包含很多用来运行系统程序、用户应用程序的主机（Host），如服务器、路由器、网络智能终端等。其通信子网工作在OSI/RM的下3层，OSI/RM高层的功能由资源子网完成。

广域网由一些节点交换机以及连接这些交换机的链路组成。节点交换机执行将分组转发的功能。节点之间都是点到点连接，但为了提高网络的可靠性，通常一个节点交换机往往与多个节点交换机相连。受经济条件的限制，广域网都不使用局域网普遍采用的多点接入技术。从层次上考虑，广域网和局域网的区别也很大，因为局域网使用的协议主要在数据链路层（还有少量的物理层的内容），而广域网使用的协议在网络层。广域网中存在的一个重要问题就是路由选择和分组转发。

广域网（WAN）虽然缺乏一个严格的定义，但通常被认为是一个覆盖广泛区域的网络系统，其范围远超单一城市，可跨越不同的国家或大洲。这种网络由于其建设成本较高，通常由政府机构或大型电信公司投资建设。广域网作为互联网的关键组成部分，承担着传输跨越长距离的数据的重要任务。

广域网的网络结构设计，考虑到其需要处理大量数据传输，因此采用了高速且长距离的链路，如数千千米的光缆或数万千米的卫星点对点连接。在构建广域网时，首要考虑的是其通信容量，必须足够大以支持不断增长的数据通信需求。广域网的独特性在于其连接方式。虽然其覆盖范围广阔，但单纯的广泛覆盖并不是其定义的关键。与之相对的是互联网，其核心在于不同网络之间的互联。互联网中的路由器承担着连接不同网络的任务，而广域网则是一个独立的单一网络实体，主要依赖节点交换机来连接网络中的各个主机，而非依靠路由器连接不同的网络。节点交换机和路由器虽然在功能上存在相似性——都用于数据包的转发——但它们的应用场景和工作原理有所不同。节点交换机主要在单一网络内转发数据包，而路由器则在由多个网络构成的互联网中负责数据包的转发。

在互联网的架构中，广域网（WAN）与局域网（LAN）都是重要的组成部分。尽管两者在成本和作用距离上有显著差异，但在互联网的整体框架中，它们扮演着平等而重要的角色。一个关键的共性在于，无论是广域网还是局域网，网络内部的主机通信时只需利用该网络的物理地址，这一点在两种网络类型中是共通的。

根据传输网络归属的不同，广域网可以分为公共WAN和专用WAN两大类。公共WAN一般由政府电信部门组建、管理和控制，网络内的传输和交换装置可以租用给任何部门和单位使用。专用WAN是由一个组织或团队自己建立、控制、维护并为其服务的私有网络。专用WAN还可以通过租用公共WAN或其他专用WAN的线路来建立。专用WAN的建立和维护成本要比公共WAN大。但对于特别重视安全和数据传输控制的公司，拥有专用WAN是实现高水平服务的保障。

根据采用的传输技术的不同，广域网可以分为电话交换网、分组交换广域网和同步光纤网络3类。而广域网主要由交换节点和公用数据网（PDN）组成。如果按公用数据网划分，有PSTN、ISDN、X.25、DDN、FR、ATM等。按交换节点相互连接的方式进行划分，可分为以下3种类型。

1.线路交换网

线路交换网即电路交换网，是面向连接的交换网络。

（1）公用交换电话网（PSTN）

也常被称为“电话网”，是人们打电话时所依赖的传输和交换网络，是数字交换和电话交换两种技术的结合。

（2）综合业务数据网（ISDN）

是以电话综合数字网（IDN）为基础发展起来的通信网，是由国际电报和电话顾问委员会（CCITT）和各国的标准化组织开发的一组标准。ISDN的主要目标就是提供适合于声音和非声音的综合通信系统来代替模拟电话系统。

ISDN的发展分为两个阶段：第一阶段为窄带综合业务数字网（N-ISDN），第二阶段为宽带综合业务数字网（B-ISDN）。

N-ISDN基于有限的特定带宽，B-ISDN基于ATM异步传输模式的综合业务数字网，它的最高速率是N-ISDN的100倍以上。

2.专用线路网

专用线路数据网是通过电信运营商在通信双方之间建立的永久性专用线路，适合有固定速率的高通信量网络环境。目前最流行的专用线路类型是DDN。

3.分组交换网

分组交换数据网（PSDN）是一种以分组为基本数据单元进行数据交换的通信网络。PSDN诞生于20世纪70年代，是最早被广泛应用的广域网技术，著名的ARPANET就是使用分组交换技术组建的。通过公用分组交换数据网不仅可以将相距很远的局域网互联起来，也可以实现单机接入网络。它采用分组交换（包交换）传输技术，是一种包交换的公共数据网。典型的分组交换网有X.25网、帧中继网、ATM等。

（三）广域网提供的服务

为了适应广域网的特点，广域网提供了面向连接的服务模式和面向无连接的服务模式。

1.面向连接服务模式（虚电路服务）

好比电话系统，进行数据传输之前要建立连接，然后方可进行数据传输。

2.面向无连接服务模式（数据报服务）

好比邮政系统，每个数据分组带有完整的目的地址，经由系统选择的不同路径独立进行传输。

（四）广域网的发展

在早期，广域网（WAN）主要被用于连接大型计算机系统。在这个阶段，用户通过终端设备接入本地的计算机系统，而这些本地系统则连接到广域网。这种设置允许远程数据处理和资源共享，但当时的广域网速度较慢，且成本较高。随着Internet技术的突破和普及，广域网经历了显著的变革。大量广域网络汇集成了Internet的核心，形成一个宽带、高效率的核心交换平台。这一时期，广域网不再仅仅是连接大型计算机，而是成为连接城域网（MANs）和局域网（LANs）的关键枢纽，构建起了一个多层次、分布广泛的网络架构。在这个新的架构下，广域网的研究重点转移到了保证服务质量（Quality of Service，QoS）的宽带核心交换技术上。这包括了对数据传输速度、可靠性、延迟和带宽的优化，以满足不同类型网络服务的需求。

广域网的发展趋势表现在其主要通信技术和网络类型的多样化。这些网络类型主要包括：一是公共电话交换网（PSTN）和综合业务数字网（ISDN），这些传统的通信技术在早期广域网中占据主导地位，提供了基本的语音和数据服务；二是异步传输模式（ATM），这种技术为高速数据传输提供了支持，尤其适用于大容量和高速率的数据通信；三是X.25网络和帧中继网络，这些是早期的分组交换技术，用于支持数据和语音服务的更有效传输。

三、窄带数据通信网

（一）基本概念

在网络技术中，速度低于或等于于64Kbps（相当于最大下载速度8KB/s）的接入方式被归类为“窄带”。相比于更高速的宽带连接，窄带的主要劣势在于其较低的数据传输速率。这一限制使得许多网络应用，如在线视频观看、网络游戏、高清视频通话等，在窄带环境下难以实现。对于大文件的下载，窄带的效率也相当低下。传统的拨号上网是窄带连接的一个典型例子。在通信系统领域，窄带系统指的是那些有效带宽远小于载频或中心频率的信道。窄带数据通信网络主要包括公用分组交换网X.25和帧中继网络。

（二）公用分组交换网X.25

X.25网络，即基于CCITT（现ITU-T）的X.25标准建立的计算机网络，有着超过20年的发展历史。尽管X.25网络在推动分组交换网络的发展方面作出了重大贡献，但随着技术的进步，如帧中继网络或ATM网络等性能更优的网络技术已逐渐取代了它。

X.25网络的接口包括终端设备（DTE）与数据通信设备（DCE）。其中，DCE通常位于用户设施外侧。X.25网络的第二层是数据链路层，采用平衡型链路接入规程LAPB。第三层被称为分组层，而不是传统的网络层。在这一层，DTE与DCE间可以建立多条逻辑信道，从而使一个DTE能够同时与网络上的多个DTE建立虚拟电路进行通信。X.25网络规定了从第一层到第三层数据传输的单位分别为比特、帧和分组。此外，X.25还支持在频繁通信的两个DTE之间建立永久虚拟电路。

与基于IP协议的因特网在设计理念上存在显著差异，因特网是无连接的，提供尽力而为的数据报服务，不保证服务质量。相比之下，X.25网络是面向连接的，提供可靠的虚电路服务，能够保证一定的服务质量。因其能够保证服务质量，X.25网络在过去曾是一种颇受欢迎的计算机网络。

（三）帧中继（Frame Relay）

帧中继技术，又称快速分组交换，是在分组交换数据网（PSDN）基础上发展起来的重要技术革新。它作为综合业务数字网（ISDN）标准化过程中的关键技术之一，在数字光纤传输逐渐替代传统模拟线路、用户终端日益智能化的背景下，由X.25网络分组交换网发展而来。帧中继网络以其高效的分组交换能力，在网络通信领域占据重要地位。

1.帧中继的工作原理

帧中继技术的工作原理和特点是当代通信技术发展的一个重要里程碑。这项技术在数字光纤网络的基础上得到了发展和应用，它有效地解决了早期X.25网络在传输效率和误码率上的限制。

早期的X.25网络，由于依赖模拟电话线路，容易受到噪声的干扰，导致高误码率。为确保无误差的传输，X.25网络在每个节点都需进行大量处理，如使用LAPB协议确保帧在节点间无差错传输。然而，这种方法造成了较长的时延，特别是在一个典型的X.25网络中，每个分组在每个节点都要经历约30次的差错检查或其他处理步骤。这样的处理不仅增加了网络延迟，也降低了传输效率。

随着技术进步，数字光纤网络的普及使得误码率大幅下降，这为简化X.25网络的差错控制过程提供了可能。帧中继技术应运而生，它的核心在于减少节点处理时间，从而缩短时延和提高网络吞吐量。帧中继网络的工作原理是，当帧中继交换机接收到帧的首部时，它会立即根据目的地址开始转发该帧，这种方式显著减少了帧的处理时间。即使发生误码，帧中继技术也能迅速中止传输，并且让下一个节点也立即中止该帧的传输并丢弃，减少了错误传输的影响。在这种情况下，源站会通过高层协议请求重传。

帧中继技术采用了“虚拟租用线路”和“流水线”技术。这两种关键技术使得帧中继能够适应需要高带宽、低费用、额外开销低的用户群，从而得到广泛应用。帧中继技术实现了快速分组交换，这种技术可以根据网络中传送的帧长是可变的还是固定的来划分。在帧中继中，帧长可变；在信元中继中，帧长固定。此外，帧中继的数据链路层没有流量控制能力，这一功能由高层完成。帧中继的呼叫控制信令与用户数据分开，不同于X.25网络使用的带内信令。

帧中继网的功能主要具有以下几个特点：一是误码率低，采用光纤作为传输介质，将分组交换机之间的恢复差错、防止拥塞的处理过程简化，使数据传输误码率大大降低；二是效率高，帧中继将分组通信的三层协议简化为两层，大幅缩短了处理时间，提高了效率；三是适合多媒体传输，帧中继以帧为单位进行数据交换，特别适合于作为网间数据传输单元，适用于多媒体信息的传输；四是电路利用率高，帧中继采取统计复用方式，因而提高了电路利用率，能适应突发性业务的需要；五是连接性能好，帧中继网是由许多帧中继交换机通过中继电路连接组成的通信网络，可为各种网络提供快速、稳定的连接。

2.帧中继的帧格式

帧中继的帧格式与HDLC帧格式类似，其最主要的区别是没有控制字段。这是因为帧中继的逻辑连接只能携带用户的数据，并且没有帧的序号，也不能进行流量控制和差错控制。

下面简单介绍其各字段的作用。

（1）标志

标志是一个01111110的比特序列，用于指示一个帧的起始和结束。

（2）信息

信息是长度可变的用户数据。

（3）帧检验序列

帧检验序列包括2字节的CRC检验。当检测出差错时，就将此帧丢弃。

（3）地址

地址一般为2字节，但也可扩展为3字节或4字节。

3.帧中继的服务

帧中继是一个简单的面向连接的虚电路分组业务，它既提供交换虚电路（PVC），也提供永久虚电路（SVC）。帧中继允许用户以高于约定传输速率的速率发送数据，而不必承担额外费用。帧中继可适用于以下情况：在用户通信所需带宽要求为64Kbps至2Mbps且参与通信的用户多于两个。通信距离较长，应优先选用帧中继。数据业务量为突发性的，由于帧中继具有动态分配带宽的能力，选用帧中继可以有效处理。帧中继适合于远距离或突发性的数据传输，特别适用于局域网之间互联。若用户需要接入帧中继网，则可以根据用户的网络类型选择适合的组网方式。

（1）局域网接入

用户接入帧中继网络一般通过FRAD设备，FRAD指支持帧中继的主机、网桥、路由器等。

（2）终端接入

终端通常是指PC或大型主机，大部分终端是通过FRAD设备接入帧中继网络。如果是具有标准UNI（用户网络接口）的终端，如具有PPP、SNA或X.25网络协议的终端，则可作为帧中继终端直接接入帧中继网络。帧中继终端或FRAD设备可以采用直通用户电路接入帧中继网络，也可采用电话交换电路或ISDN交换电路接入帧中继网络。

（3）专用帧中继网接入

用户专用帧中继网接入公用帧中继网时，通常将专用网中的规程接入公用帧中继网络。

帧中继网的应用十分广泛，但主要用在公共或专用网上的局域网互联以及广域网连接。局域网互联是帧中继最典型的一种应用，在世界上已经建成的帧中继网中，其用户数量占90%以上。帧中继网络可以将几个节点划分为一个分区，并可设置相对独立的网络管理机构对分区内的各种资源进行管理。帧中继可以为医疗、金融机构提供图像、图表的传送业务。在不久的将来，“帧中继电话”将被越来越多的企业所采用。

四、宽带综合业务网

（一）综合业务网

众所周知，通信网的两个重要组成部分是传输系统和交换系统。当一种网络的传输系统和交换系统都采用数字系统时，就称为综合数字网（Integrated Digital Network，IDN）。这里的“综合”是指将“数字链路”和“数字节点”合在一个网络中。如果将各种不同的业务信息经数字化后都在同一个网络中传送，这就是综合业务数字网（Integrated Services Digital Network，ISDN）。这里的“综合”既指“综合业务”，也指“综合数字网”。

ISDN的提出，最初旨在整合电信网络中的多种业务网络。在ISDN之前，传统的通信网络如电话网、电报网和数据通信网等，是基于各自独立的业务需求建立的，且运营机制互不相同。这种分散的网络结构给运营商带来了运营、管理和维护的复杂性，也造成了资源的浪费。对于用户而言，这意味着业务申请手续烦琐、使用不便和成本较高。此外，这种异构的通信体系对于未来通信技术的发展而言，适应性极差。因此，将语音、数据、图像等多种业务综合至一个统一网络中成为行业的必然选择。

ISDN是综合数字网络的进一步发展。该标准的提出，打破了传统电信网与数据网之间的界限，使各种用户的多样化业务需求得以在同一网络平台上实现。ISDN的另一个显著特征在于，它的设计并非从单一业务网络的角度出发，而是从服务用户的视角，重构整个网络架构。这种以用户需求为中心的设计理念，有效避免了网络资源和号码资源的浪费。随着人们对话音、数据、多媒体、宽带视频广播等各种宽带和可变速率业务的需求日益增长，ISDN进一步演化为宽带综合业务数字网（Broadband ISDN，B-ISDN），同时将原始的ISDN定义为窄带综合业务数字网（Narrowband ISDN，简称N-ISDN）。

为了克服N-ISDN的局限性，B-ISDN引入了全新的传输和交换技术。其中，快速分组交换的异步传输模式（Asynchronous Transfer Mode，ATM）技术成为B-ISDN的核心。ATM技术不仅服务于B-ISDN，还与现有的N-ISDN系统共同成为支持用户话音、数据及多媒体等业务的承载技术。ATM技术以其高效的数据传输能力和灵活的带宽分配优势，在现代通信网络中占据了重要地位。尽管ATM技术最初是为B-ISDN而开发的，但其应用范围已远远超出了B-ISDN的框架。ATM提供了一种有效的解决方案，用于支持各种宽带业务的传输需求，包括但不限于视频会议、高速互联网接入和虚拟私人网络（VPN）服务。此外，ATM技术的引入也促进了通信网络从传统的电路交换向分组交换的转变，这一转变为网络的灵活性和效率提供了极大的提升。

ISDN定义强调的要点包括：一是ISDN是以电话IDN为基础发展起来的通信网；二是ISDN支持各种电话和非电话业务，包括话音、数据传输、可视图文、智能用户电报、遥测和告警等业务；三是提供开放的标准接口；四是用户通过端到端的共路信令，实现灵活的智能控制。

（二）B-ISDN

N-ISDN能够提供2Mbit/s以下数字综合业务，具有较好的经济和实用价值。但在当时，鉴于技术能力与业务需求的限制N-ISDN存在以下局限性。

①信息传送速率有限，用户网络接口速率局限于2048kbit/s或1544kbit/s以内，无法实现电视业务和高速数据业务，难以提供更新的业务。

②其基础是IDN，所支持的业务主要是64kbit/s的电路交换业务，对技术发展的适应性很差。

③N-ISDN的综合是不完全的。虽然它综合了分组交换业务，但这种综合只是在用户入网接口上实现，在网络内部仍由分开的电路交换和分组交换实体提供不同的业务。即在交换和传输层次，并没有很好地利用分组业务对于不同速率、变比特率业务灵活支持的特性。

④N-ISDN只能支持话音及低速的非话音业务，不能支持不同传输要求的多媒体业务，同时整个网络的管理和控制是基于电路交换的，使得其功能简单，无法适应宽带业务的要求。

因此，我们需要一种新型的宽带通信网络，这种网络能够高效、高质量地支持多种业务。这种网络不是基于现有网络的演变而形成的，而是采用全新的传输方式、交换方式、用户接入方式及网络协议。这种网络旨在提供高于PCM一次群速率的传输信道，能够适应从低速的遥测遥控业务（速率在十几bit/s到几十bit/s）到高清晰度电视HDTV（100Mbit/s~150Mbit/s）甚至近Gbit/s的宽带信息检索业务。在这个网络中，不同速率的服务都以相同的方式进行传送和交换，并共享网络资源。与提供类似业务的其他网络相比，该网络在生产、运行和维护方面的费用相对较低。国际电信联盟电信标准化部门（ITU-T，原CCITT）将这种网络定名为宽带综合业务数字网（Broadband Integrated Services Digital Network，B-ISDN）。

要形成B-ISDN，其技术的核心是高效的传输、交换和复用技术。人们在研究分析了各种电路交换和分组交换技术之后，认为快速分组交换是唯一可行的技术。国际电联（ITU-T）把它正式命名为ATM（Asynchronous Transfer Mode），并推荐为B-ISDN的信息传递模式，称为“异步传递方式”。ITU-T在I.113建议中定义：ATM是一种传递模式，在这一模式中，信息被组成信元（Cell）；“异步”是指发时钟和收时钟之间容许“异步运行”，其差别用插入/取消信元的方式去调整；“传递模式”是指信息在网络中包括了传输和交换两种方式。

（三）ATM网简介

现有的电路交换和分组交换在实现宽带高速的交换任务时，都表现有一些缺点。

对于电路交换，当数据的传输速率及其突发性变化非常大时，交换的控制就变得十分复杂。对于分组交换，当数据传输速率很高时，协议数据单元在各层的处理成为很大的开销，无法满足实时性很强的业务的时延要求。特别是，基于IP的分组交换网不能保证服务质量。

但电路交换的实时性和服务质量都很好而分组交换的灵活性很好，因此，人们曾经设想过“未来最理想的”一种网络应当是宽带综合业务数字网B-ISDN，它采用另一种新的交换技术，这种技术结合了电路交换和分组交换的优点。虽然在今天看来B-ISDN并没有成功，但ATM技术还是获得了相当广泛的应用，并在因特网的发展中起到了重要的作用。

人们习惯上把电信网分为传输、复用、交换、终端等几个部分，其中除终端以外的传输、复用和交换3个部分合起来统称为传递方式（也叫转移模式）。目前应用的传递方式可分为以下两种.

一是同步传递方式（STM）：这种方式的核心特征是采用时分复用技术。在这种模式下，各个信号都在固定的时间间隔内周期性地出现，使得接收端可以根据时间（信号的位置）来识别每个信号。

二是异步传递方式（ATM）：与STM不同，ATM采用的是统计时分复用技术。在这种模式下，信号的出现并不遵循固定的时间间隔，而是不规则的。接收端需要通过特定的标识来识别每个信号。在ATM模式中，信息被分割成多个小的信元进行传输，这些信元包含相同用户的信息，但它们在传输链路上不需要周期性地出现。因此，ATM的传递方式是异步的，这也意味着其使用的是统计时分复用技术，又称为异步时分复用。

（四）ATM基本概念

异步传递方式ATM就是建立在电路交换和分组交换基础上的一种面向连接的快速分组交换技术，它采用定长分组作为传输和交换的单位。在ATM中这种定长分组叫作信元（cell）。

在了解同步数字层次（SDH）传输时，需注意到SDH传送的同步比特流是按照固定时间长度组织成的帧结构。这里的帧指的是时分复用中的时间帧，与数据链路层的帧概念不同。在SDH框架中，当需要传输用户的ATM信元时，这些信元可以被插入SDH的一个时间帧中。值得注意的是，每个用户发送的信元在每一帧中的位置并不固定，它们可以根据传输需求在帧内的任何位置出现。如果用户有大量信元需要发送，这些信元可以连续不断地被发送。只要在SDH帧中存在未被使用的空间，就可以将新的信元插入其中。如果是使用同步插入（同步时分复用），则用户在每一帧中所占据的时隙的相对位置是固定不变的，即用户只能周期性地占用每一个帧中分配给自己的固定时隙（一个时隙可以是一个或多个字节），而不能再使用其他的已分配给别人的空闲时隙。

ATM的主要优点如下：

①选择固定长度的短信元作为信息传输的单位，有利于宽带高速交换。信元长度为53字节，其首部（可简称为信头）为5字节。长度固定的首部可使ATM交换机的功能尽量简化，只用硬件电路就可对信元进行处理，因而缩短了每一个信元的处理时间。在传输实时话音或视频业务时，短的信元有利于减小时延，也节约了节点交换机为存储信元所需的存储空间。

②能支持不同速率的各种业务。ATM允许终端有足够多比特时就去利用信道，从而取得灵活的带宽共享。来自各终端的数字流在链路控制器中形成完整的信元后，即按先到先服务的规则，经统计复用器，以统一的传输速率将信元插入一个空闲时隙内。链路控制器调节信息源进网的速率。不同类型的服务都可复用在一起，高速率信源就占有较多的时隙。交换设备只需按网络最大速率来设置，它与用户设备的特性无关。

③在最基本层面，所有信息都是通过面向连接的方式传输的，这维持了电路交换在确保实时性和服务质量方面的优势。对用户而言，ATM网络能够以确定的模式工作（某种业务的信元以基本周期性的方式出现），以此支持实时型业务。同时，ATM也能够以统计的模式工作（信元以非规则的方式出现），以支持突发型业务。

④ATM利用光纤信道进行传输。鉴于光纤信道的极低误码率和高容量特性，在ATM网络中通常不需要在数据链路层进行差错控制和流量控制（这些控制措施被转移到更高层处理）。这种方法显著提高了信元在网络中的传输速率。

由于ATM具有上述的许多优点，因此在ATM技术出现后，不少人曾认为ATM必然成为未来的宽带综合业务数字网B-ISDN的基础。但实际上ATM只是用在因特网的许多主干网中。ATM的发展之所以不如当初预期的那样顺利，主要是因为ATM技术复杂且价格较高，同时ATM能够直接支持的应用不多。与此同时，无连接的因特网发展非常快，各种应用与因特网的衔接非常好。在100 Mb/s的快速以太网和千兆以太网推向市场后，10千兆以太网又问世了。这就进一步削弱了ATM在因特网高速主干网领域的竞争能力。

五、宽带IP网

（一）基本概念

所谓宽带IP网络，是指Internet的交换设备、中继通信线路、用户接入设备和用户终端设备都是宽带的，通常中继带宽为每秒数吉比特至几十吉比特，接入带宽为1～100Mbit/s。

在这样一个宽带IP网络上能传送各种音频和多媒体等宽带业务，同时支持当前的窄宽业务，它集成与发展了当前的网络技术、IP技术，并朝下一代网络方向发展。

宽带IP网络包含了几方面：宽带IP城域网、宽带IP网络的传输技术、宽带IP网络的接入技术、宽带无线网络、网络协议的改进。

1.宽带IP城域网

宽带IP城域网是一个以IP和SDH、ATM等技术为基础，集数据、语音、视频服务于一体的高带宽、多功能、多业务接入的城域多媒体通信网络。

宽带IP城域网的特点：技术多样，采用IP作为核心技术；基于宽带技术；接入技术多样化、接入方式灵活；覆盖面广；强调业务功能和服务质量；投资量大。

宽带IP城域网提供的业务包括：话音业务、数据业务、图像业务、多媒体业务、IP电话业务、各种增值业务、智能业务等。

宽带IP城域网的结构分为3层：核心层、汇聚层和接入层。宽带IP城域网带宽管理有以下两种方法：在分散放置的客户管理系统上对每个用户的接入带宽进行控制、在用户接入点上对用户接入带宽进行控制。

宽带IP城域网的IP地址规划：公有IP地址和私有IP地址。公有IP地址是接入Internet时所使用的全球唯一的IP地址，必须向因特网的管理机构申请。私有IP地址是仅在机构内部使用的IP地址，可以由本机构自行分配，而不需要向因特网的管理机构申请。

2.宽带传输技术

（1）IP over ATM（POA）

IP over ATM的概念：IP over ATM（POA）是IP技术与ATM技术的结合，它是在IP路由器之间（或路由器与交换机之间）采用ATM网进行传输。

IP over ATM的优点：DATM技术本身能提供QOS保证，具有流量控制、带宽管理、拥塞控制功能以及故障恢复能力，这些是IP所缺乏的，因而IP与ATM技术的融合，也使IP具有了上述功能。这样既提高了IP业务的服务质量，同时能够保障网络的高可靠性。适应于多种业务，具有良好的网络可扩展能力，并能对其他网络协议如IPX等提供支持。

IP over ATM的缺点：网络体系结构复杂，传输效率低，开销大。由于传统的IP只工作在IP子网内，ATM路由协议并不知道IP业务的实际传送需求，如IP的QoS、多播等特性，这样就不能够保证ATM实现最佳的传送IP业务在ATM网络中存在着扩展性和优化路由的问题。

（2）IP over SDH（POS）

IP over SDH的概念：IP over SDH（POS）是IP技术与SDH技术的结合，是在IP路由器之间（或路由器与交换机之间）采用SDH网进行传输。具体地说，它利用SDH标准的帧结构，同时利用点到点传送等的封装技术把IP业务进行封装，然后在SDH网中传输。

IP over SDH的优点：DIP与SDH技术的结合是将IP数据报通过点到点协议直接映射到SDH帧，其中省掉了中间的ATM层，从而简化了IP网络体系结构，减少了开销，提供了更高的带宽利用率，提高了数据传输效率，降低了成本。保留了IP网络的无连接特征，易于兼容各种不同的技术体系和实现网络互连，更适合于组建专门承载IP业务的数据网络。而且可以充分利用SDH技术的各种优点，如自动保护倒换（APS），以防止链路故障而造成的网络停顿，保证网络的可靠性。

IP over SDH的缺点：网络流量和拥塞控制能力差。不能像IP over ATM技术那样提供较好的服务质量保障（QoS）。仅对IP业务提供良好的支持，不适用于多业务平台，可扩展性不理想，只有业务分级，而无业务质量分级，尚不支持VPN和电路仿真。

（3）IP over DWDM（POW）

IP over DWDM的概念：IP over DWDM是IP与DWDM技术相结合的标志。首先在发送端对不同波长的光信号进行复用，然后将复用信号送入一根光纤中传输，在接收端再利用解复用器将各不同波长的光信号分开，送入相应的终端，从而实现IP数据报在多波长光路上的传输。

IP over DWDM的优点：IP over DWDM简化了层次，减少了网络设备和功能重叠，从而减轻了网管复杂程度。IP over DWDM可充分利用光纤的带宽资源，极大地提高了带宽和相对的传输速率。

IP over DWDM的缺点：DWDM提供的巨大带宽与现有IP路由器的处理能力之间存在不匹配的问题，这个问题尚未得到有效解决。此外，如果网络中缺乏SDH设备，那么在出现故障时，IP数据包将无法通过SDH帧中的信头信息来定位故障源，这将导致网络管理功能的减弱。同时，IP over DWDM技术本身仍在成熟发展中，存在一定的技术难题待解决。

（二）在ATM上传输IP

IPOA（IP Over ATM）是在ATM-LAN上传送IP数据包的一种技术。它规定了利用ATM网络在ATM终端间建立连接，特别是建立交换型虚连接（Switched Virtual Circuit，SVC）进行IP数据通信的规范。

在ATM-LAN环境中，ATM网络被视为一个单一的（通常是局部的）物理网络。与其他网络一样，它通过路由器连接所有异构网络。在这种配置下，TCP/IP协议使得ATM网络上的一组计算机能够像一个独立的局域网（LAN）一样运作。这样的计算机组被称为逻辑IP子网（Logical IP Subnet，LIS）。在一个LIS中，所有计算机共享同一个IP网络地址（IP子网地址），使得LIS内部的计算机能够直接相互通信。然而，当LIS内的计算机需要与其他LIS或网络中的计算机通信时，必须通过两个连接的LIS路由器。在这种方式下，LIS的特性与传统IP子网有着明显的相似性。

与以太网类似，IP数据包在ATM网络上传输也必须进行IP地址绑定，ATM给每一个连接的计算机分配ATM物理地址，当建立虚连接时必须使用这个物理地址，但由于ATM硬件不支持广播，所以，IP无法使用传统的ARP将其地址绑定到ATM地址。在ATM网络中，每一个LIS配置至少一个ATMARP server以完成地址绑定工作。

POA（IP Over ATM）的主要功能包括两方面：地址解析和数据封装。地址解析指的是实现地址绑定的过程。在永久虚拟电路（Permanent Virtual Circuit，PVC）的情况下，因为PVC是由管理员手动配置的，所以主机可能只了解PVC的VPI/VCI（Virtual Path Identifier/Virtual Channel Identifier）标识，而不知道远程主机的IP地址和ATM地址。这就要求IP解析机制能够识别连接在同一PVC上的远程计算机。对于交换虚拟电路（Switched Virtual Circuit，SVC）的情况，地址解析过程更为复杂，它需要两级地址解析。首先，当需要建立SVC时，必须将目的端的IP地址转换为ATM地址；其次，当在一条已建立的SVC上传输数据包时，需要将目的端的IP地址映射到相应的SVC的VPI/VCI标识上。对于IP数据包的封装问题，目前有两种封装形式可以采用：第一种是VC封装：一条VC用于传输一种特定的协议数据（如IP数据和ARP数据），传输效率很高；第二种是多协议封装：使用同一条VC传输多种协议数据，这样必须给数据加上类型字段，IPOA中使用缺省的LLC/SNAP封装标明数据类型信息。

IPOA整个系统的工作过程如下：首先是Client端的IPOA初始化过程，即Client加入LIS的过程，由Client端的IPOA高层发出初始化命令，向SERVER注册自身，注册成功后，Client变为“Operational”状态，意味着现在的Client可以接收/传输数据了。当主机要发送数据时，它使用通常的IP选路，以便找到适当的下一跳（next-hop）地址，然后把数据发送到相应的网络接口，网络接口软件必须解析出对应目的端的ATM地址。

除数据传输的任务外，Client还要维护地址信息，包含定期更新SERVER上的地址信息和本地的地址信息。假如Client的地址信息不能被及时更新，那么此Client就会变成非可用状态，需要重新初始化后才能使用。

在Client传输数据时，它可能同时向许多不同的目的端发送和接收数据，因此必须同时维护多条连接。连接的管理发生在IP下面的网络接口软件中，该系统可以采用一个链表来实现此功能链表中的每一数据项包含诸如链路的首/末端地址、使用状态、更新标志、更新时间、QOS信息和VCC等一条链路所必需的信息。

IPOA在TCP/IP协议栈中的位置：ATM网络是面向连接的，TCP/IP只是将其作为像以太网一样的另一种物理网络来看待。从TCP/IP的协议体系结构来看，除要建立虚连接外，IPOA与网络接口层完成的功能类似，即完成IP地址到硬件地址（ATM地址）的映射过程，封装并发送输出的数据分组，接收输入的数据分组并将其发送到对应的模块。当然，除了以上功能，网络接口还负责与硬件通信（设备驱动程序也属于网络接口层）。

在OSI模型中，IPOA位于IP层以下，属网络接口层，其建立连接的工作通过RFC 1755请求UNI3.1处理信令消息完成。

IPOA（IP Over ATM）的最大优势在于它有效利用了ATM网络的QoS（Quality of Service）特性，从而支持多媒体业务。它通过在网络层将局域网接入ATM网络，不仅提升了网络带宽，也增强了整体网络性能。然而，IPOA也存在一些局限性。例如，目前的IPOA技术不支持广播和组播业务。此外，在ATM-LAN（ATM局域网）环境中，每台主机需要与所有其他成员建立VC（虚拟连接）；随着网络规模的扩大，VC连接的数量会按平方级数增长。因此，IPOA技术不太适用于大型网络结构，而更适合企业网络或校园网等规模相对较小的网络环境。

（三）多协议标记交换

多协议标签交换（Multi-Protocol Label Switching，MPLS）是一种用于快速数据包交换和路由的体系，它为网络数据流量提供了目标、路由、转发和交换等能力。更特殊的是，它具有管理各种不同形式通信流的机制。MPLS独立于第二协议和第三层协议，诸如ATM和IP。它提供了一种方式，将IP地址映射为简单的具有固定长度的标签，用于不同的包转发和包交换技术。它是现有路由和交换协议的接口，如IP、ATM、帧中继、资源预留协议（RSVP）、开放最短路径优先（OSPF）等。

在MPLS中，数据传输发生在标签交换路径（LSP）上。LSP是每一个沿着从源端到终端的路径上的结点的标签序列。现今使用着一些标签分发协议，如标签分发协议（LDP）、RSVP或者建于路由协议之上的一些协议，如边界网关协议（BGP）及OSPF。因为固定长度标签被插入每一个包或信元的开始处，并且可被硬件用来在两个链接间快速交换包，所以使数据的快速交换成为可能。

MPLS设计主要解决网络问题，如网络速度、可扩展性、服务质量（QoS）管理以及流量工程，同时为下一代IP中枢网络解决宽带管理及服务请求等问题。

简要介绍MPLS的基本工作过程：一是LDP和传统路由协议（如OSPF、ISIS等）一起，在各个LSR中为有业务需求的FEC建立路由表和标签映射表；二是入节点Ingress接收分组，完成第三层功能，判定分组所属的FEC，并给分组加上标签，形成MPLS标签分组，转发到中间节点Transit；三是Transit根据分组上的标签以及标签转发表进行转发，不对标签分组进行任何第三层处理；四是在出节点Egress去掉分组中的标签，继续进行后面的转发。

由此可以看出，MPLS并不是一种业务或者应用，实际上是一种隧道技术，也是一种将标签交换转发和网络层路由技术集于一身的路由与交换技术平台。这个平台不仅支持多种高层协议与业务，而且，在一定程度上可以保证信息传输的安全性。

随着ASIC技术的发展，路由查找速度已经不是阻碍网络发展的“瓶颈”。这使得MPLS在提高转发速度方面不再具备明显的优势。

MPLS（多协议标签交换）技术的一个主要优势在于，它巧妙地融合了IP网络的三层路由功能和传统二层网络的高效转发机制。在转发平面，MPLS采用了面向连接的方式，这与现有的二层网络转发方式极为相似。这一特点使MPLS能够轻松实现IP网络与ATM（异步传输模式）、帧中继等二层网络的无缝整合。此外，MPLS为流量工程（Traffic Engineering，TE）、虚拟专用网络（Virtual Private Network，VPN）以及服务质量（Quality of Service，QoS）等应用提供了更优的解决方案。

（四）宽带IP网的演进

1.宽带无线网络

Wi-Fi俗称无线宽带，其中定义了介质访问接入控制层（MAC层）和物理层。物理层定义了工作在2.4GHz的ISM频段上的两种无线调频方式和一种红外传输的方式，总数据传输速率设计为2Mbit/s。两个设备之间的通信以自由直接的方式进行，也可以在基站（Base Station，BS）或者访问点（Access Point，AP）的协调下进行。

Wi-Fi网络的基本设置至少包括一个无线接入点（Access Point，AP）和一个或多个客户端（Client）。AP每隔100毫秒通过信标（Beacon）帧将服务集标识符（Service Set Identifier，SSID）广播一次。信标帧的传输速率为1 Mbit/s，由于其长度较短，因此这种广播对网络性能的影响微乎其微。由于Wi-Fi规定最低传输速率为1 Mbit/s，这保证了所有Wi-Fi客户端都能接收到SSID的广播帧，从而可以选择是否连接到该SSID的AP。用户可以选择连接到特定的SSID。Wi-Fi系统始终对客户端开放连接，并支持漫游功能，这是其主要优势之一。然而，这也意味着某些无线适配器在性能上可能优于其他适配器。由于Wi-Fi信号通过空气传输，因此它具有与非交换式以太网相似的特点。近两年，出现了一种名为“Wi-Fi over cable”的新方案。这种方案是以太网通过电缆（Ethernet over Cable，EoC）技术的一种形式，通过将2.4GHz的Wi-Fi射频信号降频后在电缆中传输。这种方案已经在我国开始了小范围的试点商用。

2.下一代网际协议IPv6

IPv6的引入IPv6协议是IP协议第6版本，是为了改进IPv4协议存在的问题而设计的新版本的IP协议。

IPv4存在的问题：一是IPv4的地址空间太小；二是IPv4分类的地址利用率低；三是IPv4地址分配不均；四是IPv4数据报的首部不够灵活。

IPv6的特点：一是极大的地址空间；二是分层的地址结构；三是支持即插即用；四是灵活的数据报首部格式；五是支持资源的预分配；六是认证与私密性；七是方便移动主机

的接入。

IPv4向IPv6过渡的方法：使用双协议栈和使用隧道技术。

3.物联网技术

（1）物联网的定义

物联网（Internet of Things，IoT）是一种通过互联网、传统电信网络等信息载体，实现所有可单独寻址的物理对象互联互通的技术体系。它主要具有以下三个关键特征：将常规物体设备化，实现自主终端之间的互联，以及提供全面智能服务。物联网集成了无处不在的端设备（如具有内在智能的传感器、移动终端、工业系统、建筑控制系统、智能家居设备、视频监控系统）和外部使能元素（如配备RFID标签的各类资产、带有无线终端的人员和车辆），这些被称为"智能化物体"或"智能尘埃"。通过各种无线或有线、长距离或短距离的通信网络，物联网实现了机器对机器（M2M）的互联、广泛应用的集成，以及基于云计算的软件即服务（SaaS）运营模式。它提供了一系列管理和服务功能，包括实时在线监控、定位追踪、报警联动、调度指挥、应急预案管理、远程控制、安全预防、远程维护、在线升级、统计报告和决策支持等。其中，领导控制台（Cockpit Dashboard）为管理者集中展示重要信息。最终，物联网旨在实现对所有事物的高效、节能、安全和环保的综合管理、控制和运营。

（2）物联网的鲜明特征

和传统的互联网相比，物联网有其鲜明的特征。

首先，它是各种感知技术的广泛应用。物联网上部署了海量的多种类型传感器，每个传感器都是一个信息源，不同类别的传感器所捕获的信息内容和信息格式不同。传感器获得的数据具有实时性，按一定的频率周期性的采集环境信息，不断更新数据。

其次，它是一种建立在互联网上的泛在网络。物联网技术的重要基础和核心仍旧是互联网，通过各种有线和无线网络与互联网融合，将物体的信息实时准确地传递出去。在物联网上的传感器定时采集的信息需要通过网络传输，由于其数量极其庞大，形成了海量信息，在传输过程中，为了保障数据的正确性和及时性，必须适应各种异构网络和协议。

最后，物联网不仅仅提供了传感器的连接，其本身也具有智能处理的能力，能够对物体实施智能控制。物联网将传感器和智能处理相结合，利用云计算、模式识别等各种智能技术，扩充其应用领域。从传感器获得的海量信息中分析、加工和处理出有意义的数据，以适应不同用户的不同需求，发现新的应用领域和应用模式。

（3）物联网的用途广泛

物联网用途广泛，遍及智能交通、环境保护、政府工作、公共安全、平安家居、智能消防、工业监测、环境监测、老人护理、个人健康、花卉栽培、水系监测、食品溯源、敌情侦察和情报收集等多个领域。

六、DDN网络

（一）DDN的概念

数字数据网（Digital Data Network，DDN）是采用数字信道来传输数据信息的数据传输网。数字信道包括用户到网络的连接线路，即用户环路的传输也应该是数字的。

DDN一般用于向用户提供专用的数字数据传输信道或提供将用户接入公用数据交换网的接入信道，也可以为公用数据交换网提供交换节点间专用的数据传输信道。DDN一般不包括交换功能，只采用简单的交叉连接复用装置。如果引入交换功能，就成了数字数据交换网。

数字数据网络（DDN）是一种利用数字信道为用户提供话音、数据和图像信号传输的网络，它的特点是提供半永久性的连接电路。这种半永久性连接意味着DDN提供的信道是非交换式的，即用户间的通信连接通常是固定的。在需要更改时，用户可以提交申请，然后由网络管理人员或在网络策略允许的情况下由用户自己来调整传输速率、目的地和传输路由。但这类修改通常不频繁发生，因此这种连接被称为半永久性交叉连接或半固定交叉连接。DDN的这一设计既克服了数据通信专用链路在永久连接下的不灵活性，又弥补了以X.25标准为基础的分组交换网络在处理速度和传输延迟方面的不足。

DDN向用户提供端到端的数字型传输信道，它与在模拟信道上采用调制解调器（MODEM）来实现的数据传输相比，有下列特点。

1.传输差错率（误比特率）低

一般数字信道的正常误码率在10^{-6}以下，而模拟信道较难达到。

2.信道利用率高

一条PCM数字话路的典型传输速率为64Kbit/s。通过复用可以传输多路19.2Kbit/s或9.6Kbit/s或更低速率的数据信号。

3.不需要MODEM

与用户的数据终端设备相连接的数据电路终接设备（DCE）一般只是一种功能较简单的通常称作数据服务单元（DSU）或数据终接单元（DTU）的基带传输装置，或者直接就是一个复用器及相应的接口单元。

4.要求全网的时钟系统保持同步

DDN要求全网的时钟系统必须保持同步，否则，在实现电路的转接、复接和分接时就会遇到较大的困难。

（二）DDN网络结构与互连

1.DDN网络的组成

DDN由用户环路、DDN节点、数字信道和网络控制管理中心组成。

（1）用户环路

用户环路又称用户接入系统，通常包括用户设备、用户线和用户接入单元。

用户设备通常是数据终端设备（DTE）（如电话机、传真机、个人计算机以及用户自选的其他用户终端设备）。目前，用户线一般采用市话电缆的双绞线。用户接入单元可由多种设备组成，对目前的数据通信而言，通常是基带型或频带型单路或多路复用传输设备。

（2）DDN节点

从组网功能区分，DDN节点可分为用户节点，接入节点和E1节点。从网络结构区分，DDN节点可以分为一级干线网节点，二级干线网节点及本地网节点。

用户节点主要为DDN用户入网提供接口并进行必要的协议转换，这包括小容量时分复用设备以及LAN通过帧中继互连的桥接器/路由器等。小容量时分复用设备也可包括压缩话音/G3传真用户接口。

接入节点主要为DDN各类业务提供接入功能，主要包括：N × 64Kbit/s（N=1–31），2048Kbit/s数字信道的接口；N × 64Kbit/s的复用；小于64Kbit/s的子速率复用和交叉连接；帧中继业务用户的接入和本地帧中继功能；压缩话音/G3传真用户的接入功能。

E1节点用于网上的骨干节点，执行网络业务的转接功能，主要有：2048Kbit/s数字信道的接口；2048Kbit/s数字信道的交叉连接；N × 64Kbit/s（N=131）复用和交叉连接；帧中继业务的转接功能。E1节点主要提供2048Kbit/s（E1）接口，对NX64Kbit/s进行复用和交叉连接，以收集来自不同方向的NX64Kbit/s电路，并把它们归并到适当方向的E1输出，或直接接到E1进行交叉连接。

枢纽节点用于DDN的一级干线网和各二级干线网。它与各节点通过数字信道相连，容量大，因而故障时的影响面大。在设置枢纽节点时，可考虑备用数字信道的设备，同时合理地组织各节点互联，充分发挥其效率。

（3）数字信道

各节点间数字信道的建立要考虑其网络拓扑，网络中各节点间的数据业务量的流量、流向以及网络的安全。网络的安全要考虑到若在网络中任一节点一旦遇到与它相邻的节点相连接的一条数字信道发生故障时，该节点会自动转到迂回路由以保持通信正常进行。

（4）网络控制管理中心

网络控制管理是保证全网正常运行，发挥其最佳性能效益的重要手段。网络控制管理一般应具有以下功能：用户接入管理（包括安全管理）；网络结构和业务的配置；网络资源与路由管理；实时监视网络运行；维护、告警、测量和故障区段定位；网络运行数据的收集与统计；计费信息的收集与报告。

2.DDN的网络结构

DDN网按组建、运营和管理维护的责任区域来划分网络的等级，可分为本地网和干线网，干线网又分为一级干线网、二级干线网。

不同等级的网络主要用2048Kbit/s数字信道互连，也可用NX64Kbit/s数字信道互联。

（1）一级干线网

一级干线网络主要由各省、市、自治区的节点构成，主要负责提供省际的长途DDN（数字数据网）服务。这些节点通常设立在省会城市和其他省内经济发达的城市。另外，根据国际电路的配置及业务需求，由电信主管部门设立国际出入口节点。在国际通信中，首选使用2048Kbit/s的数字信道。若需要，也可以使用1544Kbit/s的数字信道，但在这种情况下，相关的出入口节点需要具备从1544Kbit/s到2048Kbit/s的信号转换功能。

为减少备用线的数目，或充分提高备用数字信道的利用率，在一级和二级干线网，应根据电路组织情况、业务量和网络可靠性要求，选定若干节点为枢纽节点。一级干线网的核心层节点互连应遵照下列要求：一是枢纽节点之间采用全网状连接；二是非枢纽节点应至少与两个枢纽节点相连；三是国际出入口节点之间、出入口节点与所有枢纽节点相连；四是根据业务需要和电路情况，可在任意两个节点之间连接。

（2）二级干线网

二级干线网由设置在省内的节点组成，它提供本省内长途和出入省的DDN业务。二级干线在设置核心层网络时，应设置枢纽节点，省内发达地、县级城市可组建本地网。没有组建本地网的地、县级城市所设置的中、小容量接入节点或用户接入节点，可直接连接到一级干线网节点上或经二级干线网其他节点连接到一级干线网节点。

（3）本地网

本地网是指城市范围内的网络，在省内发达城市可组建本地网，为用户提供本地和长途DDN网络业务。本地网可由多层次的网络组成，其小容量节点可直接设置在用户室内。

（4）节点和用户连接

DDN的一级干线网和二级干线网中，由于连接各节点的数字信道容量大，复用路数多，其故障时影响面广，因此应考虑备用数字信道。

节点间的互联主要采用2048Kbit/s数字信道，根据业务量和电路组织情况，也可采用NX64Kbit/s数字信道。

两个用户之间连接，中间最多经过10个DDN节点，它们是一级干线网4个节点，两边省内网各3个节点。在进行规划设计时，省内任一用户到达一级干线网节点所经过的节点数应限制在3个或3以下。

3.DDN的互联

用户网络与DDN互连方式：DDN作为一种数据业务的承载网络，不仅可以实现用户终端的接入，而且可以满足用户网络的互联，扩大信息的交换与应用范围。用户网络可以是局域网、专用数字数据网、分组交换网、用户交换机以及其他用户网络。

局域网利用DDN互连方式：局域网利用DDN互连可通过网桥或路由器等设备，其互联网桥将一个网络上接收的报文存储、转发到其他网络上，由DDN实现局域网之间的互；联。网桥的作用就是把LAN在链路层上进行协议转换而使之连接起来。路由器具有网际路由功能，通过路由选择转发不同子网的取文，通过路由器DDN可实现多个局域网互联。

专用DDN与公用DDN的互联：专用DDN与公用DDN在本质上没有什么不同，它是公用DDN的有益补充。专用DDN覆盖的地理区域有限，一般为某单一组织所专有，结构简单，由专网单位自行管理。由于专用DDN的局限性，其功能实现、数据交流的广度都不如公用DDN，所以，专用DDN与公用DDN互连有深远的意义。

专用DDN与公用DDN互连有不同的方式，可以采用V.24，V.35、X.21标准，也可以采用G.703 2048kb/s标准。

分组交换网与DDN互连：分组交换网可以提供不同速率、高质量的数据通信业务，适用于短报文和低密度的数据通信；而DDN传输速率高，适用于实时性要求高的数据通信，分组交换网和DDN可以在业务上进行互补。DDN上的客户与分组交换网上的客户相互进行通信，要实现两网采用X.25或X.28接口规程，DDN的终端在这里相当于分组交换网的一个远程直通客户，其传输速率满足分组交换网的要求。DDN不仅可以给分组交换网的远程客户提供数据传输通道，而且还可以为分组交换机局间中继线提供传输通道，为分组交换机互连提供良好的条件。DDN与分组交换网的互联接口标准采用G.703或V.35。

用户交换网与DDN的互联可分为两方面：一方面，利用DDN的语音功能，为用户交换机解决远程客户传输问题（如果采用传统模拟线来传输就会超过传输限制，影响通话质量），与DDN的连接采用音频二线接口。另一方面，利用DDN本身的传输能力，为用户交换机提供所需的局间中继线，此时与DDN互连采用G.703或音频二线/四线接口。

（三）DDN网络管理与控制

1.网管控制中心的设置

（1）全国和各省网管控制中心

DDN网络上设置全国和各省两级网管控制中心（NMC），全国NMC负责一级干线网的管理和控制，省NMC负责本省、直辖市或自治区网络的管理和控制。在节点数量多、网络结构复杂的本地网上，也可以设置本地网管控制中心，负责本地网的管理和控制。

（2）网管控制终端（NMT）

根据网络管理和控制的需要，以及业务组织和管理的需要，可以分别在一级干线网上和二级干线网上设置若干网管控制终端（NMT）。NMT应能与所属的NMC交换网络信息和业务信息，并在NMC的允许范围内进行管理和控制。NMT可分配给虚拟专用网（VPN）的责任用户使用。

（3）节点管理维护终端

DDN各节点应能配置本节点的管理维护终端，负责本节点的配置、运行状态的控制、业务情况的监视指示，并能对本节点的用户线进行维护测量。

2.网管控制信息通信通路

（1）节点和网管控制中心之间的通信

网管控制中心和所辖节点之间交换网管控制信息时，使用DDN本身网络中专门划出的适当容量的通路，也可以采用经其他例如公用分组网或电话网提供的通路。

（2）网管控制中心之间的通信

全国NMC和各省NMC之间，以及NMC和所辖NMT之间要求能相互通信，交换网管控制信息。实现这种通信的通路应可以采用DDN网上配置的专用电路，也可以采用经公用分组网或电话网的连接电路。

第五章　计算机无线网络

第一节　无线局域网技术

一、无线局域网的特点

（一）灵活性和移动性

在有线网络中，网络设备的安放位置受网络位置的限制，而无线局域网在无线信号覆盖区域内的任何一个位置都可以接入网络。无线局域网另一个最大的优点在于其移动性，连接到无线局域网的用户可以移动且能同时与网络保持连接。

（二）安装便捷

无线局域网可以免去或最大限度地减少网络布线的工作量，一般只需要安装一个或多个接入点设备，就可建立覆盖整个区域的局域网络。

（三）易于进行网络规划和调整

对有线网络来说，办公地点或网络拓扑的改变通常意味着重新建网。重新布线是一个昂贵、费时、浪费和琐碎的过程，无线局域网可以避免或减少以上情况的发生。

（四）故障定位容易

有线网络一旦出现物理故障，尤其是由于线路连接不良而造成的网络中断，往往很难查明，而且检修线路需要付出很大的代价。无线网络则很容易定位故障，只需更换故障设备即可恢复网络连接。

（五）易于扩展

无线局域网有多种配置方式，可以很快从只有几个用户的小型局域网扩展到上千用户的大型网络，并且能够提供节点间“漫游”等有线网络无法实现的特性。由于无线局域网有以上诸多优点，因此其发展十分迅速。近几年，无线局域网已经在企业、医院、商店、工厂和学校等场合得到了广泛应用。

无线局域网的不足之处：无线局域网在能够给网络用户带来便捷和实用的同时，也存在着一些缺陷。无线局域网的不足之处体现在以下个方面。

①性能，无线局域网是依靠无线电波进行传输的。这些电波通过无线发射装置进行发射，而建筑物、车辆、树木和其他障碍物都可能阻碍电磁波的传输，所以会影响网络的性能。

②速率，无线信道的传输速率与有线信道相比要低得多。目前，无线局域网的最大传输速率为1Gbit/s，只适合于个人终端和小规模网络应用。

③安全性，本质上无线电波不要求建立物理的连接通道，无线信号是发散的。从理论上讲，很容易监听到无线电波广播范围内的任何信号，造成通信信息泄露。

二、无线局域网的组成

无线局域网通常是作为有线局域网的补充而存在的，单纯的无线局域网比较少见，通常只应用于小型办公室网络中。在无线局域网WLAN中，主要网络结构只有两类：一种就是类似于对等网的Ad-Hoc结构；另一种则是类似于有线局域网中星形结构的Infrastructure结构。

（一）点对点Ad-Hoc结构

无固定基础设施的无线局域网自组网络（Ad Hoc Network），即点对点Ad-Hoc对等结构，相当于有线网络中的多机直接通过网卡互联，中间没有集中接入设备，信号是直接在两个通信端点对点传输的。

在有线网络中，因为每个连接都需要专门的传输介质，所以在多机互联中，一台中可能要安装多块网卡。在WLAN中，没有物理传输介质，信号不是通过固定的传输作为信道传输的，而是以电磁波的形式发散传播的，所以在WLAN中的对等连接模式中，各用户无须安装多块WLAN网卡，相比有线网络来说，组网方式要简单许多。

Ad-Hoc对等结构网络通信中没有一个信号交换设备，网络通信效率较低，所以仅适用于较少数量的计算机无线互连。同时由于这一模式没有中心管理单元，所以这种网络在可管理性和扩展性方面受到一定的限制，连接性能也不是很好。而且各无线节点之间只能单点通信，不能实现交换连接，就像有线网络中的对等网一样。这种无线网络模式通常只适用于临时的无线应用环境，如小型会议室、SCH家庭无线网络等。

移动自组网络的应用前景：在军事领域，携带了移动站的战士可利用临时建立的移动自组网络进行通信；这种组网方式也能够应用到作战的地面车辆群和坦克群，以及海上的舰艇群、空中的机群；当出现自然灾害时，在抢险救灾时利用移动自组网络进行及时的通信往往很有效的。

（二）基于AP的Infrastructure结构

这种基于无线AP的Infrastructure基础结构模式其实与有线网络中的星形交换模式差不多，也属于集中式结构类型，其中的无线AP相当于有线网络中的交换机，起着集中连接和数据交换的作用。在这种无线网络结构中除了需要像Ad-Hoc对等结构中在每台主机上安装无线网卡，还需要一个AP接入设备，俗称“访问点”或“接入点”。这个AP设备就是用于集中连接所有无线节点，并进行集中管理的。当然，一般的无线AP还提供了一个有线以太网接口，用于与有线网络、工作站和路由设备的连接。

这种网络结构模式的特点主要表现在网络易于扩展、便于集中管理、能提供用户身份验证等优势，另外数据传输性能也明显高于Ad-Hoc对等结构。在这种AP网络中，AP和无线网卡还可针对具体的网络环境调整网络连接速率。

另外，基础结构的无线局域网不仅可以应用于独立的无线局域网中，如小型办公室无线网络、SOH。家庭无线网络，也可以以它为基本网络结构单元组建成庞大的无线局域网系统，如ISP在“热点”位置为各移动办公用户提供的无线上网服务，在宾馆、酒店、机场为用户提供的无线上网区等。

第二节 无线个域网与蓝牙技术

一、无线个域网

个域网（PersonalAreaNetwork，PAN）是一种通信范围比局域网更小的网络。根据在传输中实现的功能，可以将通信网分为骨干网和接入网两类。其中，骨干网是国家批准的用来连接多个局域和地区网的互联网，而接入网则是指从骨干网到用户终端之间的所有设备。如果把接入网称为迈向数字家庭的“最后1千米”，那么个域网就是“最后50米”。如今，随着通信技术的不断发展及人们对各种便携式通信设备应用需求的迅速增长，用户计算机及其他通信工具所需连接的外围设备不断增多，这无疑会带来各种复杂的连接线，或者需要用户频繁地插拔某一接口，使用户在体验新技术带来的新体验的同时，又不得不忍受一些不便。此外，用户对网络通信的移动化也提出了更高的要求，当然，这也需要以没有复杂连线为前提。如何让距离很近的通信设备之间进行无线互联，成为无线个域网需要解决的问题。至此，继无线局域网及无线城域网之后，随着无线个域网的出现，无线接入产业链变得更加完善。

作为在便携式电子产品和通信设备之间进行特别短距离连接的网络，无线个域网一般具有两个特点：一是网络中的设备通常既能承担主控功能，又能承担被控功能；二是任一设备加入或离开现有网络可以非常便捷。无线个域网技术的存在就是为了实现活动半径更小、业务类型更丰富的无缝连接的无线通信。在网络结构上，个域网位于整个网络链的末端，用于实现相距很近的终端与终端间的连接。

无线个域网工作在个人操作系统下，需要相互通信的装置构成一个网络，并且无须任何中央管理装置。这种网络最重要的特性是采用动态拓扑以适应网络节点的移动性，其优点是按需建网、容错力强、连接不受限制。在无线个域网络中，一个装置用作主控，其他装置作为从属，系统适合传输文字、图像、MP3 和视频等多种类型的文件。WPAN 通常由以下4个层面构成。

（一）应用软件和程序

该层面由主机上的软件模块组成，控制无线个域网模块的运行。

（二）固件和软件栈

该层面管理链接的建立，并规定和执行QoS要求。这个层面的功能常常在固件和软件中实现。

（三）基带装置

基带装置主要负责数据传送所需的数字数据处理，其中包括编码、封包、检错纠错等环节。此外，基带还定义装置运行的状态，并与主控制器接口交互作用。

（四）无线电

无线电链路负责处理经D/A和AV/D变换的所有输入/输出数据，它接收来自和到达基带的数据，并接收来自和到达天线的模拟信号。

由于无线个域网设备具有价格低廉、体积小、易操作和功耗低等优点，并且可以随时随地为用户实现设备间的无缝通信，使用户能够通过移动电话、局域网或广域网的接入点接入互联网，因此有巨大的市场潜力。目前，尽管有关WPAN的各种标准还在不断修改，但已展现出强大的生命力，国内外的通信、计算机和软件企业也正如火如荼地对WPAN的各项技术展开研究，酝酿着更大的技术突破。

二、蓝牙技术

蓝牙技术（Bluetooth）是一种较为高速和普及的技术，常用于短距离的无线个域网。

（一）蓝牙设备的通信连接

蓝牙系统既可以实现点对点连接，也可以实现一点对多点连接。在一点对多点连接的情况下，信道由几个蓝牙单元分享。两个或者多个分享同一信道的单元构成所谓的微微网。

蓝牙主设备最多可与一个微微网（一个采用蓝牙技术的临时计算机网络）中的7个设备通信，当然，并不是所有设备都能够达到这一最大量。设备之间可通过协议转换角色，主设备也可转换为从设备。比如，一个头戴式耳机如果向手机发起连接请求，作为连接的发起者，自然就是主设备，但随后也许会作为从设备运行。

蓝牙核心规格提供两个或两个以上的微微网连接，以形成分布式网络，让特定的设备在这些微微网中同时自动分别扮演主和从的角色。

数据传输可随时在主设备和其他设备之间进行（应用极少的广播模式除外）。主设备可选择要访问的从设备，典型的情况是，它可以在设备之间以轮替的方式快速转换。因为是主设备来选择要访问的从设备，从理论上讲，从设备就要在接收槽内待命，主设备的负担要比从设备少一些。主设备可与7个从设备连接，但从设备却很难与一个以上的主设备相连。规格对于散射网中的行为要求是模糊的。

（二）蓝牙技术应用

目前，蓝牙技术已经应用在了生活中的许多方面。现在常用的蓝牙技术产品有蓝牙耳机、蓝牙鼠标、蓝牙自拍杆、蓝牙智能手环、蓝牙游戏手柄等。

蓝牙技术常见应用包括以下方面：

（1）移动电话和免提设备之间的无线通信。

（2）使特定距离内的计算机组成无线网络。

（3）计算机与外设的无线连接，如鼠标、耳机、打印机等。

（4）蓝牙设备之间的文件传输。

（5）家用游戏机的手柄，包括PS4、PS3、Nintendo Wii等。

（6）依靠蓝牙，可以使计算机通过手机网络上网。

第三节　无线传感器网络技术

无线传感器网络是一种全新的信息获取和信息处理技术，它集传感器技术、微电子机械系统（MEMS）技术和网络技术于一体，具有自组织、自适应性。一个无线传感器网络是由多个传感器节点组成的一个传感器群体，传感器网络中的每个节点由一个或多个传感器个体组成。某个节点所采集到的信息转化为无线电信号后，信号在这些节点中按某种路由传递，最后由某些具有数据处理能力的节点进行处理。无线传感器网络最先源于军方的研究，现在已经逐渐成长为一门受到广泛关注的新兴技术，拥有非常广阔的应用前景。

一、无线传感器网络节点

（一）节点

节点具有传感、信号处理和无线通信功能，它们既是信息包的发起者，也是信息包的转发者。通过网络自组织和多跳路由，将数据向网关发送。网关可以使用多种方式与外部网络通信，如Internet、卫星或移动通信网络等，大规模的应用可能使用多个网关。

节点由于受到体积、价格和电源供给等因素的限制，通信距离较短，只能与自己通信范围内的邻居交换数据。要访问通信范围以外的节点，必须使用多跳路由。为了保证网络内大多数节点都可以与网关建立无线链路，节点的分布要相当密集。

在不同的应用中，传感器节点设计也各不相同，但它们的基本结构是一样的，主要包括电池及电源管理电路、传感器、信号调理电路、AD转换器件、存储器、微处理器和射频模块等。节点采用电池供电，一旦电源耗尽，节点就失去了工作能力。为了最大限度地节约电源，在硬件设计方面，要尽量采用低功耗器件，在没有通信任务的时候，切断射频部分电源；在软件设计方面，各层通信协议都应该以节能为中心，必要时可以牺牲其他一些网络性能指标，以获得更高的电源效率。

（二）无线传感器网络节点的特点

1.硬件资源有限

节点由于受价格、体积和功耗的限制，其计算能力、程序空间和内存空间比普通的计算机功能要弱很多。这一点决定了在节点操作系统设计中，协议层次不能太复杂。

2.电源容量有限

网络节点由电池供电，电池的容量一般不是很大。其特殊的应用领域决定了在使用过程中，不能给电池充电或更换电池，一旦电池能量用完，这个节点也就失去了作用（死亡）。在传感器网络设计中，任何技术和协议的使用都要以节能为前提。

3.无中心

无线传感器网络中没有严格的控制中心，所有节点地位平等，是一个对等式网络。结点可以随时加入或离开网络，任何结点的故障不会影响整个网络的运行，具有很强的抗毁性。

4.自组织

网络的布设和展开无须依赖任何预设的网络设施，节点通过分层协议和分布式算法协调各自的行为，节点开机后就可以快速、自动地组成一个独立的网络。

5.多跳路由

网络中节点通信距离有限，一般在几百米范围内，节点只能与它的邻居直接通信。如果希望与其射频覆盖范围之外的节点进行通信，则需要通过中间节点进行路由。固定网络的多跳路由使用网关和路由器来实现，而无线传感器网络中的多跳路由是由普通网络节点完成的，没有专门的路由设备。这样每个节点既可以是信息的发起者，也可以是信息的转发者。

6.动态拓扑

无线传感器网络是一个动态的网络，节点可以随处移动；一个节点可能会因为电池能量耗尽或其他故障，退出网络运行；一个节点也可能由于工作的需要而被添加到网络中。这些都会使网络的拓扑结构随时发生变化，因此网络应该具有动态拓扑组织功能。

7.节点数量众多

为了对一个区域执行监测任务，往往有成千上万传感器节点空投到该区域。传感器节点分布非常密集，利用节点之间高度连接性来保证系统的容错性和抗毁性。

（三）无线传感器网络的通信协议

自组织无线传感器网络通信协议主要包括物理层、数据链路层、网络层和传输层，无线传感器网络自身的特点决定了它不能使用目前已经存在的一些标准协议。国外的研究工作者为无线传感器网络的各个层次都提出了一些解决方案，但总的来说，到目前为止并没有形成被广泛认可的标准，其内容可归纳如下。

1.物理层

物理层负责载波频率产生、信号的调制解调等工作。节点的设计主要有两种方法，一种是利用市场上可以获得的商业元器件构建传感器节点；另一种方法是采用MEMS和集成电路技术，设计包含微处理器、通信电路、传感器等模块的高度集成化传感器节点，如智能尘埃（smart dust）、无线集成网络传感器（WINS）等。

无线传感器网络的载波媒体可能的选择包括红外线、激光和无线电波。为了提高网络的环境适应性，所选择的传输媒体应该是在多数地区都可以使用的。红外线的使用不需要申请频段，不会受到电磁信号干扰，而且红外线收发器价格便宜。另一种可能的通信方式是激光，激光通信保密性强、速度快。但红外线和激光通信的一个共同问题是要求发送器和接收器在视线范围之内，这对节点随机分布的无线传感器网络来说，难以实现，因而使用受到了限制。在国外，已经建立起的无线传感器网络中，多数传感器节点的硬件设计多基于射频电路。

2.数据链路层

数据链路层负责媒体访问和差错控制。媒体访问协议保证可靠的点对点和点对多点通信，错误控制则保证源节点发出的信息可以完整、无误地到达目标节点。

（1）媒体访问控制协议（MAC）

在传感区域内，成千上万的节点随机分布，MAC协议要在节点之间建立链路，保证所有的节点可以公平、有效地利用有限的带宽。传统的无线网络内，主要的评价指标有吞吐量、带宽利用率、公平性和延时等，但对于无线传感器网络来说，电源效率是第一位的，有时甚至不惜牺牲其他方面来获得更高的电源效率。MAC协议是一个非常活跃的研究领域，研究者已经提出了很多的建议方案，这些协议可以大致划分为以随机竞争为基础和预约的媒体访问控制协议。

①以竞争为基础的MAC协议。IEEE 802.11的MAC协议就是以竞争为基础的协议，它可以简单可靠地处理多跳网络中的隐藏节点问题，因此被广泛应用于AdHoc网络（移动自组织网络）中。但该协议要求射频接收部分一直处于侦听状态，消耗了大量的能量，不适合无线传感器网络。

为了避免射频接收部分对无线信道的持续侦听，可以在传感器节点通信射频之外，使用一个低功率唤醒射频。节点之间的通信采用载波侦听多路访问——冲突避免技术（CSMA/CA），通信完毕，通信射频进入睡眠状态（关闭通信射频的电源）。如果一个节点希望与邻居通信，它首先使用唤醒射频通知目标节点，虽然所有的邻居都能接收到这个信息，但只有被呼叫的目标节点能打开通信射频准备通信。这个协议可以避免通信射频接收部分对无线信道的持续侦听，节约了电能。

②基于预约的MAC协议。另一类MAC协议依赖预约，目前研究文献所介绍的大多数基于时分多址协议，主要有传感器网络的自组织媒体访问控制协议、节能MAC、侦听和注册。

S-MACS是一个分布式协议，使用该协议节点可以发现自己的邻居，并建立通信链路。每个节点维持一个TDMA框架，称为超级框架。在超级框架内，节点周期性的睡眠和通信。每个节点安排不同的时隙与邻居通信，没有通信任务时，节点关闭射频器件的电源，进入睡眠状态，以节约电源。

在算法的启动阶段，节点随机苏醒并查找自己的邻居。当一个新的邻居被发现时，两个节点都空闲的第一个时隙被分配一个信道，并永久地加入它们的TDMA框架中。为了减少相邻节点之间的冲突，每个链路在可选的载波频率中随机选择一个。随着时间的推移，节点不断增加邻居列表，最后节点与所有的邻居都建立通信链路。一旦一个链路形成，节点就可以在通信之前适当的时候打开射频收发器，这样可以有效地节约电能。

节能MAC在S-MACS基础上，添加了虚拟计数器的功能，可以提高无线传感器网络对于长信息包的处理能力。节点在发送长信息包之前，广播将要发送的信息包长度，邻居节点收到这样的信息后，就进入睡眠状态，直到预计长信息包发送结束，才开始对信道进行侦听。这样可以避免对信道的无用侦听，节约了电能。

EAR协议用于移动节点和固定节点之间的通信，为无线网络提供移动节点的处理。为了节约固定节点的电能，移动节点完全负责连接的建立和断开。移动节点进入一个新的区域，就启动EAR算法，试图与该区域内的静止节点建立连接。一旦某个连接的信噪比下降到一定水平之下，就断开这个连接。

（2）差错控制协议

数据链路层的另一个作用是差错控制。网络中信号传送的错误主要是由无线链路噪声引起的，包括高斯噪声和脉冲噪声。高斯噪声的振幅在频谱上是均匀一致的，它通常引发随机的单一位（bit）独立差错。脉冲噪声最具破坏性，它的特点是长时间静止，突然爆发高振幅的脉冲，数字通信系统中的大部分差错都是由脉冲噪声造成的。

在无线传感器网络中，两个主要的差错控制模式是前向错误纠正（FEC）和自动重复请求（ARQ）。FEC算法要求在传输的数据中提供足够的冗余信息，当接收的数据出现错误时，接收站点可以根据冗余信息来修正错误。FEC对于改正单一位差错是行之有效的，但对于多重错误的修正则需要传输大量的冗余信息，而且解码复杂性相对研究工作表明，如果解码由微处理器来执行，则FEC是不节能的，建议采用硬件实现。

ARQ方法有两种：连续ARQ和停止（或等待）ARQ，连续ARQ要求接收节点有大量的缓冲空间来存储已经接收的数据，由于硬件条件的限制，这一点难以实现，所以在无线传感器网络中主要使用的是停止（或等待）ARQ。其基本思想是源节点发出一个信息包后，等待目标节点的回复，若目标节点发现一个错误，或者源节点未收到确认信号，源节点将数据包重新发送。这种方法要求目标节点对每个接收的信息包进行确认，占用了带宽，使得能量开销增大，因而在无线传感器网络中的作用受到了限制。

综合考虑这些因素，具有低复杂性编码、解码的简单错误控制方案可能是无线网络传感器的最佳解决方案。

3.网络层

网络层协议负责路由的发现和维护，是无线传感器网络的重要因素，一个网络设计的成功与否，路由协议非常关键。无线传感器网络中，大多数节点无法直接与网关通信，需要通过中间节点进行多跳路由。

无线传感器网络路由协议按照最终形成的拓扑结构，可以划分为平面路由协议和分级路由协议。在平面路由协议中，所有节点的地位是平等的，原则上不存在“瓶颈”问题。其缺点是可扩充性差，维护动态变化的路由需要大量的控制信息。在分级结构的网络中，群成员的功能比较简单，不需要维护复杂的路由信息。这大大减少了网络中路由控制信息的数量，具有很好的可扩充性，其缺点是簇头结点可能会成为网络的“瓶颈”。

（1）平面路由协议

平面路由协议主要有连续分配路由协议（Sequenti Alassignment Routing，SAR）、基于最小代价场的路由协议、通过协商的传感器协议（Sensor Protocols for Information via Negotiation，SPIN）。

①连续分配路由协议（SAR）。SAR算法产生很多的树，每个树的根节点是网关的一跳邻居。在算法的启动阶段，树从根节点延伸，不断吸收新的节点加入。在树延伸的过程中，避免包括那些服务质量（QoS）不好的节点、电源已经过度消耗的节点。在启动阶段结束时刻，大多数节点都加入了某个树。

这些节点只需要记忆自己的上一跳邻居，作为向网关发送信息的中继节点。在网络工作过程中，一些树可能由于中间节点电源耗尽而断开，也可能有新的节点加入网络，这些都会引起网络拓扑结构的变化。所以，网关周期性地发起“重新建立路径”的命令，以保证网络的连通性和最优的服务质量。

②基于最小代价场的路由协议。采用基于最小代价场的路由算法，每个节点只需要维持自己到接收器的最小代价，就可以实现信息包路由。最小代价的定义是沿着最优路径，从一个节点到网关的最小代价。这样的代价可以有多种形式，如跳数，消耗的能量或者是延时等。

③通过协商的传感器协议（SPIN）。SPIN通过协商和资源调整，可以克服经典的扩散法（Flooding）的缺点。SPIN通过发送描述传感器数据的信息，而不是发送所有的数据（如图像）来节省能量。SPIN有三种信息，ADV、REQ和DATA，在发送一个信息之前，传感器节点广播一个ADV信息，信息中包括对自己即将发送数据的描述。如果某个邻居对这个信息感兴趣，它就发送REQ消息来请求数据DATA，数据就向这个节点发送。这个过程一直重复下去，直到网络中所有对这个信息感兴趣的节点都获得了这个信息的一个拷贝。

（2）分级路由协议

分级路由协议主要有低能量自适应分群（Low Energy Adaptive Clustering Hierarchy，LEACH）、门限敏感的传感器网络节能协议（Thresholdsensitive Energy Efficientsensor Networkprotocol，TEEN）。

①低能量自适应分群（LEACH）。LEACH是以群为基础的路由协议，自选择的群头节点从它所在群中的所有传感器节点收集数据，将这些数据进行初步的处理，然后向网关发送。LEACH以“轮（round）”为工作时间单位，每一轮分为两个阶段：启动阶段和稳定阶段。在启动阶段，主要是传送控制信息，建立节点群，并不发送实际的传感数据。为了提高电源效率，稳定阶段应该比启动阶段有更长的持续时间。

在每二轮的启动阶段，传感器节点在0和1之间选择一个随机数来决定是否成为群头。如果选择的随机数小于某一设定的阈值，该节点就是一个群头。

群头节点产生后，向网络中所有的节点宣布它们是新的群头节点，未被选择作为群头的传感器节点接收到这样的广播信息，根据预先设定的参数，如信噪比、接收信号强度等来决定自己加入哪个群。节点选择加入某个群，并向该群头节点发出信息；群头节点根据群内节点的信息，产生一个时分多址（TDMA）方案，为每个节点分配一个通信时隙，只有在属于自己的时隙内，节点才可以向群头节点发送数据。

在稳定阶段，传感器节点以固定的速度采集数据，并向群头节点发送，群头在向网关发送数据之前，首先要对这些信息进行一定程度的融合。稳定阶段经过一定的时间后，网络重新进入启动阶段，进行下一轮的群头选择。

②门限敏感的传感器网络节能协议（TEEN）。TEEN与上面介绍的LEACH算法相似，但传感器节点的数据不是以固定的速度发送的。只有当传感器检测的信息超过了设定的门限，才向群头节点发送数据。

4.传输层

传输层负责将传感器网络的数据提供给外部网络。由于传感器节点硬件条件的限制，传输层协议的开发存在一定的困难，每个节点不可能如同Internet上服务器那样存储很多的信息。在目前国外已经开发出的一些演示系统中，都采用一个特殊的节点作为网关，它的硬件配置和电源供给有别于普通节点。网关采集传感器网络内的传感器数据，使用卫星、移动通信网络、Internet或者其他的链路与外部网络通信。

（四）节点定位问题

节点的准确定位是无线传感器网络应用的重要条件。由于其工作区域通常是人类不适合进入的区域，节点的位置都是随机的。节点所采集到的数据必须结合其在测量坐标系内的位置信息才有意义，没有位置信息的数据几乎没有太大利用价值。无线传感器网络要在这些特殊的区域应用，首先必须解决的问题是以最小的通信开销和硬件代价实现节点定位。

获得节点位置的一个直接想法是使用全球定位系统（GPS）来实现，但在无线传感器网络中使用GPS来获得所有节点的位置受到价格、体积、功耗等因素限制，存在着一些困难。目前主要的研究工作是利用少量已知位置节点（参考节点，采用GPS定位或者预先放置的节点），来获得其他节点的位置信息。

二、无线传感器网络在高速公路监控系统中的应用

在高速公路重点路段或交通事故易发地段，通过布置无线传感器网络系统来采集行驶车辆之间的相对速度、车距等参数，并在这些参数达到危险范围值之内时，向驾驶员提供报警信息，采取措施避免事故的发生，起到对高速公路严重汽车追尾事故的预防作用。

（一）系统的总体框架

与现有交通监控系统相同，可以采用分层管理的三层结构来构建此系统。但无线传感器网络将作为监测子系统的外场设备的重要基础部分，来实现严重汽车追尾的预防、能见度极低情况下的信息采集等功能，实现对汽车追尾事故的预防，可以构建一个功能更加完善、效率更高的高速公路交通监控系统。

（二）系统的主要组成

1.监控中心

监控中心负责接收各分中心监控系统传输的各种数字和图像信息，监控整条高速公路的交通运行状况，并向各监控分中心发布各种控制命令。

2.监测子系统

由各种外场设备自身所形成的相对独立的监测车流、路况、能见度以及气象状况等的监测子系统，以及无线传感器网络监测子系统，还包括用于发布各种警示和诱导信息的显示子系统、用于事故报警的紧急电话报警子系统及用于观察道路交通状况的闭路电视监视子系统等。

（三）系统的主要功能

高速公路交通监控系统需要实现的一般功能：及时准确地采集车流、路况以及主要交通设施的状态信息等；对高速公路实现全程、实时、不间断监控；根据监控系统所获取信息，迅速采取相应处理和优化控制方案，并立即执行；建立多种信息发布渠道，为用户提供有用信息；对交通事故作出快速响应，迅速排除事故根源和提供救援服务等。

将无线传感器网络与传统信息获取技术结合，构建新型高速公路交通监控系统。不仅可以实现现有高速公路交通监控系统的功能，而且增加对高速公路严重汽车追尾事故的预防作用。

（四）网络监测子系统的构成

1.无线传感器网络

无线传感器网络是该系统的基础，不同于其他无线网络，如无线Ad-hoc网的节点数目有限，无线传感器网络的节点数目庞大，且可扩展，可拥有足够多节点，在用于跟踪、监控时，测量精度高。在高速公路交通监控系统中，需要测量车辆的速度、位置等参数，可以应用磁力传感器来协作测量这些参数。该系统中的分布式传感器网络基本可分为三层，即底层传感器节点、基站、处理中心，并具有信息发布装置可以向车辆发送信息。

（1）底层传感器节点

为了测量监控区域中行驶车辆的相对速度、车距等参数，可以选择使用非接触式测量的磁力传感器。底层传感器节点采集信息后，由传感器本身的处理器对信息进行初步处理，并通过通信接口将处理过的信息发送给上层的基站，基站对所属区域内所有节点传递的信息进行融合处理后，获得进一步的测量数据的结果。系统内所有基站的数据将传送给系统的处理中心。处理中心是整个系统的中心和决策机构，具有相应的数据库系统，并具有控制决策功能，在某车辆与前车之间的相对速度、车距达到所设置的危险值范围之内时，处理中心负责通过信息发布装置向危险车辆发布报警信息，危险车辆通过车载收发装置接收到报警信息后，即可提醒驾驶员及时采取减速等措施避免与前车相撞。

（2）基站

基站应比负责信息采集的传感器节点具有更多能源和更大处理能力，对本区域内所有节点所采集和初步处理后的信息进行融合处理，计算出监控系统所需要的有用参数。

（3）处理中心

处理中心位于该监控系统的最上层，负责处理、分析下层传送上来的信息，对监控路段内的所有车辆的运行状况及时了解，并进行决策。

2.信息发布装置

无线传感器网络负责从高速公路的路面获取有用交通信息，并汇总到数据处理中心，而信息发布装置则主要负责向高速公路路面行驶车辆实时发布有用的交通信息，如行驶车辆与前车之间的相对速度、车距等参数。当这些参数处于设定危险值范围之内时，信息发布装置负责向目标车辆发布危险警告信息。

3.车载收发装置

车载收发装置主要由无线接收及发送装置、报警、显示等组成。负责接收由信息发布装置以及高速公路监控系统的监控中心所发布的路况信息以及危险警告信息等，提醒驾驶员采取相应措施以避免追尾事故的发生。

（五）系统的工作过程

无线传感器网络传感器节点能量有限，为了延长传感器使用寿命，必须有效利用能源。为了节省能耗，传感器节点可以处于两种状态：工作状态和休眠状态。当车辆进入无线传感器监测子系统的监控范围后，底层传感器节点可通过磁力传感器来采集车辆的行驶速度等重要信息，也可与车载收发装置进行信息交互，同时向其相邻的处于休眠状态的传感器节点发送信息以唤醒其恢复工作状态。传感器节点可采用固定距离的方式进行布置，当第一个磁力传感器感应到行驶车辆时，便向下一个相邻的磁力传感器发送信息，则下一个磁力传感器接收信息后在由休眠状态转为工作状态的同时，其时钟计时器触发并开始计时，当其本身也感应到同一行驶车辆时，即可计算出车辆在两个传感器节点的固定距离之间行驶所用的时间，通过距离和时间算出行驶车辆该段距离内的平均速度。多个传感器节点将各自采集并初步处理后的信息传送给基站，由基站进行数据融合处理，获得行驶车辆与前车之间的相对速度、相对距离等参数。当相对速度、相对距离等参数达到系统所设定的危险值范围之内时，则系统直接向行驶车辆发送报警信号，车载收发装置收到报警信号可提醒驾驶人员采取紧急措施以避免汽车追尾。这种以无线信号发布的信息在能见度非常低的雾雪天气或夜晚尤为重要。因为在能见度非常低的条件下，所有依靠指示灯、指示牌等形式工作的预警装置、指示装置都将发挥不出充分作用，而采用无线电波传送信息的无线传感器不会受到这些因素的制约，而且其传输速度非常快，可以提高监控系统的实时性，当交通事故已经发生时，为了避免更为严重的多辆汽车连环追尾事故发生，事故信息的及时发布以及事故的及时处理极其重要，这就要求事故发生的信息能够实时地发送到监控中心，并由监控中心向路面行驶的车辆发布。

总之，将无线传感器网络与传统信息获取技术结合所构建的新型高速公路交通监控系统，更加完善现有高速公路交通监控系统的功能，对高速公路严重汽车追尾事故起到预防作用。

第六章　计算机网络信息安全技术

第一节　网络信息安全基础

一、信息的安全需求

计算机网络信息系统的安全需求主要有四方面表征：保密性、完整性、可用性和不可否认性。

保密性表示对信息资源开放范围的控制，不让不应涉密的人涉及秘密信息。实现保密性的方法一般是通过信息的加密，对信息划分密级，并为访问者分配访问权限，系统根据用户的身份权限控制对不同密级信息的访问。除了考虑数据加密、访问控制外，还要考虑计算机电磁泄漏可能造成的信息泄露。

完整性是指保证计算机系统中的信息处于“保持完整或一种未受损的状态”，任何对系统信息应有特性或状态的中断、窃取、篡改或伪造都是破坏系统信息完整性的行为。其中，中断是指在某一段时间内因系统的软件、硬件的故障或恶意的破坏、删除造成系统信息的受损、丢失或不可利用；窃取是指系统的信息被未经授权的访问者非法获取，造成信息不应有的泄露，使得信息的价值受到损失或者失去了存在的意义；篡改是指故意更改正确的数据，破坏了数据的真实性状态；伪造是指恶意的未经授权者，故意在系统信息中添加假信息，造成真假信息难辨，破坏了信息的可信性。

可用性是指合法用户在需要的时候，可以正确使用所需的信息而不遭到系统拒绝。系统为了控制非法访问可以采取许多安全措施，但系统不应该阻止合法用户对系统中信息的利用。信息的可用性与保密性之间存在一定的矛盾。

不可否认性是指网络信息系统应该提供适当保证机制，使发送方不能否认已发送的信息，使接收方不能否认已接收的信息。这种不可否认性是电子商务、电子政务等领域中不可或缺的安全性要求。

二、网络信息安全的层次性

为了确保网络信息安全，必须考虑每个层次可能的信息泄露或所受到的安全威胁。因此，这里将从以下几个层次分析网络信息安全问题：计算机硬件与环境安全、操作系统安全、计算机网络安全、数据库系统安全和应用系统安全。

计算机硬件与环境安全主要介绍计算机硬件防信息泄露的各种措施，其中包括防复制技术、敏感数据的硬件隔离技术、硬件用户认证技术、防硬件电磁辐射技术和计算机运行环境安全问题。

操作系统安全主要介绍操作系统的各种安全机制，其中包括各种安全措施、访问控制和认证技术；可信操作系统的评价准则；操作系统的安全模型和可信操作系统的设计方法，其中有单级模型、多级安全性的格模型和信息流模型。操作系统的安全模型主要研究如何监管主体（用户、应用程序、进程等）集合对客体（用户信息、文件、目录、内存、设备等）集合的访问，在这里，客体也称为目标或对象。

计算机网络安全主要介绍与网络功能有关的各种安全问题，如传输信息加密、访问控制、用户鉴别、节点安全、信息流量控制、局域网安全、网络多级安全等问题，还要介绍ISO的网络安全框架和目前正在发展的各种网络安全增强技术。

数据库系统安全主要介绍数据库的完整性、元素的完整性、可审计性、访问控制、用户认证、可利用性、保密性等问题。还要介绍数据库安全的难点问题：敏感数据的泄露与防范，将讨论直接泄露与推理泄露问题。

应用系统安全主要介绍应用系统可能受到的程序攻击、因编程不当引起敏感信息开放的问题、隐蔽信道问题、导致服务拒绝的原因、开发安全的应用系统的方法、操作系统对应用系统的安全控制与软件配置管理等内容。

三、信息对抗的阶段性

信息安全与信息对抗的方法与手段是密切相关的，熟悉信息对抗的特点是有助于信息安全的。信息的生命期是指信息从产生到消亡的整个过程，可以划分为若干个阶段：信息获取、信息传输、信息存储、信息处理、信息作用、信息废弃等。任何主体要想达到某种目的，比如某公司希望到某国开拓市场，那么首先应该派人到该国了解市场的需求信息，这叫信息获取；这些信息通过无线与有线信道传输到国内公司的计算机系统，存储到数据库中，这里经历了信息传输和信息存储两个阶段，当然在数据库中还存放着该公司的生产能力、销售网络、成本核算等信息；为了决策是否到国外开拓市场，需要利用决策软件对信息进行处理和做出相应的决策；信息作用则是把决策信息返回给前端的执行机构，由执行机构实现决策的意图；信息一般都具有时效性，过了某个时效后，信息也就失去了作用，失去效用的信息应该及时废弃。信息的时效可以由需要决定，为了留作历史资料，需要对一些信息做长时间的存储保留。

利益冲突的双方进行的信息对抗遍布信息生命期的每个阶段，而且在不同的阶段采取不同的对抗形式。在信息获取阶段，对抗的一方需要获取对方真实完整的信息，而另一方则可以通过各种手段，如伪装、欺骗的方法使对方不能获取所需要的信息。在信息传输阶段，对抗的一方要设法让信息正确传输到目的地，而另一方则通过截获、弄假、干扰等手段妨碍信息的正确传输。在信息的存储阶段，对抗的双方围绕信息的完整性和保密性展开争斗。信息处理阶段的信息对抗体现为双方信息处理与决策支持系统之间的对抗。在信息作用阶段的信息对抗则体现为对双方信息执行机构控制权的争夺。网络黑客对信息的攻击一般都集中在信息的传输、存储和决策处理三个阶段中。要针对不同阶段中信息所处的不同状态来研究不同的对抗手段。

四、网络信息安全概念与技术的发展

随着人类社会对信息的依赖程度越来越强，人们对信息的安全性越来越关注。随着应用与研究的深入，信息安全的概念与技术不断得到创新。早期在计算机网络广泛使用之前主要是开发各种信息保密技术，因特网在全世界范围商业化应用之后，信息安全进入网络信息安全阶段。近几年又发展出了“信息保障（Information Assurance，IA）”的新概念。

下面将介绍信息安全各个发展阶段的主要内涵与所开发的新概念与新技术。

信息安全的最根本属性是防御性，主要目的是防止己方信息的完整性、保密性与可用性遭到破坏。信息安全的概念与技术是随着人们的需求，随着计算机、通信与网络等信息技术的发展而不断发展的。大体可以分为单机系统的信息保密、网络信息安全和信息保障3个阶段。

（一）单机系统的信息保密阶段

为了验证与评价计算机信息系统的安全性，20世纪八十年代，人们研究出了一批信息系统安全模型和安全性评价准则，主要有以下几种：访问矩阵模型，这是一种最基本的访问控制模型；多级安全模型，包括军用安全模型、基于信息保密性的BLP（Bell-LaPadula）信息流模型与基于信息完整性的Biba信息流模型；一些用于理论研究的抽象安全模型，如GD（Graham-Denning）模型、对GD模型的修正模型——HRU模型和Take-Grant保护系统（TGS）等。20世纪80年代，美国国防部推出了可信计算机系统评价准则TC-SEC，该标准是信息安全领域中的重要创举，也为后来由英、法、德、荷四国联合提出的包含保密性、完整性和可用性概念的“信息技术安全评价准则”（ITSEC）及“信息技术安全评价通用准则”（CC for ITSEC）的制定打下了基础。

（二）网络信息安全阶段

在该阶段，除了采用和研究各种加密技术外，还开发了许多针对网络环境的信息安全与防护技术，这些防护技术是以被动防御为特征的。具体如下。

1.安全漏洞扫描器

用于检测网络信息系统存在的各种漏洞，并提供相应的解决方案。

2.安全路由器

在普通路由器的基础上增加更强的安全性过滤规则，增加认证与防瘫痪性攻击的各种措施。安全路由器完成在网络层与传输层的报文过滤功能。

3.防火墙

在内部网与外部网的入口处安装的堡垒主机，在应用层利用代理功能实现对信息流的过滤功能。

4.入侵检测系统（IDS）

根据已知的各种入侵行为的模式判断网络是否遭到入侵的一类系统，IDS一般也具备告警、审计和简单的防御功能。

5.各种防网络攻击技术

其中包括网络防病毒、防木马、防口令破解、防非授权访问等技术。

6.网络监控与审计系统

监控内部网络中的各种访问信息流，并对指定条件的事件做审计记录。

在这个阶段还开发了许多网络加密、认证、数字签名的算法和信息系统安全评价准则（如CC通用评价准则）。这一阶段的主要特征是对于自己部门的网络采用各种被动的防御措施与技术，目的是防止内部网络受到攻击，保护内部网络的信息安全。

（三）信息保障阶段

1.信息保障框架

信息保障（IA）依赖于人、技术及运作三者去完成使命（任务），还需要掌握技术与信息基础设施。要获得鲁棒（健壮）的信息保障状态，需要通过组织机构的信息基础设施的所有层次的协议去实现政策、程序与技术。IATF主要包含：说明IATF的目的与作用（帮助用户确定信息安全需求和实现他们的需求）；说明信息基础设施及其边界、IA框架的范围及威胁的分类和纵深防御策略；DiD的深入介绍；信息系统的安全工程过程（ISSE）的主要内容；各种网络威胁与攻击的反制技术或反措施；信息基础设施、计算环境与飞地的防御；信息基础设施的支撑（如密钥管理/公钥管理，KMI/PKI）、检测与响应及战术环境下的信息保障问题。下面简要介绍IA框架的区域划分和纵深防御的目标、ISSE

的主要内容和信息安全技术的反制措施。

信息基础设施的要素包括网络连接设施和各单位内部包括局域网在内的计算设施。网络连接设施包括由传输服务提供商TSP提供专用网（其中还可能包括密网）、因特网（Internet）和通过因特网服务提供商ISP提供信息服务的公用电话网与移动电话网。

IA框架是建筑在上述信息基础设施上的。IA划分为四类区域。

（1）本地计算环境

本地计算环境包括服务器、客户机，以及安装在它们上面的应用软件。应用软件包括那些提供调度、时间管理、打印、字处理和目录服务等功能的软件，为用户提供信息处理的平台。

（2）飞地边界

飞地边界是指围绕本地计算环境的边界。受控于单个的安全策略，并通过局域网互联的本地计算设备的一个集合称为一个“飞地”（enclave）。由于针对不同类型和不同级别的信息的安全策略是不同的，所以一个单个的物理设施会有多个飞地。对一个飞地内设备的本地和远程访问必须满足该飞地的安全策略。飞地分为与内部网连接的内部飞地、与专用网连接的专用飞地和与因特网连接的公众飞地。

（3）网络及其基础设施

网络及其基础设施提供了飞地之间的连接能力，包括可运作区域网络（Operational Area Networks，OAN）、城域网（MAN）、校园网（CAN）和局域网（LAN），其中也包括专用网、因特网和公用电话网及它们的基础设施。

（4）基础设施的支撑

基础设施的支撑提供了能应用信息保障机制的基础设施。支撑基础设施为网络、终端用户工作站、Web服务器、文件服务器等提供了安全服务。在IATF中，支撑基础设施主要包括两方面：一是密钥管理基础设施（KMI），包括公开密钥基础设施（PKI）；二是检测与响应基础设施。

2.信息系统安全工程过程（ISSE）

ISSE主要告知人们如何根据系统工程的原则构建安全信息系统的方法、步骤与任务。系统工程全过程主要包括以下步骤与任务：

（1）发现需求

具体包括以下任务：

①使命/业务的描述。使命是指一个单位所担负的特定任务，由任务可以划分为功能。

②有关政策方面的考虑。例如，国家或军队的信息管理要求；原始与历史资源的管理要求；与C31系统的兼容性、互操作与集成要求等。

（2）系统功能的定义

①目标。确定系统的功能及与外部的接口，并转换成工程图的定义、接口与系统的边界。

②系统的上下文环境。包括系统的物理及逻辑边界、连接到系统的输入和输出的特点，还应标明支持用户完成使命所需的信息处理类型（交互通信、广播通信、信息存储、一般访问、受限访问等）。

③要求。描述任务、行动及完成系统需求的活动等。

（3）系统的设计

①功能分配。

②概要设计。

③详细设计。

（4）系统的实现

①获得一切必要的资源，包括通过采办手段。

②按照需求构建系统。

③系统测试。

④评估性能。

（5）SSE过程

ISSE作为上述系统工程过程的一个子过程，其重点是针对信息保护方面的需求，从理论上讲它是与上述系统工程平行出现的，分布在各个阶段。ISSE的活动包括：

①描述信息保护的需求。

②基于前述系统工程过程，形成信息安全方面的要求（安全要适度）。

③根据这些要求构建功能性的信息安全体系结构。

④把信息保护功能分配给物理体系结构及逻辑体系结构。

⑤在系统设计中实现信息保护体系结构。

⑥实现适度安全，在费用、进度及运作合适度与有效度的总体范围内平衡信息保护风险管理及ISSE的其他方面的考虑。

⑦参与和其他信息保护及系统工程条令有关平衡、折中的研究，以及使命、威胁、政策对信息保护要求的影响。

3.信息安全的技术反制措施的强度

反制措施是一种防御网络攻击的专门技术、产品或程序。在有效的安全总体解决方案中，不管技术的还是非技术的反制措施都是非常重要的。但制定合适的技术反制措施需要遵循一些原则，其中包括对各种威胁、重要安全服务的鲁棒性策略、互操作性框架、KMI/PKI的评估。

敌对方信息攻击的目的可以归纳为三大类：非法访问、非法修改和阻止提供合法服务。安全总体解决方案就是为了不让敌方达到他们的目的。己方网络需要提供5种基本安全服务：访问控制、保密性、完整性、可用性及不可否认性。这些安全服务需要利用以下安全机制完成：加密、鉴别或识别（identification）、认证、访问控制、安全管理及可信赖技术，这些机制综合到一起可以构成防止攻击的壁垒。

鲁棒性策略针对某种信息价值和可能遭到的威胁水平，提供一种确定信息安全机制强度的指导思想。这种策略还定义了对技术性反制措施的测量及评估其鲁棒性不同等级的策略。在鲁棒性策略中把信息的价值分为5级（V1～V5），其价值依次递升；威胁分为7级（T1～T7），其大小也依次递升。

第二节　信息安全技术的技术环境

信息安全是一门涉及计算机科学、网络技术、通信技术、密码技术、信息安全技术、应用数学、数论、信息论等多种学科的综合性学科。从广义上来说，凡是涉及网络上信息的保密性、完整性、可用性、真实性和可控性的相关技术和理论都属于信息安全的研究领域。

如今，基于网络的信息安全技术也是未来信息安全技术发展的重要方向。由于因特网是一个全开放的信息系统，窃密和反窃密、破坏与反破坏广泛存在于个人、集团甚至国家之间，资源共享和信息安全一直作为一对矛盾体而存在着，网络资源共享的进一步加强及随之而来的信息安全问题也日益突出。

一、信息安全的目标

无论是在计算机上存储、处理和应用，还是在通信网络上传输，信息都可能被非授权访问而导致泄密，被篡改破坏而导致不完整，被冒充替换而导致否认，也有可能被阻塞拦截而导致无法存取。这些破坏可能是有意的，如黑客攻击、病毒感染；也可能是无意的，如误操作、程序错误等。因此，普遍认为，信息安全的目标应该是保护信息的机密性、完整性、可用性、可控性和不可抵赖性（信息安全的五大特性）。

（一）机密性

机密性是指保证信息不被非授权访问，即使非授权用户得到信息也无法知晓信息的内容，因而不能使用。

（二）完整性

完整性是指维护信息的一致性，即在信息生成、传输、存储和使用过程中不发生人为或非人为的非授权篡改。

（三）可用性

可用性是指授权用户在需要时能不受其他因素的影响，方便地使用所需信息，这一目标对信息系统的总体可靠性要求较高。

（四）可控性

可控性是指信息在整个生命周期内都可由合法拥有者安全地控制。

（五）不可抵赖性

不可抵赖性是指保障用户无法在事后否认曾经对信息进行的生成、签发、接收等行为。

事实上，安全是一种意识，一个过程，而不仅仅是某种技术。进入21世纪后，信息安全的理念发生了巨大的变化，从不惜一切代价把入侵者阻挡在系统之外的防御思想，开始转变为预防—检测—攻击响应—恢复相结合的思想，出现了PDRR（protect/detect/react/restore）等网络动态防御体系模型。

PDRR倡导一种综合的安全解决方法，即针对信息的生存周期，以“信息保障”模型作为信息安全的目标，以信息的保护技术、信息使用中的检测技术、信息受影响或攻击时的响应技术和受损后的恢复技术作为系统模型的主要组成元素。在设计信息系统的安全方案时，综合使用多种技术和方法，以取得系统整体的安全性。

PDRR模型强调的是自动故障的恢复能力，把信息的安全保护作为基础，将保护视为活动过程，用检测手段来发现安全漏洞，及时更正；同时，采用应急响应措施对付各种入侵；在系统被入侵后，采取相应的措施将系统恢复到正常状态，使信息的安全得到全方位的保障。

二、信息安全技术发展的四大趋势

信息安全技术的发展主要呈现四大趋势，即可信化、网络化、标准化和集成化。

（一）可信化

可信化是指从传统计算机安全理念过渡到以可信计算理念为核心的计算机安全。面对愈演愈烈的计算机安全问题，传统安全理念很难有所突破，而可信计算的主要思想是在硬件平台上引入安全芯片，从而将部分或整个计算平台变为“可信”的计算平台。目前，主要研究和探索的问题包括基于TCP的访问控制、基于TCP的安全操作系统、基于TCP的安全中间件、基于TCP的安全应用等。

（二）网络化

由网络应用和普及引发的技术和应用模式的变革，正在进一步推动信息安全关键技术的创新与发展，并引发新技术和应用模式的出现。如安全中间件、安全管理与安全监控等都是网络化发展所带来的必然发展方向。网络病毒、垃圾信息防范、网络可生存性、网络信任等都是需要继续研究的领域。

（三）标准化

安全技术要走向国际，也要走向实际应用，政府、产业界和学术界等必将更加重视信息安全标准的研究与制定，如密码算法类标准（如加密算法、签名算法、密码算法接口）、安全认证与授权类标准（如PKI、PMI、生物认证）、安全评估类标准（如安全评估准则、方法、规范）、系统与网络类安全标准（如安全体系结构、安全操作系统、安全数据库、安全路由器、可信计算平台）、安全管理类标准（如防信息泄露、质量保证、机房设计）等。

（四）集成化

集成化即从单一功能的信息安全技术与产品，向多种功能融于某一个产品，或者是几个功能相结合的集成化产品发展。安全产品呈硬件化/芯片化发展趋势，这将带来更高的安全度与更高的运算速率，也需要发展更灵活的安全芯片的实现技术，特别是密码芯片的物理防护机制。

三、因特网选择的几种安全模式

目前，在因特网应用中采取的防卫安全模式归纳起来主要有以下几种：

（一）无安全防卫

在因特网应用初期多数采取无安全防卫方式，在安全防卫上不采取任何措施，只使用随机提供的简单安全防卫措施。这种方法是不可取的。

（二）模糊安全防卫

采用模糊安全防卫方式的网站总认为自己的站点规模小，对外无足轻重，没人知道；即使知道，黑客也不会对其进行攻击。事实上，许多入侵者并不是瞄准特定目标，只是想闯入尽可能多的机器，虽然它们不会永远驻留在你的站点上，但它们为了掩盖闯入网站的证据，常常会对网站的有关内容进行破坏，从而给网站带来重大损失。为此，各个站点一般要进行必要的登记注册。这样一旦有人使用服务时，提供服务的人知道它从哪里来，但这种站点防卫信息很容易被发现，如登记时会有站点的软件、硬件及所用操作系统的信息，黑客就能从这发儿现安全漏洞。同样，在站点与其他站点连机或向别人发送信息时也很容易被入侵者获得有关信息。因此，这种模糊安全防卫方式也是不可取的。

（三）主机安全防卫

主机安全防卫可能是最常用的一种防卫方式，即每个用户对自己的机器加强安全防卫，尽可能地避免那些已知的可能影响特定主机安全的问题，这是主机安全防卫的本质。主机安全防卫对小型网站是很合适的，但由于环境的复杂性和多样性，如操作系统的版本不同、配置不同及不同的服务和不同的子系统等都会带来各种安全问题。即使这些安全问题都解决了，主机安全防卫还要受到软件本身缺陷的影响，有时也缺少有合适功能和安全保障的软件。

（四）网络安全防卫

网络安全防卫是目前因特网中各网站所采取的安全防卫方式，包括建立防火墙来保护内部系统和网络、运用各种可靠的认证手段（如一次性密码等），对敏感数据在网络上传输时，采用密码保护的方式进行。

四、安全防卫的技术手段

（一）计算机安全技术

1.健壮的操作系统

操作系统是计算机和网络中的工作平台，在选用操作系统时应注意软件工具齐全和丰富、缩放性强等因素，如果有很多版本可供选择，应选用户群最少的版本，这样可以使入侵者用各种方法攻击计算机的可能性减少，另外还要有较高访问控制和系统设计等安全功能。

2.容错技术

尽量使计算机具有较强的容错能力，如组件全冗余、没有单点硬件失效、动态系统域、动态重组、错误校正互连；通过错误校正码和奇偶检验的结合保护数据和地址总线在线增减域或更换系统组件，创建或删除系统域而不干扰系统应用的进行，也可以采取双机备份同步检验方式，保证网络系统在一个系统由于意外而崩溃时，计算机进行自动切换以确保正常运转，保证各项数据信息的完整性和一致性。

（二）防火墙技术

防火墙技术是一种有效的网络安全机制，用于确定哪些内部服务允许外部访问，以及允许哪些外部服务访问内部服务。其准则就是：一切未被允许的就是禁止的；一切未被禁止的就是允许的。防火墙有下列几种类型：

1.包过滤技术

通常安装在路由器上，对数据进行选择，它以IP包信息为基础，对IP源地址、IP目标地址、封装协议（如TCP/UDP/ICMP/IP tunnel）、端口号等进行筛选，在OSI协议的网络层进行。

2.代理服务技术

通常由两部分构成，即服务端程序和客户端程序。客户端程序与中间节点（Proxy Server）连接，中间节点与要访问的外部服务器实际连接，与包过滤防火墙的不同之处在于内部网和外部网之间不存在直接连接，同时提供审计和日志服务。

3.复合型技术

把包过滤和代理服务两种方法结合起来，可形成新的防火墙，所用主机称为堡垒主机，负责提供代理服务。

4.审计技术

通过对网络上发生的各种访问过程进行记录和产生日志，并对日志进行统计分析，从而对资源使用情况进行分析，对异常现象进行追踪监视。

5.路由器加密技术

对路由器的信息流进行加密和压缩，然后通过外部网络传输到目的端进行解压缩和解密。

（三）信息确认技术

安全系统的建立依赖于系统用户之间存在的各种信任关系，目前在安全解决方案中多采用两种确认方式：一种是第三方信任，另一种是直接信任，以防止信息被非法窃取或伪造。可靠的信息确认技术应具有：身份合法的用户可以检验所接收的信息是否真实可靠，并且十分清楚发送方是谁；发送信息者必须是合法身份用户，任何人不可能冒名顶替伪造信息；出现异常时，可由认证系统进行处理。目前，信息确认技术已较成熟，如信息认证、用户认证和密钥认证、数字签名等，为信息安全提供了可靠保障。

（四）密钥安全技术

网络安全中的加密技术种类繁多，它是保障信息安全最关键和最基本的技术手段和理论基础，常用的加密技术分为软件加密和硬件加密。信息加密的方法有对称密钥加密和非对称密钥加密，两种方法各有所长。

1.对称密钥加密

在此方法中，加密和解密使用同样的密钥，目前广泛采用的密钥加密标准是DES算法，其优势在于加密解密速度快、算法易实现、安全性好，缺点是密钥长度短、密码空间小，“穷举”方式进攻的代价小，它的机制就是采取初始置换、密钥生成、乘积变换、逆初始置换等几个环节。

2.非对称密钥加密

在此方法中加密和解密使用不同密钥，即公开密钥和秘密密钥。公开密钥用于机密性信息的加密；秘密密钥用于对加密信息的解密。一般采用RSA算法，优点在于易实现密钥管理，便于数字签名。不足是算法较复杂，加密解密花费时间长。

在安全防范的实际应用中，尤其是信息量较大、网络结构复杂时，采取对称密钥加密技术，为了防范密钥受到各种形式的黑客攻击，如基于因特网的“联机运算”，即利用许多台计算机采用“穷举”方式进行计算来破译密码，密钥的长度越长就越好。一般密钥的长度为64位、1024位，实践证明它是安全的，也满足计算机的速度。2048位的密钥长度也已开始在某些软件中应用。

（五）病毒防范技术

计算机病毒实际上就是一种在计算机系统运行过程中能够实现传染和侵害计算机系统的功能程序。在系统穿透或违反授权攻击成功后，攻击者通常要在系统中植入一种能力，为攻击系统、网络提供方便。如向系统中渗入各类病毒，如蛀虫、特洛伊木马、逻辑炸弹；或通过窃听、冒充等方式来破坏系统正常工作。从因特网上下载软件和使用盗版软件是病毒的主要来源。针对病毒的严重性，我们应提高防范意识，做到：所有软件必须经过严格审查，经过相应的控制程序后才能使用；采用防病毒软件，定时对系统中的所有工具软件、应用软件进行检测，防止各种病毒的入侵。

五、信息系统的物理安全环境

物理安全也称实体安全（physical security），是指包括环境、设备和记录介质在内的所有支持信息系统运行的硬件的总体安全，是信息系统安全、可靠、不间断运行的基本保证。物理安全保护计算机设备、设施（网络及通信线路）免遭地震、水灾、火灾、有害气体和其他环境事故（如电磁污染等）破坏的措施和过程，主要考虑的问题是环境、场地和设备的安全及实体访问控制和应急处置计划等。

（一）物理安全的内容

物理安全主要包括环境安全、电源系统安全、设备安全、媒体安全和通信线路安全等。

1.环境安全

环境安全是对系统所在环境的安全保护，如区域保护和灾难保护等。计算机网络通信系统的运行环境应按照国家有关标准设计实施，应具备消防报警、安全照明、不间断供电、温湿度控制系统和防盗报警等，以保护系统免受水、火、有害气体、地震、静电等的危害。

2.电源系统安全

电源在信息系统中占有重要地位，主要包括电力能源供应、输电线路安全、保持电源的稳定性等。

3.设备安全

要保证硬件设备随时处于良好的工作状态，建立健全使用管理规章制度，建立设备运行日志。

4.媒体安全

媒体安全包括媒体数据的安全及媒体自身的安全。存储媒体自身的安全主要是安全保管、防盗、防毁和防病毒；数据安全是指防止数据被非法复制和非法销毁等。

5.通信线路安全

通信设备和通信线路的装置安装要稳固牢靠，具有一定对抗自然因素和人为因素破坏的能力，包括防止电磁信息的泄露、线路截获，以及抗电磁干扰等。具体来说，物理安全包括以下主要内容：

（1）计算机机房的场地、环境及各种因素对计算机设备的影响。

（2）计算机机房的安全技术要求。

（3）计算机的实体访问控制。

（4）计算机设备及场地的防火与防水。

（5）计算机系统的静电防护。

（6）计算机设备及软件、数据的防盗、防破坏措施。

（7）计算机中重要信息的磁介质的处理、存储和处理手续的有关问题。

与物理安全相关的国家标准主要有以下几方面：

（1）《电子计算机场地通用规范》。该标准由主题内容与适用范围、引用标准、术语、计算机场地技术要求、测试方法五章和一个附录组成。

（2）《计算站场地安全要求》。该标准由中华人民共和国电子工业部批准。该标准由适用范围、术语、计算机机房的安全分类、场地的选择、结构防火、计算机机房内部装修、计算机机房专用设备、火灾报警及消防设施、其他防护和安全管理共九个部分组成。

（3）《信息技术设备用不间断电源通用技术条件》。该标准主要针对UPS系统提出相关的技术测试要求，含输出电压、输出频率、电源效率、过载能力、备用时间及切换时间共六个项目的测试标准及方法。

（4）《电子计算机机房设计规范》。该标准由原国家技术监督局和原中华人民共和国建设部联合发布实施。标准由总则、机房位置及设备布置、环境条件、建筑、空气调节、电气技术、给水排水、消防与安全共八章和两个附录组成。

计算机机房建设至少应满足防火、防磁、防水、防盗、防电击、防虫害等要求，并配备相应的设备。

（二）环境安全技术

环境安全技术涵盖的范围很广泛。

（1）安全保卫技术措施，包括防盗报警、实时监控、安全门禁等。

（2）计算机机房的温度、湿度等环境条件保持技术可以通过加装通风设备、排烟设备、专业空调设备来实现。

（3）计算机机房的用电安全技术主要包括不同用途电源分离技术、电源和设备有效接地技术、电源过载保护技术和防雷击技术等。

（4）计算机机房安全管理技术是指制定严格的计算机机房工作管理制度，并要求所有进入机房的人员严格遵守管理制度，将制度落到实处。

计算机机房环境的安全等级可分为A、B和C三个基本类别。其中A类机房对计算机机房的安全有严格的要求，有完善的计算机机房安全措施；B类机房对计算机机房的安全有较严格的要求，有较完善的计算机机房安全措施；C类机房对计算机机房的安全有基本的要求，有基本的计算机机房安全措施。

（三）电源系统安全技术

电源系统安全包括供电系统安全、防静电措施和接地与防雷要求等。

1.供电系统安全

电源系统中电压的波动、浪涌电流和突然断电等意外情况的发生，可能引起计算机系统存储信息的丢失、存储设备的损坏等情况的发生。因此，电源系统的稳定可靠是计算机系统物理安全的一个重要组成部分，是计算机系统正常运行的先决条件。

电源系统安全技术对机房安全供电做出了明确的要求。例如，将供电方式分为以下三3类。

一类供电：需要建立不间断供电系统。

二类供电：需要建立带备用的供电系统。

三类供电：按一般用户供电考虑。

电源系统安全不仅包括外部供电线路的安全，更重要的是指室内电源设备的安全。

（1）电力能源的可靠供应

为了确保电力能源的可靠供应，以防外部供电线路发生意外故障，必须有详细的应急预案和可靠的应急设备。应急设备主要包括备用发电机、大容量蓄电池和UPS等。除了要求这些应急电源设备具有高可靠性外，还要求它们具有较高的自动化程度和良好的可管理性，以便在意外情况发生时可以保证电源的可靠供应。

（2）电源对用电设备安全的潜在威胁

这种威胁包括脉动与噪声、电磁干扰等。电磁干扰会产生电磁兼容性问题，当电源的电磁干扰比较强时，其产生的电磁场就会影响硬盘等磁性存储介质，久而久之就会使存储的数据受到损害。

2.防静电措施

不同物体间的相互摩擦、接触会产生能量不大但电压非常高的静电，如果静电不能及时释放，就可以产生火花，容易造成火灾或损坏芯片等意外事故。计算机系统的CPU、ROM、RAM等关键部件大多采用MOS工艺的大规模集成电路，对静电极为敏感，容易因静电而受到损坏。

机房的内装修材料一般应避免使用挂毯、地毯等吸尘、容易产生静电的材料，而应采用乙烯材料。为了防静电，机房一般要安装防静电地板，并将地板和设备接地，以便将设备内积聚的静电迅速释放到大地（机房内的专用工作台或重要的操作台应有接地平板）。此外，工作人员的服装和鞋最好用低阻值的材料制作，机房内应保持一定的湿度，特别是在干燥季节，应适当增加空气湿度，以免因干燥而产生静电。

3.接地与防雷要求

接地与防雷是保护计算机网络系统和工作场所安全的重要安全措施。接地可以为计算机系统的数字电路提供一个稳定的0V参考电位，从而可以保证设备和人身的安全，同时是防止电磁信息泄露的有效手段。

机器设备应有专用地线，机房本身有避雷设施，包括通信设备和电源设备有防雷击的技术设施，机房的内部防雷主要采取屏蔽、等电位连接、合理布线或防闪器、过电压保护等技术措施，以及拦截、屏蔽、均压、分流、接地等方法达到防雷的目的，机房的设备本身也应有避雷装置和设施。

（四）电磁防护与设备安全技术

电磁防护与设备安全技术包括硬件设备的维护和管理、电磁兼容和电磁辐射的防护，以及信息存储媒体的安全管理等内容。

1.硬件设备的维护和管理

计算机信息网络系统的硬件设备一般价格昂贵，一旦被损坏又不能及时修复，不仅会造成经济损失，而且可能导致整个系统瘫痪，造成严重的不良影响。因此，必须加强对计算机信息系统硬件设备的使用管理，坚持做好硬件设备的日常维护和保养工作。

2.电磁兼容和电磁辐射的防护

计算机网络系统的各种设备都属于电子设备，在工作时都不可避免地会向外辐射电磁波，同时会受到其他电子设备的电磁波干扰，当电磁波干扰达到一定程度时就会影响设备的正常工作。

为保证计算机网络系统的物理安全，除在网络规划和场地、环境等方面进行防护外，还要防止数据信息在空间扩散。为此，通常是在物理上采取一定的防护措施，以减少或干扰扩散到空间的电磁信号。政府、军队、金融机构在构建信息中心时，电磁辐射防护将成为首先要解决的问题。

3.信息存储媒体的安全管理

计算机网络系统的信息要存储在某种媒体上，常用的存储媒体有磁盘、磁带、打印纸、光盘、闪存等。对存储媒体的安全管理主要包括以下几方面：

（1）存放有业务数据或程序的磁盘、磁带或光盘，应视同文字记录妥善保管。必须注意防磁、防潮、防火、防盗，必须垂直放置。

（2）对硬盘上的数据要建立有效的级别、权限，并严格管理，必要时要对数据进行加密，以确保硬盘数据的安全。

（3）存放业务数据或程序的磁盘、磁带或光盘，管理必须落实到人，并分类建立登记簿、记录编号、名称、用途、规格、制作日期、有效期、使用者、批准者等信息。

（4）对存放有重要信息的磁盘、磁带、光盘，要备份两份并分两处保管。

（5）打印有业务数据或程序的打印纸，要视同档案进行管理。

（6）凡超过数据保存期的磁盘、磁带、光盘，必须经过特殊的数据清除处理。

（7）凡不能正常记录数据的磁盘、磁带、光盘，必须经过测试确认后由专人进行销毁，并做好登记工作。

（8）对需要长期保存的有效数据，应在磁盘、磁带、光盘的质量保证期内进行转储，转储时应确保内容正确。

（五）通信线路安全技术

尽管从网络通信线路上提取信息所需要的技术比直接从通信终端获取数据的技术要高几个数量级，但以目前的技术水平也是完全有可能实现的。用一种简单（但很昂贵）的高技术加压电缆，可以获得通信线路上的物理安全。应用这一技术，通信电缆被密封在塑料套管中，并在线缆的两端充气加压。线上连接了带有报警器的监视器，用来测量压力。如果压力下降，则意味着电缆可能被破坏，技术人员还可以进一步检测出破坏点的位置，以便及时进行修复。加压电缆屏蔽在波纹铝钢丝网中，几乎没有电磁辐射，从而大大增强了通过通信线路窃听的难度。

光纤通信线被认为是不可搭线窃听的，其断破处的传输速率会变得极其缓慢而立即会被检测到。光纤没有电磁辐射，所以也不能用电磁感应窃密。但是，光纤通信对最大长度有限制，目前网络覆盖范围半径约100km，大于这一长度的光纤系统必须定期地放大（复制）信号。这就需要将信号转换成电脉冲，然后再恢复成光脉冲，继续通过另一条线路传送。完成这一操作的设备（复制器）是光纤通信系统的安全薄弱环节，因为信号可能在这一环节被搭线窃听。有两个办法可解决这一问题：距离大于最大长度限制的系统之间，不采用光纤线通信；加强复制器的安全，如采用加压电缆、报警系统和加强警卫等措施。

第三节　新环境下的计算机信息安全技术

一、网络取证技术

（一）网络取证概述

网络取证首先要进行网络包的捕获，tcpdump是常见的包捕获工具，UNIX和Windows用户都可以使用。如果想收集网络上感兴趣的活动信息，使用tcpdump很有效，但tcpdump没有有效的磁盘管理功能，稍不注意，很容易占用所有的磁盘空间，造成系统崩溃。

在被捕获的网络流中，网络包按它们在网络上传输的顺序显示，一个网络取证工具应当将这些包组织为两台机器之间的传输层连接，这称为重组。在连接组装的过程中，将显示很多取证的细节，如将发现丢失或重传的数据、传输层协议错误等，这就提供了有价值的安全和调试信息。

随着计算机分布式技术的发展，犯罪者可以在同一时间段内对目标系统做分布式的攻击（如分布式DoS攻击），这就要求取证系统能够对电子数据进行智能化的相关性分析。相关性分析是发现分布式攻击的有效手段，经过相关性分析，就可以跟踪入侵者的入侵过程，获得其犯罪证据。

网络攻击正在成为计算机犯罪的重要方面，因而网络取证也成为计算机中的重要领域。无论攻击者的技术水平如何，网络攻击通常遵循同一种行为模式，一般都要经过嗅探、入侵、破坏和掩盖入侵证据等几个攻击阶段。

（二）IDS取证技术

应用IDS取证的具体步骤如下：

①寻找嗅探器（如Sniffer）。②寻找远程控制程序（如netbus、back orifice）。③寻找黑客可利用的文件共享或通信程序（如eggdropjrc）。④寻找特权程序（如find/-perm-4000-print）。⑤寻找文件系统的变动（使用tripwire或备份）。⑥寻找未授权的服务（如netstat-a、check inetd、conf）。⑦寻找口令文件的变动和新用户。⑧核对系统和网络配置，特别注意过滤规则。⑨寻找异常文件，这将依赖于系统磁盘容量的大小。⑩查看所有主机，特别是服务器。⑪观察攻击者，捕获攻击者，找出证据。如使用tcpdump/who/syslog

来查看攻击者从哪里来，如果finger运行在攻击者的系统上，可以得到攻击次数和用户空闲时间。⑫如果捕获成功则准备起诉，如立刻联系律师等。⑬做完全的系统备份，将系统备份转移到单用户模式下，在单用户模式下制作和验证备份。

值得注意的是，取证过程中网络通信已经处于不安全状态，因此不需要发邮件通知被攻击的系统管理员，因为他已经被攻击了，攻击者可能会观察该管理员的邮箱。另外，最好通知计算机取证方面的专家，因为他们了解不同类型攻击者及其技术水平并能有效地分析出其动机。

（三）SVM取证技术

应用SVM（支持向量机）对数据包进行特征选择的方法步骤如下：①选择训练集和测试集，对每个特征重复以下步骤；②从训练集和测试集中删除该特征；③使用结果数据集训练分类器（SVM）；④根据既定的性能准则，使用测试集分析分类器的性能；⑤根据规则标记该特征的重要性等级。

二、数据库安全技术

（一）数据库安全管理系统

早在20世纪70年代，国际上数据库技术与计算机安全研究刚刚起步时，数据库安全问题就引发了研究者的关注，相关研究几乎同步启动。当时的研究重点集中于设计安全的数据库管理系统，又称为多级安全数据库管理系统（DBMS）。

围绕多级安全数据库管理系统的设计，形成了安全数据库的理论与技术基础。除了数据库认证、访问控制、审计等基本安全功能外，关键技术集中在数据库形式化安全模型、数据库隐通道分析、多级安全数据库事务模型、数据库加密等方面。

1.数据库形式化安全模型

MLS-DBMS形式化安全模型的核心内容是多级数据模型，包括多级关系、多级关系完整性约束与多级关系操作等。在传统关系模型中，关系模式用于描述关系的结构，记录构成关系的属性集；而在MLS-DBMS中，依据强制访问控制策略要求，各种数据库对象被赋予了安全标记属性，关系模式也由此变为多级关系模式。相应地针对关系的完整性约束也扩展为多级关系完整性约束，典型的约束有多级实体完整性约束、空值完整性约束、实例间完整性约束、多实例完整性及多级外键完整性约束等。此外，多级关系上的INSERT、DELETE、UPDATE等操作语义也发生了很大的变化，变为多级操作。由于多级关系实际上被存储为多个物理对象，所以通常多级关系数据模型中还包括多级关系的分解与恢复算法。

早期的数据库安全模型是以形式语言（数学语言）描述的，客体的表示过于抽象，没有形式化规约语言支持，更没有工具的支持。但在现在的系统模型建模过程中，安全模型的抽象层次降低，逐渐向顶层规约（TLS）靠拢，更加接近实际系统。例如，客体包括DBMS的基本组成元素，如关系、视图、存储过程、数据字典等。操作也不仅是INSERT、DELETE等简单的几种，而是覆盖系统的SQL命令集或函数接口集，这种规模的模型建模及分析没有工具的支持是不可能实现的。当前常用的安全数据库模型形式化规约语言包括Z语言、PVS、Isabella等。

2.数据库隐通道分析

隐通道是用户之间违反系统安全策略的信息传递机制，通常并非系统设计者有意而为。多级数据库管理系统中存在的隐通道将导致违反多级安全策略的信息流动，威胁数据的机密性。因此，国内外各个测评标准中均要求对高等级信息安全产品进行隐通道分析，包括隐通道标识、隐通道的消除、隐通道最大带宽的计算及隐通道的审计与限制带宽等。早期的典型隐通道分析方法包括语法信息流分析、语义信息流分析、共享资源矩阵、隐蔽流树、无干扰分析等；近几年提出了基于场景分析、基于信息论分析等新方法。

MLS-DBMS中有两类典型隐通道：存储隐通道与时序隐通道。其中存储隐通道的发送者通过直接或间接地修改一个存储变量，接收者通过感知该存储变量是否发生变化而得到信息。下面是一个针对多级表隐通道的例子。

假设发送者B（安全级别为HIGH）与接收者A（安全级别为LOW）依次执行下述操作序列。

A：CREATETAlBLE t_low [a int4 NOTNULL，b int4，primary key（a）]；//创建空表。

A：GRANT insertintotable ON t_low TO B；//授给用户B在该表上插入记录的权限。

B：INSERT INTO t_low VALUES（1，1）；//在多级表中插入一条高级记录。

A：INSERT INTO t_low VALUES（1，1）；//重复插入，若B未插入则成功，否则失败。

A：DROP TABLE t_low；或TRUNCATE t_low；//状态恢复。若使用drop命令，需要重新创建空表，并给用户B授权。

用户B通过决定执行或不执行insert into命令，可以传送出1比特信息：0或1。而与之相对应，用户A通过观察insert into命令执行结果成功与否来接收信息0或1。该过程重复n次，两者之间可以传送n比特信息。MLS-DBMS中的存储隐通道包括基于数据库客体（包括表、视图、索引、存储过程、同义词、序列、约束、触发器等）的隐通道、基于数据字典的隐通道和资源耗尽型隐通道等几类。

数据库时序隐通道的发送者可通过操纵数据库的相关设置，控制接收者数据库操作的响应时间，以令其获得1比特信息。前文提到，如果由于高级别事务的行为导致低级别事务的执行被延迟或中止，就不可避免地将一位二进制信息由高级传向低级，导致隐通道的产生，这就属于由事务调度机制导致的两种时序隐通道。除此之外，索引的存在与否也将导致事务执行时间变化，也可以依此构建时序隐通道。

3.多级安全数据库事务模型

在传统关系数据库管理系统中，事务应满足原子性、一致性、隔离性与可持久性，以保证数据库内容的完整性、一致性与可恢复性。而在MLS-DBMS中，事务是模型中的主体，作为用户的代表它具有特定的安全级别。因此，事务除了必须满足上述要求外，还必须满足多级安全策略模型。这带来一系列的问题：首先，安全策略保证信息只能向上流动，禁止事务下读与上写，这在某种程度上限制了事务的功能，导致某些事务在多级环境下可能无法执行，而采用多级事务则违反了多级安全策略模型；其次，调度器处理的是安全级别不同的事务，若由于调度机制导致低级事务被阻塞或延迟，容易被利用构造出时序隐通道，而修改调度机制则可能导致违反数据事务可串行性。

已有学者针对数据库的调度机制提出了一系列解决方案。其中，针对时戳排序调度的改进方法包括：一个基于时戳的多级多版本调度机制；基于时戳的“双快照”方案；针对两阶段锁机制的改进方法—— 一系列Orange Locking协议、基于两阶段锁的双版本方案；针对数据库串行化图调度机制——改进的多级顺序图方法等。在上述多级数据库管理系统并发控制协议或算法中，均或多或少地采用了多版本方案。只是根据系统维护的版本数量不同，可能采用两个版本、两个以上的多版本及无限多版本等。这是因为高级事务访问低级数据项的特点是只有读操作。高级事务与低级事务之间的操作冲突中最重要的是读—写冲突，而不存在写—写冲突。因为多版本机制为数据库中每个数据元素维护了多个版本，更适合解决高级事务与低级事务对同一数据元素的操作之间的冲突。

4.数据库加密

数据库加密可以有效地防范内部人员攻击。以明文形式存储的数据库数据信息若被那些已被收买的内部人员获得，将导致十分严重的数据库泄密事件。因此，提供密码控制手段来保护数据安全是安全数据库管理系统的重要需求。

数据库加密的挑战性体现在如下几方面：首先，数据库中数据存储时间相对较长，并且密钥更新的代价较大，所以数据库加密应该保证足够的加密强度。其次，数据库加密后存在大量的明密文范例。若对所有数据采用同样的密钥加密，则被破译的风险更高，所以数据库加密应采用多密钥加密。最后，数据库中的数据规律性较强，且同一列中所有数据项往往呈现一定的概率分布。攻击者容易通过统计方法得到原文信息。因此，数据库加密应该保证相同的明文加密后的密文无明显规律。

（二）外包数据库安全

一个典型的数据库服务场景由数据库内容提供者（以下简称“所有者”）、数据库服务运营服务商（以下简称“服务者”）与数据库使用者（用户）三方构成。

这种数据库服务模式带来了特殊的安全问题：数据库用户无法信赖安全数据库系统实施数据安全保护。因为在数据库服务模式下，服务者负责维护数据库管理系统（DBMS）软件并提供数据库查询服务，但服务者并非完全可信，所以不仅外包数据库面临安全风险，DBMS软件也因其运行的环境不可信、不可控而面临安全风险，无法起到对数据的安全保护作用。

外包数据库服务模式下的数据库安全研究内容主要集中在外包数据库安全检索技术、外包数据库密文访问控制技术和数据库水印等方面。

1.外包数据库安全检索技术

通过对数值型属性的保序变换实现机密性保护，这类方法的优点是可以以较低的代价实现数值比较操作与聚集操作，提高检索效率。其中，随机累加法将密文看作伪随机序列的累加值，明文是多少就调用多少次随机数。保差变换法通过递归调用递增的多项式函数实现加密。这两种方法变换前后的数据之间存在统计关联特性，容易导致数据被破译。确定输出分布法保证无论输入数据的分布状况如何，输出数据保持同样的输出分布特性。保序变换类方法面临的一个重要问题是范围限定攻击，敌手通过选择输入数据并观察结果不断逼近的方法，将密文的值域限定在一个较小的范围内，对于数值型数据来说这就相当于已被破译。

2.外包数据库密文访问控制技术

非可信的DBMS对访问控制策略的存储与执行都带来了很大困难，一种基本的解决途径是基于密码技术。最近有学者开始将分布式文件系统中基于密码技术实现访问控制的思路应用在外包数据库的访问控制中。GMU大学提出通过双层加密结构实现对外包数据库进行自主访问控制支持。底层加密作为实际的数据加密，上层加密作为访问控制策略，并在此基础上定量分析了多用户多密钥加密环境下这种策略的性能与所要加密保护的数据规模之间的关系。但相关研究和实用仍有相当一段距离。

3.数据库水印

由于数据库内容必须脱离数据库所有者的直接控制，服务外包模式比以往更容易出现数据库被非授权复制的情况。目前，数字水印技术是对多媒体数字作品进行版权保护的一种基本方法。然而，关系数据库元组的无序性、动态性、数据类型等决定了数据库水印与多媒体数字水印技术存在着很大的不同。

目前，数据库水印技术多集中在数值型数据上。阿格拉瓦尔等人首次提出数据库水印的概念及将水印嵌入数据库的算法。基本原理是通常人们对于数值型数据可以容忍一定程度的精度损失，因此可以将水印信息嵌入这些数据的最不重要位置上。目前已有很多方案都是在此基础上扩展而成的。

三、云存储安全技术

在当前信息背景下，互联网用户已由单纯的信息消费者变成了信息生产者，因而互联网上的信息呈爆炸式的速度增长。毫无疑问，人类已经进入信息爆炸时代。在此背景下，支持海量数据高效存储与处理的云计算技术受到人们的广泛关注与青睐，在世界范围内得到迅猛发展，被誉为“信息技术领域正在发生的工业化革命”。

（一）海量数据完整性验证

由于大规模数据所导致的巨大通信代价，用户不可能将数据下载后再验证其正确性。因此，云用户需要在取回很少数据的情况下，通过某种知识证明协议或概率分析手段，以高置信概率判断远端数据是否完整。典型工作包括两大类：数据持有证明（PDP）方法和数据可检索性证明（POR）方法。

PDP模型基本原理是通过一系列准备过程，为用户文件生成一系列标签。如果服务器持有完整的数据，那么就可以正确回答用户关于某些数据块的挑战。用户可以利用提前生成的文件标签和持有的秘密密钥验证服务器的回答是否正确。PDP的标签大多基于数学难解问题或只有用户持有的秘密密钥，如果服务器端不持有正确的文件，那么必然会被检验出文件损坏。根据标签的生成方式不同，可简单地将PDP模型的实现方式分为以下五类：基于同态函数的验证、基于PRF的验证、基于BLS的验证、基于欧拉定理的验证和基于Merkle Hash Tree的验证。

POR模型目的是使用户确信目前保存在服务器上的文档可以通过一定的手段进行恢复，得到原始文档。POR模型与PDP模型的区别在于：POR模型并不要求服务器一定持有文件的全部内容，并且能容忍一定数量上的文件损坏，只要服务器能够通过一定的手段将文件内容进行恢复即可；与PDP模型的适用范围不同，POR模型会对用户的原始数据采用纠错码或纠删码进行编码，从而保证用户数据即使遗失一小部分也可恢复出原有数据。基于哨兵的验证方案以纠删码为基础，在编码后的数据中添加“哨兵”数据。用户通过验证哨兵数据的完整性可以检测数据的完整性。

哨兵数据即基本实现方案中的数据验证标签。通过验证哨兵数据和相关数据块的关系，可以判定数据块是否完整。

（二）海量数据隐私保护技术

通过分析公开的信息可以发现用户的消费习惯、喜好的球队，也可以发现疾病的传播规律等。简单地除去姓名和ID已经无法满足隐私保护的需求。攻击者可凭借背景知识或地域、性别等准标识符信息迅速确定攻击目标对应的记录。此类攻击称为记录连接攻击。为了避免这种攻击，出现了匿名方案。通过对数据进行一定的处理，将准标识符分成不同的分组，并要求每个分组中的准标识符完全相同，且至少包含k个元组。这样，每个数据持有者都至少与k-1个其他元组不可区分，从而实现保护用户身份的目的。目前已有元组泛化、抑制等大量匿名算法。但k匿名模型只针对敏感数据或准标识符中的某一种进行处理，很容易出现匿名处理不足的情况。如果某个等价类中的敏感数据均一致，攻击者也可以有效地确定数据持有者的属性。为了解决这种问题，研究者提出了多样化的概念。而1-diversity只能尽量使敏感数据出现的频率平均化。如果同一等价类中的数据各不相同，而且相差不大，这样对数据持有者来说也相当于隐私的泄露。因此，又有学者提出了贴近性方案，要求等价类中敏感数据的分布与整个数据表中数据的分布保持一致。除以上匿名方案外，因为每个用户隐私保护需求不同，有学者提出个性化隐私保护的匿名原则，针对用户个人的特异需求制定不同的隐私保护级别，避免了数据的过分匿名或保护不足的情况。

当前，数据库领域正处于新老技术交替时期。一方面，当前主流的商业数据库管理系统仍然采用关系数据模型，其特有的查询机制、事务机制、恢复机制等仍在发挥无可替代的作用；另一方面，以noSQL为代表的新型数据库技术面向海量信息处理与分析，在互联网厂商中得到迅速普及，在未来有良好的发展前景。

第七章　信息技术与信息系统

第一节　信息与信息技术

一、信息

（一）信息的概念与特征

“信息”一词我国古代用的是“消息”。《易经》云：“日中则昃，月盈则食，天地盈虚，与时消息。”意思是说，太阳到了中午就要逐渐西斜，月亮圆了就要逐渐亏缺，天地间的事物，或丰盈或虚弱，都随着时间的推移而变化，有时消减、有时滋长。由此可见，我国古代就把客观世界的变化，把它们的发生、发展和结局，把它们的枯荣、聚散、沉浮、升降、兴衰、动静、得失等变化中的事实称为“消息”。“信息”一词在英文、法文、德文、西班牙文中均是“information”，日文中为“情报”，我国台湾称之为“资讯”。

信息作为科学术语最早出现在哈特莱（R.V.Hartley）于1928年撰写的《信息传输》一文中。20世纪40年代，信息论的奠基人香农（C.E.Shannon）给出了信息的明确定义。他认为“信息是用来消除不确定性的东西”。此后，许多学者从各自的研究领域出发，给出了不同的定义。美国控制论创始人维纳（Norbert Wiener）认为“信息是人们在适应外部世界，并使这种适应反作用于外部世界的过程中，同外部世界进行互相交换的内容和名称”，他指出信息既不是物质，也不是能量，而是有着广泛应用价值的第三类资源。我国著名的信息学专家钟义信教授认为“信息是事物存在方式或运动状态，以这种方式或状态直接或间接的表述”。美国信息管理专家霍顿（F.W.Horton）给信息下的定义是：“信息是为了满足用户决策的需要而经过加工处理的数据。”简单地说，信息是经过加工的数据，或者说，信息是数据处理的结果，即有用的数据。

根据近年来人们对信息的研究成果，科学的信息概念可以概括为：信息是对客观世界中各种事物的运动状态和变化的反映，是客观事物之间相互联系和相互作用的表征，表现的是客观事物运动状态和变化的实质内容。这里的“事物”泛指存在于人类社会、思维活动和自然界中一切可能的对象。“存在方式”指事物的内部结构和外部联系。“运动状态”则是指事物在时间和空间变化上所展示的特征、态势和规律。无论从什么角度、什么层次去看待信息的本质，信息都具有以下基本特征：

1.可度量

和物质、能量一样，信息也具有可度量性。我们常说“获取了大量的信息”“没有得到什么有价值的信息”等。一般来说，任何信息可采用基本的二进制度量单位（比特）进行度量，并以此进行信息编码。

2.可识别

信息还具有可识别性。对自然信息，可采取直观识别、比较识别和间接识别等多种方式来把握。对于社会信息，由于其信息量大，形式多样，一般采用综合的识别方法进行处理。

3.可转换和可加工

信息可以从一种形态转换为另一种形态，如自然信息可转换为语言、文字、图表和图像等社会信息形态。同样，社会信息和自然信息都可以转换为由电磁波为载体的电报、电话、电视信息或计算机代码。另外，信息可以被加工处理，以便更好地利用。

4.可存储

信息可以通过系统的物质或能量状态的某种变化来进行存储，如人类的大脑能储存大量的信息。我们还可以用文字、图表、图像、录音、录像、缩微以及计算机存储等多种方式来记录保存信息。

5.可传递

自然界系统之间的相互作用有三种基本方式，即物质、能量和信息。一般我们称之为物质的传递、能量的传递和信息的传递。信息的传递是与物质和能量的传递同时进行的，离开了物质和能量做载体，信息的传递就不可能实现。语言文字、表情、动作、图形、图像（静态和动态）等是人类常用的信息传递方式。

6.可再生

信息经过处理后，可以以其他形式再生。例如，自然信息经过人工处理后，可用语言或图形等方式再生成信息；输入计算机的各种数据文字等信息，可用显示、打印、绘图等方式再生成信息。

7.可压缩

信息可按照一定规则或方法进行压缩，以用最少的信息量来描述某一事物，压缩的信息再经过某些处理后可以还原。

8.可利用

任何信息都具有一定的时效性，一方面，它可以消除人们对某一事物的不确定度；另一方面，可以对人们的行为产生影响。一般来说，信息的时效性或可利用性只对特定的接收者才能显示出来，如有关农作物生长的信息，对农民来说可利用性可能很高，但对工人来说可利用性可能不高。而且，对于不同的接收者，信息的可利用程度也可能会存在差异。

9.可共享

与物质和能量不同，信息具有不守恒性，即它具有扩散性。在信息传递过程中，信息的持有者并不会因把信息传递给了他人而使得自己拥有的信息量减少，因而信息可以被广泛地共享。

10.客观性

信息客观普遍存在，不以被主观客体是否感知为转移。

11.时效性

信息具有时效性，是说明信息价值具有时间性，过了某个时间就失去其原有价值。

12.真伪性

信息存在真假，“烽火戏诸侯”就是周幽王向诸侯传递了一个假信息。

（二）信息的分类

按照性质，信息可以分为语法信息、语义信息和语用信息；按照地位，信息可分为客观信息和主观信息。研究信息的目的，就是要准确把握信息的本质和特点，以便更好地利用信息。最重要的就是按照信息性质的分类，其中最基本和最抽象的是语法信息，考虑的是事物的运动状态和变化方式的外在形式。进一步可以分为有限状态和无限状态。其次，可分为状态明晰的语法信息和状态模糊的语法信息。按作用，信息可以分为有用信息、无用信息和干扰信息。

按应用部门，信息可分为工业信息、农业信息、军事信息、政治信息、科技信息、文化信息、经济信息、市场信息和管理信息等。

另外，按携带信息的信号的性质，信息还可以分为连续信息、离散信息和半连续信息等。按事物的运动方式，还可以把信息分为概率信息、偶发信息、确定信息和模糊信息。按内容可以分为三类：消息、资料和知识。按社会性，可以分为社会信息和自然信息。按空间状态，可以分为宏观信息、中观信息和微观信息。按信源类型，可以分为内源性信息和外源性信息。按价值，可以分为有用信息、无害信息和有害信息。按时间性，可以分为历史信息、现时信息和预测信息。按载体，可以分为文字信息、声像信息和实物信息。按信息的性质，分为语法信息、语义信息和语用信息。

（三）信息与其他几种概念的区别与联系

1.数据

数据是信息的具体表示，是信息的载体，是信息存在的一种形态或一种记录形式。数据的目的是表达和交流信息，数据的形式表现为语言、文字、图形、图像、声音等。“数据”和“数”是两个不同的概念。“数”用来表示值的大小，如237、12.56。“数据”则是信息处理的对象，包括数值数据（如整数、实数等）和非数值数据（如文字、图片、声音等）。

2.消息

消息指报道事情的概貌而不讲述详细的经过和细节，以简要的语言文字迅速传播新近事实的新闻体裁，也是最广泛、最经常采用的新闻基本体裁。信息与消息比较，消息是信息的外壳，信息是消息的内核。

3.信号

信号是运载信息的工具，是信息的载体。从广义上讲，它包含光信号、声信号和电信号等。

4.情报

情报是指被传递的知识或事实，是知识的激活，是运用一定的媒体（载体），越过空间和时间传递给特定用户，解决科研、生产中的具体问题所需要的特定知识和信息。信息与情报相比，情报是指某类对观察者有特殊效用的事物的运动状态和方式。

5.知识

知识是经验的固化，是用来识别与区分万物实体与性质的判别标准。与信息相比，知识是事物运动状态和方式在人们头脑中一种有序、规律性的表达，是信息加工的产物。

二、信息技术与信息科学

（一）信息技术概念

信息技术的定义，从不同的层面有不同的描述。从信息技术与人的本质关系来看，信息技术是指能充分利用与扩展人类信息器官功能的各种方法、工具与技能的总和。从人类对信息技术功能与过程的一般理解看，信息技术是指对信息进行采集、传输、存储、加工、表达的各种技术总称。从信息技术的现代化与高科技含量看，信息技术是指利用计算机、网络、广播电视等各种硬件设备及软件工具与科学方法，对文图声像各种信息进行获取、加工、存储、传输与使用的技术的总和。总之，信息技术（Information Technology，IT），是主要用于管理和处理信息所采用的各种技术的总称。主要包括传感技术、计算机技术、微电子技术和通信技术。其中，计算机技术包括计算机硬件技术、软件技术、信息编码和有关信息存储的数据库技术等。

（二）信息技术分类

按表现形态的不同，信息技术可分为硬技术（物化技术）与软技术（非物化技术）。前者指各种信息设备及其功能，如显微镜、电话机、通信卫星、多媒体计算机；后者指有关信息获取与处理的各种知识、方法与技能，如语言文字技术、数据统计分析技术、规划决策技术、计算机软件技术等。

按工作流程中基本环节的不同，信息技术可分为信息获取技术、信息传递技术、信息存储技术、信息加工技术及信息标准化技术。信息获取技术包括信息的搜索、感知、接收、过滤等，如显微镜、望远镜、气象卫星、温度计、钟表、Internet搜索器中的技术等。信息传递技术指跨越空间共享信息的技术，又可分为不同类型，如单向传递与双向传递技术，单通道传递、多通道传递与广播传递技术。信息存储技术指跨越时间保存信息的技术，如印刷术、照相术、录音术、录像术、缩微术、磁盘术、光盘术等。信息加工技术是对信息进行描述、分类、排序、转换、浓缩、扩充、创新等的技术。信息加工技术的发展已有两次突破：从人脑信息加工到使用机械设备（如算盘、标尺等）进行信息加工，再发展为使用电子计算机与网络进行信息加工。信息标准化技术是指使信息的获取、传递、存储、加工各环节有机衔接，提高信息交换共享能力的技术，如信息管理标准、字符编码标准、语言文字的规范化等。

按使用的信息设备不同，把信息技术分为电话技术、电报技术、广播技术、电视技术、复印技术、缩微技术、卫星技术、计算机技术、网络技术等。按信息的传播模式分，将信息技术分为传者信息处理技术、信息通道技术、受者信息处理技术、信息抗干扰技术等。

按技术的功能层次不同，可将信息技术体系分为基础层次的信息技术（如新材料技术、新能源技术），支撑层次的信息技术（如机械技术、电子技术、激光技术、生物技术、空间技术等），主体层次的信息技术（如感测技术、通信技术、计算机技术、控制技术），应用层次的信息技术（如文化教育、商业贸易、工农业生产、社会管理中用以提高效率和效益的各种自动化、智能化、信息化应用软件与设备）。

（三）信息技术特征

信息技术具有技术的一般特征——技术性。具体表现为：方法的科学性，工具设备的先进性，技能的熟练性，经验的丰富性，作用过程的快捷性，功能的高效性等。信息技术具有区别于其他技术的特征——信息性。具体表现为：信息技术的服务主体是信息，核心功能是提高信息处理与利用的效率、效益。由信息的秉性决定信息技术还具有普遍性、客观性、相对性、动态性、共享性、可变换性等特性。

（四）信息科学

信息科学是指以信息为主要研究对象，以信息的运动规律和应用方法为主要研究内容，以计算机等技术为主要研究工具，以扩展人类的信息功能为主要目标，由信息论、控制论、计算机理论、人工智能理论和系统论相互渗透、相互结合而成的一门新兴综合性学科。其支柱为信息论、系统论和控制论。

1.信息论

信息论是信息科学的前导，是一门用数理统计方法研究信息的度量、传递和交换规律的科学，主要研究通信和控制系统中普遍存在的信息传递的共同规律，以及建立最佳地解决信息的获取、度量、变换、存储、传递等问题的基础理论。

2.控制论

控制论的创立者是美国科学家维纳（Wiener），1948年他发表《控制论》一书，明确提出控制论的两个基本概念——信息和反馈，揭示了信息与控制规律。控制论是关于动物和机器中的控制和通信的科学，它研究各种系统共同控制规律。在控制论中广泛采用功能模拟和黑箱方法。控制系统实质上是反馈控制系统，负反馈是实现控制和使系统稳定工作的重要手段。控制论中，对系统控制调节通过信息的反馈来实现。在制定方针政策的过程中，哈佛经理的决策可以看作信息变换、信息加工处理的反馈控制过程。

3.系统论

系统论的基本思想是把系统内各要素综合起来进行全面考察统筹，以求整体最优化。整体性原则是其出发点；层次结构和动态原则是其研究核心；综合化、有序化是其精髓。系统论是国民经济中广泛运用的一大组织管理技术。

三、信息技术应用

（一）信息技术与生活

信息技术在日常生活中有哪些应用呢？我们先举例看看大学生小文一天的生活，从中发掘与我们生活有关的信息技术。

早上6：30，一阵悦耳的手机闹铃声打破了宿舍的宁静，大学生小文从床上一跃而起，开始了新一天的学习生活，课前他用手机浏览并预习了今天上课课件的内容，课堂上他在记录重点和难点的同时，用手机录像了难点部分。下课后到图书馆借阅了参考书，在电子阅览室上网查阅了相关资料，完成了指导教师布置的调查报告，并通过E-mail交给了老师。这个周末就是五一长假，他打算去外地旅游，需要上网查询天气、预订门票、车票和宾馆等方面的信息，同时了解当地的风土人情、著名景点简介和旅游攻略等信息。中午13：00，他用手机查看了股市行情和基金交易情况，为未来选择了金融理财产品，虽然投入很少，但他相信越早规划自己的未来，就越早受益。此时，小文收到一条远方朋友的微信，询问近期情况，他用微信进行了留言回复。下午下课后回到宿舍，打开计算机查询了自己的邮件，上网查看了市场情况，好为明年毕业做准备，之后在网上为母亲订购了一件电子产品，并打电话告诉母亲以及假期安排。最后，为了第二天的讨论课准备资料，直到深夜才关灯睡觉。这就是大学生小文一天的生活。

在网络化的信息时代，信息技术已经和我们的生活息息相关，无论是购物、旅行、上学、求职，还是娱乐和休闲，几乎所有的人类行为都需要信息技术的支持以获取和查询信息，以此为基础做出自己的决策。

（二）互联网和移动互联网

互联网（Internet），又称网际网络，音译为因特网，是网络与网络之间所串连成的庞大网络，这些网络以一组通用的协议相连，形成逻辑上的单一巨大国际网络。这种将计算机网络互相连接在一起的方法可称作"网络互联"，在这基础上发展出覆盖全世界的全球性互联网络称互联网，即互相连接在一起的网络结构。互联网并不等于同万维网，万维网只是基于超文本相互连接而成的全球性系统，且是互联网所能提供的服务之一。

移动互联网，就是将移动通信和互联网二者结合起来，成为一体，通过智能移动终端，采用移动无线通信方式获取业务和服务的新兴业务，包括终端、软件和应用三个层面。终端层包括智能手机、平板电脑、电子书、MID等；软件包括操作系统、中间件、数据库和安全软件等；应用层包括休闲娱乐类、工具媒体类、商务财经类等不同应用与服务。5G时代的开启以及移动终端设备的凸显必将为移动互联网的发展注入巨大的能量，未来移动互联网产业必将迎来前所未有的飞跃。

当前，互联网和移动互联网已经不是什么新鲜事物，几乎伴随着人类生产和生活的各个方面。

（三）大数据和云计算

马云说：互联网还没搞清楚的时候，移动互联就来了，移动互联还没搞清楚的时候，大数据就来了。近年来"大数据"和"云计算"等新概念充斥着我们的生活，那么什么是大数据？什么是云计算？在现实生活中有哪些应用？二者有何联系？

研究机构Gartner给出了这样的定义："大数据"是需要新处理模式才能具有更强的决策力、洞察发现力和流程优化能力的海量、高增长率和多样化的信息资产，即指无法在可承受的时间范围内用常规软件工具进行捕捉、管理和处理的数据集合。大数据具有大量、高速、多样和价值四个特点。由于大数据的特点，常规方法已经不能满足其处理需要，云计算应运而生。

什么是云？云是网络、互联网的一种比喻说法，表示对互联网和底层基础设施的抽象。云计算（Cloud Computing）是基于互联网的相关服务的增加、使用和交付模式，通常互联网提供动态易扩展且经常是虚拟化的资源。云计算是分布式计算（Distributed Computing）、并行计算（Parallel Computing）、效用计算（Urility Computing）、网络存储（Network Storage Technologies）、虚拟化（Virtualzation）、负载均衡（Load Balance）等传统计算机和网络技术发展融合的产物。其主要特征是以网络为中心的资源配置动态化、透明化和需求服务自助化以及服务的可计量化。也就是客户可借助不同的终端设备，通过标准的应用实现对网络的访问来获得云计算的服务，并且能够根据消费者的需求动态划分或释放不同的物理和虚拟资源，实现资源的快速弹性提供和自动回收，实现IT资源利用的可扩展性。同时为客户提供自助化的资源服务，用户无须同提供商交互就可自动得到自助的计算资源能力。客户根据云系统提供的应用服务目录，采用自助方式选择满足自身需求的服务项目和内容。在云服务过程中，针对客户不同的服务类型，通过计量的方法来自动控制和优化资源配置，对用户而言，这些资源是透明的、无限大的，用户无须了解内部结构，只关心自己的需求是否得到满足即可。

云计算分为狭义云计算和广义云计算。狭义云计算指IT基础设施的交付和使用模式，指通过网络以按需、易扩展的方式获得所需资源；广义云计算指服务的交付和使用模式，通过网络以按需、易扩展的方式获得所需服务。这种服务可以与IT和软件、互联网相关，也可以是其他服务。它意味着计算能力也可作为一种商品通过互联网进行流通。继个人计算机变革、互联网变革之后，云计算被看作第三次IT浪潮，是中国战略性新兴产业的重要组成部分。它将带来生活、生产方式和商业模式的根本性改变，云计算将成为当前全社会关注的热点。

以计算为基础的信息存储、共享和挖掘手段，可以廉价、有效地将这些大量、高速、多变化的终端数据存储下来，并随时进行分析与计算。大数据与云计算是一个问题的两面：一个是问题，一个是解决问题的方法。通过云计算对大数据进行分析、预测，会使得决策更精准，释放出更多数据的隐藏价值。数据，这个21世纪人类探索的新边疆，正在被云计算发现、征服。

（四）智慧城市

智慧城市就是运用信息和通信技术手段感测、分析、整合城市运行核心系统的各项关键信息，从而对包括民生、环保、公共安全、城市服务、工商业活动在内的各种需求做出智能响应。其实质是利用先进的信息技术，实现城市智慧式管理和运行，进而为城市中的人创造更美好的生活，促进城市的和谐、可持续成长。两种驱动力推动智慧城市的逐步形成，一是以物联网、云计算、移动互联网为代表的新一代信息技术；二是知识社会环境下逐步孕育的开放的城市创新生态。前者是技术创新层面的技术因素，后者是社会创新层面的社会经济因素。智慧城市不仅是物联网、云计算等新一代信息技术的应用，更重要的是面向知识社会创新方法论的应用。

智慧城市通过物联网基础设施、云计算基础设施、地理空间基础设施、空间信息技术等新一代信息技术以及维基、社交网络、Fab Lab、Living Lab、综合集成法等工具和方法的应用，实现全面透彻的感知、宽带泛在的互联、智能融合的应用，以及以用户创新、开放创新、大众创新、协同创新为特征的可持续创新。伴随网络帝国的崛起、移动技术的融合发展及创新的民主化进程，知识社会环境下的智慧城市是继数字城市之后信息化城市发展的高级形态。

智慧城市主要包括智慧交通、智慧医疗。当前，全球最具智慧城市头衔的6个城市分别是美国俄亥俄州的哥伦布市、芬兰的奥卢、加拿大的斯特拉特福、中国台湾地区的台中市及桃园县、爱沙尼亚的塔林、加拿大的多伦多。

根据《中国智慧城市发展水平评估报告》，我国智慧城市发展水平处于全国领先的城市主要有北京、上海、广州、深圳、天津、武汉、宁波、南京、佛山、扬州等，处于追赶的城市有重庆、无锡、大连、福州、杭州、青岛、昆明、成都、嘉定、莆田、江门、东莞、东营等。

1.物联网

物联网是新一代信息技术的重要组成部分。其英文名称是“The Internet of things”。顾名思义，“物联网就是物物相连的互联网”。其有两层意思：其一，物联网的核心和基础仍然是互联网，是在互联网基础上的延伸和扩展的网络；其二，其用户端延伸和扩展到了任何物品与物品之间，进行信息交换和通信。物联网就是通过射频识别（Radio Frequency Identifcation，RFID）、红外感应器、全球定位系统、激光扫描器等信息传感设备，按约定的协议，把任何物体与互联网相连接，进行信息交换和通信，以实现对物体的智能化识别、定位、跟踪、监控和管理的一种网络。物联网的本质概括起来主要体现在三个方面：一是互联网特征，即对需要联网的物一定能够实现互联互通的互联网络；二是识别与通信特征，即纳入物联网的“物”一定具备自动识别与物物通信的功能；三是智能化特征，即网络系统应具有自动化、自我反馈与智能控制的特点。物联网在实际应用上的开展需要各行各业的参与，具有规模性、广泛参与性、管理性、技术性、物的属性等特征。物联网大量的应用是在行业中，包括智能电网、智能交通、智能物流、智能医疗、智能家居等。

2.空间信息技术

空间信息技术（Spatial Information Technology）是20世纪60年代兴起的一门新兴技术，20世纪70年代中期以后得到迅速发展。主要包括卫星定位系统、地理信息系统和遥感等理论与技术，同时结合计算机技术和通信技术，进行空间数据的采集、量测、分析、存储、管理、显示、传播和应用等。其中，地理信息系统（Geographic Information System或Geo Information System，GIS）有时又称为"地学信息系统"或"资源与环境信息系统"。它是一种特定的十分重要的空间信息系统。它是在计算机硬、软件系统支持下，对整个或部分地球表层（包括大气层）空间中的有关地理分布数据进行采集、储存、管理、运算、分析、显示和描述的技术系统。

卫星定位系统即全球定位系统（Global Positioning System，GPS）。简单地说，这是一个由覆盖全球24颗卫星组成的卫星系统。这个系统可以保证在任意时刻，地球上任意一点都可以同时观测到4颗卫星，以保证卫星可以采集到该观测点的经纬度和高度，以便实现导航、定位、授时等功能。这项技术可以用来引导飞机、船舶、车辆以及个人，安全、准确地沿着选定的路线，准时到达目的地。

第二节 信息技术的价值与意义

信息技术哲学的价值和意义是多方面的，上面谈到它同技术哲学以及信息哲学之间的学科关系，其实就是对技术哲学研究和信息哲学研究的推进，这就是其价值和意义的重要表现之一。除此之外，信息技术哲学对于一般哲学、对于信息技术本身的发展、对于社会的发展、对于人的发展等都具有重要意义。

一、对于哲学的意义

如果信息技术哲学可以直接视为哲学的一个新兴分支，它无疑就是哲学探索的一个新领域，从而对一般的哲学起到强大的推进作用。虽然从"学科级别"上，信息技术哲学似乎仅仅算得上是哲学学科中的一个"四级学科"，好像离哲学的"顶层"遥不可及；但实际上，从哲学本身所具有的共性与个性贯通、形上与形下交融的特征来说，在信息技术哲学中可以体现哲学的全部丰富性和深刻性；不仅如此，它还可以进一步增添哲学的具体性、生动性和时代性，成为哲学在新的技术世界和生活世界中的多彩显现。

信息技术的技术问题可以过渡到哲学问题，这是毋庸置疑的。信息技术最初似乎仅仅是我们处理信息的一种工具，但“工具远不仅仅是使任务更容易完成的某种东西。工具可以改变我们的思维方式”。一个明显的事实是，我们今天是通过信息技术来把握世界的，因此信息技术对于我们关于现实的感知和诠释具有丰富的蕴含，它“不断地调整着人类与物质现实和文化现实的体验与联系”，正是在这个意义上“几乎很少人能够否认，信息技术已经从根本上改变了我们复杂的世界”，并“最终还会从根本上影响到我们的世界观”，从而改变作为世界观的哲学。例如，当计算机的神奇作用日益彰显时，就有人缘此去理解世界的奥妙，认为“世界不仅像一台电脑，它就是一台电脑”，这就导向了“计算主种新的本体论或形而上学”。可见，我们如果保持“对信息技术的本性和意义的追问——这一追问最终必然走近形而上学”。

信息技术中的虚拟实在技术使我们触及了“实在与虚在”等深层的“形而上”问题，也触及“人是什么”等人本学的问题，还通过“脑机界面”“知行接口”等问题进入认识论领域。此外，像程序中的“意义”和“意向性”问题、计算机硬件和软件之间的关系问题、人工智能与人类智能的关系问题等，无一不是由信息技术直接引发的哲学问题。信息技术作为一个哲学问题的“多发地带”，是一种可以带给我们前所未有的哲学启迪的新源头，也是使“信息技术”的哲学解释力和世界观影响力在时空维度上得到扩展的重要机遇。“信息社会已然打造了全然一新的新实在，使得前所未有的现象和经验成为可能，为我们提供了极为强大的工具和方法论手段，并提出了非常宽广和独特的问题以及概念问题，在我们面前展开了无以穷尽的可能性。不可避免地，信息革命也深刻地影响了哲学家从事研究的方式，影响了他们如何思考问题，影响了他们考虑什么是值得考虑的问题，影响了他们如何形成自己的观点甚至所采用的词汇。”一句话，当哲学深耕这些由信息技术带来的问题的领域时，就使哲学的运思获得了新空间，使哲学的视野和成果可以达到新的深度、高度和广度，哲学研究得以新拓展。

哲学世界观的改变必然导向哲学方法论的变革，这也是“世界观就是方法论”所蕴含的道理。就是说，我们对世界解释的视角和方法，都被信息技术（计算机和网络）的视角和方法所影响和塑造，所以我们在信息时代的思维方式或哲学方法都越来越带上了当代信息技术的痕迹。例如，计算机中的“硬件”和“软件”概念，如今已扩展到我们观察一切对象的一种分类视角“人们普遍借用‘软件’和‘硬件’的概念来观察、分析、研究技术结构、社会结构、经济发展、社会管理，等等，已经善于将事物分为‘软件’和‘硬件’，然后分析各自的情况和相互关系，找出它们之间的问题和矛盾，以便寻求解决问题的途径和策略。‘软件’内涵的外延和泛化，涌现了一系列‘新概念’，像‘软经济’‘软科学’‘软专家’‘软管理’‘软系统’（以及‘软实力’‘软环境’等——引者注），等等。这一系列‘新概念’都借用了‘软件’的‘软’内涵，都与各自对应的‘硬件’的‘硬’观念相区别。这一系列‘软概念’的兴起，表明‘软件’和‘硬件’中所包含的‘软’和‘硬’的概念已深入社会生活的各个领域，成为一组具有普遍意义的新概念。从‘软件’与‘硬件’内涵的外延和升华，发展到‘软’与‘硬’的关系，构成一组新的哲学范畴”。今天我们认识心脑关系时，也是将大脑视为硬件，而将心智视为软件，由此可以启发我们对计算机的本质和心智的本质“互惠”地深入研究下去。

信息技术甚至还造就了今天普遍流行的“形式大于内容”“关系重于实体”的思维方式，因为信息技术使存在的“信息性”显得更为重要，如果认为实体是物的“冻结”状态、信息是物的“开显”状态的话，这就意味着作为信息性的“展开”面就取代“冻结”面而站到了人类视域的前台，而“开显”就是结构和关系活跃地呈现的状态，由此促使“信息思维”“关系思维”“结构思维”成为更受青睐的哲学方法论。在了解当今哲学的方法论特征时，如果不从信息技术的根基作用上去分析，就很难把握住其源头。

二、对于信息技术发展的意义

信息技术哲学不仅对推进哲学的研究具有重要意义，而且对信息技术本身的研究也是富有启迪的。也就是说，用信息技术来丰富哲学和用哲学来洞悉信息技术，可以使双方获益。

从原则上说，哲学对科学和技术有什么意义，那么信息技术哲学就对信息技术有什么意义。从前面的分析中可以看到，信息技术如计算机中存在一些终极性的问题，这些问题实质上就是哲学问题，对其理解和把握所形成的信息技术哲学，可以反过来影响我们对信息技术的认识，从而关系到信息技术的发展趋势和限度，也关系到信息技术设计的方向。例如，对于计算机本质的理解就会形成对计算机能做什么和不能做什么形成一种哲学上的把握，从而对计算机的设计方向与限度等形成指引。

信息技术中的那些前沿发展领域，由于进行的是前所未有的探索，所以离不开某种哲学的假设为指导，它们可以说是使得计算机能够计算的原理或基本的根据，也是计算机科学的“基础问题”或自身的“哲学问题”。这些哲学假设中，有“本体论假设”，认为“关于世界可以全部分解为对上下文环境无关的数据或原子事实的假想，是AI研究及整个哲学传统中隐藏得最深的假想”中也有关于计算机的“认识论假设”，认为所有非随意性的行为都可以按照某些规则来加以形式化，而且计算机能够通过复制这些非随意性规则来产生这些非随意性行为。

还有“心理学假设”，认为在人脑中存在着一种信息加工层次，并且在这一层次上，思维运用诸如比较、分类、查表等方式来处理信息，而大脑可被看作一种遵循形式规则来加工信息的装置；由于这种信息加工过程是一种第三人称的加工过程，所以“加工者”并无实质性的作用。简而言之，人的心灵运作的方式就是根据离散表征或符号来进行计算（遵照算法规则）。基于这些假设形成了计算主义、联结主义、表征主义的哲学思想，或者不同于上述假设而与计算机主义相反的现象学哲学思想：一是胡塞尔（Husserl）“意象性”和“心理表征的指向性”影响的研究范式，它使得一些计算机科学家用现象学方法去理解计算机，期望从中找到将人的“意向性”与计算机的工作原理沟通起来的桥梁，从而更加合理地看待计算机的行为，尤其是响应了计算机的交往功能，因此胡塞尔也被誉为“人工智能研究之父”。二是受梅洛-庞蒂（Merleau · Ponty）影响的具身认知的研究范式，这种范式重新思考了认知的本质，将知觉而不是理性作为认知的基本方式，而知觉情境化和身体化的活动，不是计算主义所主张的单纯的抽象符号的形式操作活动。用这些不同的哲学去指导计算机尤其是其前沿人工智能的研究，可以形成不同的计算机设计范式，不仅影响了信息技术的发展方向，也决定了其是否成功。由此可见，“计算机依据的是概念，对技术的依赖性没有那么大（或者说计算机的本质凌驾于技术之上），那么哲学思维方式——无论是计算机科学家还是哲学家就是不可避免的了”。计算机在人工智能的研究上过去几十年没有取得突破性的进展，也被认为是受了不适当、不合理的哲学观念的影响，所以在信息技术的研究和发展中，可以说“哲学部分是技术部分的基础，因此技术实践的挫折可溯源于其哲学构想的错误”。

当然，对信息技术的伦理和美学研究，也从特定的层面体现了哲学对信息技术发展的价值和意义，这就是可以强化信息技术中的人性化设计、安全化设计、绿色化设计、美感化设计、智能化设计，等等。尤其是信息技术哲学中提出的伦理问题、人本哲学问题等，使得信息技术产品的设计在人性化考量、避免负面影响、道德伦理因素的限制上提供帮助；关于信息技术的伦理禁区问题，一定程度上也类似于生命伦理对生物技术，尤其是对基因技术和克隆人技术所设置的伦理界限，也形成对信息技术发展的具体影响。在当前，出于矫治与克服对IT的过度依赖（迷恋、沉溺）和对IT恐惧的极端状态的伦理要求，就是在技术设计中所规定的信息技术一个重要发展方向。

可见，信息技术哲学不仅为哲学界进行信息技术转向、为技术哲学界进行信息转向、为信息哲学界进行技术转向形成具体的成果，而且为信息技术界进行哲学思维的提升以及对技术方向的原则性把握，提供一种有价值的探索。

三、对于社会发展的意义

从总体上说，信息技术哲学的研究直接帮助我们认识到计算机和网络是信息社会的“建构物”和“核心表征物”，并进一步理解信息技术为什么会造成社会的时代性变迁和根本性变化，即从哲学的层面上把握上述的关联，引导我们更有效地“顺应”新的时代、更好地“建构”信息社会。

信息技术即使从表层上也构成今日社会的“背景”，它使整个人类社会真正变成一个息息相关的“地球村”，很难找到社会中没有被信息技术改造和影响的地方，如果离开信息技术发展的角度和因素，也很难预测我们的社会将会变为什么样了。无论如何，从信息技术的维度认识和把握社会已成为今天绕不过去的视角，这样，我们的社会观或社会哲学走向信息技术背景下的社会观或关于信息技术的社会哲学也成为不可避免的趋向；而一旦我们有了信息技术的社会哲学或从这样的视角去观察社会，那么对当代社会的本质乃至社会发展的趋向都会有一种紧贴现实的提升。

这里尤为需要提到卡斯特（Custer）的“信息主义”概念。20世纪90年代起，卡斯特陆续出版了“信息时代三部曲”（《网络社会的崛起》《千年终结》《认同的力量》），不断使用“信息主义”的概念，用它来描述以信息科技为基础、以网络技术为核心的新的技术范式，认为它正在加速重塑社会的物质基础，已经对当代社会的经济、政治、文化和全部社会生活以及相应的制度产生了深刻而重大的影响，导致了社会结构的变迁，并引出相关的社会形态，因此被视为整个世界最有决定意义的历史因素。他尤其强调信息技术中的网络技术的重要性，认为信息主义造就当代社会的过程也就是一个网络社会的崛起过程。他的这些观点实质上是信息技术决定论的社会观，是以当代信息技术为支点对社会的新解释，是关于“信息技术与社会”的一种社会哲学。

信息技术的社会价值和意义正在从哲学上得到不断深化的认识，认为它正在或已经改变了人类物质生产和经济生活的一切方面，加速了世界一体化的物质生产体系的形成，知识和科技因素在经济增长中的作用大大增强；它使政治权力发生转移，对社会公平和制度民主等形成新的影响；它使人的精神文化生活更丰富多样，也使精神生产与信息传播呈现出新的方式；此外，它也对社会的走向社会形态的发展产生了深刻影响。出现了“信息资本主义”与“信息社会主义”的新格……凡此种种都构成信息技术哲学的重要研究内容。

从更紧迫的社会发展问题尤其是中国的社会发展来看，信息技术哲学也为我们提供了新的启示。例如，信息技术的发展对于解决生态危机、对于人类的可持续发展、对当前中国发展方式的转型和产业的升级、对中国实现现代化的进程中信息化带动工业化以及两化的深度融合，都具有重要的价值和深刻的影响。对这些影响中的深层次哲学关系的把握，有助于我们更自信和更自觉地去促进新发展目标的实现，并且帮助更多人站在更高的高度去认识这些关系，造就更广泛的信息化发展意识是一种具有哲学内涵的有助于社会可持续发展的哲学观念。

由于生态问题的日益重要，将信息技术造就的信息文明与生态文明内在地联系在一起的看法日渐凸显。如文化生态学家认为，在即将步入新的文明的时候，人类需要明智地利用信息革命，创造一种与新的发展方式相适应的“信息文明”，这种文明是一种持久的、有助于保护和保持健康的全球环境和社会的稳定的文明；这种文明通过对信息资源的有效开发利用而导向对物质资源的更合理、更有效和更节约的使用，从而实现人类社会与自然环境的协调发展，最终实现人类社会的可持续发展。因此，信息文明可以有效缓解自然资源的减少给人类带来的生存压力。在这些意义上，信息技术无疑是一种“环境友好”的技术，它有利于我们提高资源利用效率：它提供的先进检测手段可以帮助我们更好地监测环境的变化，尤其是人类自身活动对环境的影响，从而调整自己的活动方式，改进所使用的技术，以保护环境。信息技术在生产中的应用所导致的生产的信息化以及经济活动的知识化，使得低耗高效的产业成为主导产业，所形成的经济也更趋向于环保经济。通过信息技术哲学将信息技术与环境亲和的这一特征加以深入研究和积极揭示，对于我们从技术路径上走出生态和环境危机无疑是大有裨益的。一定意义上可以将通过信息技术的发展实现社会的信息化进而全面建设信息文明作为社会发展的头等大事来看待，因为它涵盖从生产力和技术发展到思想文化道德水平提高等社会发展的主导方面。如果我们承认当今世界经过农业文明和工业文明而正在进入信息文明，那么不强调信息文明建设就无法搞好现代社会的物质文明建设和精神文明建设，也很难跟上当代人类文明发展的步伐。哲学从整体上把握信息文明的方法论原则以及由此形成的关于信息文明各方面有机关联、协调发展的思路，有助于我们自觉地去全面推进信息文明的建设，促进产业升级、经济发展、政治昌明、环境友好、文化繁荣，从而产生对社会进步的深远意义。在当前中国的社会发展中，就是如何从信息技术哲学的角度理解“五位一体”建设的相互关联，这种相互关联很大程度上可以由信息技术主导的信息文明去实现。无论是经济建设、政治建设、文化建设、社会建设还是生态文明建设，都离不开信息文明的作用，实现信息文明是贯穿五种建设的一条红线。例如，将生产力提升到信息生产力的水平，使工业化与信息化深度融合，促进产业结构提升到以信息经济为主体的水平，信息技术作为低碳技术必然引导低碳社会的到来，或者说只有实现技术的信息化，才能实现技术的生态化；此外，通过信息伦理的建设实现网络民主与网络有序，通过智慧城市和智慧中国的建设实现社会管理的“第二次现代化”……这些无疑都凝结着信息文明对于五种建设的积极促进作用。信息文明对于“五位一体”建设如此重要，有必要从哲学上研究“五位一体”的建设如何通过信息文明来实现“会聚”从而形成“一体化”的进程，有必要揭示“信息文明建设”与“五位一体”建设之间的有机关系及其哲学机制，从而有效地利用这种关系来促进五种建设。

四、对人的发展的意义

一般来说，技术发展对于人的发展具有十分重要的作用，而信息技术对于人从体力解放到脑力解放都空前积极地推进，所以信息技术被誉为是促进人解放的技术，由此显示了信息技术之主导性的人学意义。

当然，信息技术的人学意义还有十分丰富和复杂的内涵。信息技术不仅建构了我们的社会，也建构了我们人自己；人将在计算机和网络的不断解构和建构中获得许多新的特征，“信息人”“计算人”“网络人”“赛博人”就是已经出现的描述。人从变得须臾离不开信息技术（想象一下网络瘫痪或计算机系统崩溃时我们的所感所想）到信息技术成为我们内在而不是外在的一部分，计算机和网络日益渗透进入生活的深层次，以至于今天我们要谈论人的“能力”、人的“发展”、人的“生活世界”、人的“实践方式”，都不可能脱离开信息技术去“空谈”。换言之，当今时代我们不仅处处遭遇信息技术，而且是生存论或哲学性地遭遇信息技术，由此必然引发种种人学问题，如人的自由与本质的问题、人的数字化发展新方式、人的情感的技术性增强、人在网络空间中的价值和异化等，于是信息技术对人的本质、人的价值乃至人的未来等根本性的问题必然形成重要的影响。如果不从信息技术的角度来认识人的问题，就很难具有时代性和前瞻性，也很难切中人的问题的“要害”和“关键”。而从这些维度所进行的对人的认识，就是信息技术哲学中的信息技术人本学，它是新技术时代人学研究的必然趋向，也是我们今天面对自己新处境和新命运时所需要的一种心理上和观念上的新“装备”，是我们在充满新的迷思和疑惑的时代“认识自己”的一项新使命，正因为如此，如前所述，它也成为信息技术哲学中尤其引人关注的领域。

从现实性上看，信息技术在促进人的发展方面起着空前强大和深刻的作用，但也给人带来了新的异化，于是，信息技术的技术限度与人文限度等就自然成为需要从哲学上加以探讨的问题，尤其是关涉到信息技术与人类未来的问题时，我们难免要关心它是更容易导致技术乐观主义还是技术悲观主义，信息技术哲学如何对此加以分析和评价，也成为重要的课题。

随着信息技术的发展，还有种种其他相关的人文问题随之出现，如信息鸿沟、信息不对称、信息（网络）沉溺、信息泡沫、信息垃圾、信息爆炸、信息过载、信息生态失衡、信息污染、信息异化、信息崇拜（信息迷信、信息拜物教）、信息（网络）暴力、网络水军、网络谣言、网络大字报、负面的网络群体事件以致信息（网络）犯……可称之为“信息病”或“信息不文明”乃至“信息野蛮”现象，由此引发对信息技术的“善用”问题，也就是信息技术的伦理问题，此时无疑需要对这些问题加以通盘性和学理性的研究，来寻找矫治这些信息病的对策与方法。同时，通过普及信息技术的伦理知识，提高社会成员的信息素养，使我们的社会建设从信息文明中得到更多的“正能量”，这样，信息技术哲学研究实际上也就负有普及信息伦理的使命，从中可以引申出信息德育的内容。

总之，由于信息技术的影响而正在给我们带来新的人本观和新的伦理观，所以信息技术哲学的研究对于我们重新认识自己及其在新时代中的新使命，具有毋庸置疑的启迪功能。显然，这也是信息技术哲学的重要价值之一。

第三节　微电子、集成电路与计算机信息系统

一、微电子技术与集成电路

（一）微电子技术

微电子技术是19世纪末至20世纪初开始发展起来的以半导体集成电路为核心的高新电子技术，它在20世纪迅速发展，成为近代科技的一门重要学科。微电子技术作为电子信息产业的基础，对航天航空技术、遥感技术、通信技术、计算机技术、网络技术及家用电器产业的发展产生直接而深远的影响。微电子技术是在电子电路和系统的超小型化、微型化过程中逐渐形成和发展起来的，其核心是集成电路。微电子技术对信息时代具有巨大的影响。微电子技术中采用的电子元器件经历了电子管、晶体管、中小规模集成电路、大规模及超大规模集成电路的演变。

（二）集成电路

1.集成电路的概念

集成电路（Integrated Cirecuit，IC）出现于20世纪50年代，以半导体单晶片作为材料，经平面工艺加工制造，将大量晶体管、电阻等元器件及互连线构成的电子线路集成在基片上，构成一个微型化的电路或系统。现代集成电路使用的半导体材料通常是硅（Si），也可以是化合物半导体，如砷化镓（GaAs）等。

集成电路的特点是体积小、质量小、可靠性高、工作速度快。衡量微电子技术进步的标志有以下三方面：一是缩小芯片中器件结构的尺寸，即缩小加工线条的宽度；二是增加芯片中所包含的元器件的数量，即扩大集成规模；三是开拓有针对性的设计应用。

2.集成电路分类

集成电路根据集成度（所包含电子元件如晶体管、电阻等）可以分为小规模集成电路（SSI）、中规模集成电路（MSI）、大规模集成电路（LSI）、超大规模集成电路（VLSI）、极大规模集成电路（ULSI）。

集成电路按导电类型可分为双极型集成电路和单极型集成电路。

集成电路按其功能、结构，可以分为数字集成电路（如逻辑电路、存储器、微处理

器、微控制器、数字信号处理器等）和模拟集成电路（又称为线性电路，如信号放大器、功率放大器等）。

集成电路按用途分为通用集成电路和专用集成电路。

3.集成电路的发展趋势

近几十年来，集成电路持续向更小的外形尺寸发展，使得每个芯片可以封装更多的电路。这样增加了单位面积容量，可以降低成本和增加功能。总之，集成电路随着外形尺寸缩小，几乎所有的指标改善了，即单位成本和开关功率消耗下降，速度提高。Intel创始人之一的高登·摩尔（Gordon Moore）于1965年提出著名的摩尔定律：当价格不变时，集成电路上可容纳的元器件的数目，每隔18～24个月便会增加1倍，性能也将提升1倍。

集成度是有极限的，因此，摩尔定律不可能永远成立。集成电路朝着纳米技术（在纳米尺寸下，纳米结构会表现出一些新的量子现象和效应，可以利用这些量子效应研制具有新功能的量子器件，从而把芯片的研制推向量子世界的新阶段——纳米芯片技术）、集成光路（将自然界传播速度最快的光作为信息的载体，发展光子学，研制集成光路）、光电子集成（电子与光子并用，实现光电子集成）方向发展。

4.集成电路卡

集成电路卡在当今社会中的使用非常广泛，也称IC卡或芯片卡，在国外也称为chipcard或smartcard。它是把集成电路芯片密封在塑料卡基片内部，使其成为能存储处理和传递数据的载体。集成电路卡比磁卡技术先进很多，能可靠地存储数据，并且不受磁场影响。

（1）按所镶嵌的集成电路芯片分类

存储器卡：这种卡封装的集成电路为存储器，可以长期保存信息，也可以通过读卡器改写数据。这种集成电路卡结构简单、使用方便，读卡器不需要联网就可工作。存储器卡安全性不高，常用于校园卡、公交卡等。

智能卡：也称CPU卡。卡上集成了中央处理器、程序存储器和数据存储器，还配有操作系统。这种集成电路卡处理能力强、保密性好，适合用于安全性要求较高的重要场合。手机中的SIM卡就是一种特殊的智能卡，它保存有手机用户的个人识别码、加密用的密钥及用户的其他信息。

（2）按使用方式分类

接触式IC卡：表面有一个方形镀金接口，有六个或八个镀金触点。使用时必须将卡插入读卡机卡口内，通过金属触点传输数据。这种IC卡易磨损、怕油污、寿命不长。

非接触式IC卡：也称为射频卡或感应卡。它采用电磁感应方式无线传输数据，操作方便、快捷。这种IC卡记录的信息简单，读写要求不高，常用于身份验证等场合。这种IC卡采用全密封胶固化，防水、防污，使用寿命长。非接触式IC卡不但可以作为电子证件，用来记录持卡人的数据，作为身份识别之用，也可以作为电子钱包使用，有广阔的应用前景。

二、计算机信息系统

（一）计算机信息系统的基本知识

计算机信息系统是一类以提供信息服务为主要目的的数据密集型、人机交互的计算机应用系统。计算机信息系统有以下三个特点：

1.数据量大

计算机信息系统数据一般需存放在外存中，内存中设置缓冲区，只暂存当前要处理的一小部分数据。

2.数据持久

计算机信息系统中的数据不随程序运行的结束而消失，长期保留在计算机系统中。

3.数据共享

计算机信息系统中的数据为多个用户和多个应用程序所共享。计算机信息系统提供数据处理基本功能及信息服务功能，除具有数据采集、传输、存储和管理等基本功能外，还可向用户提供信息检索、统计报表、事务处理、分析、控制、预测、决策、报警、提示等信息服务。

（二）信息系统的结构

计算机信息系统是面向信息的，由计算机硬件、软件和相关的人员共同组成一个整体的计算机应用系统。信息系统是多种多样的，但其层次结构是一样的。其中四个层次介绍如下：

基础设施层，包括支持计算机信息系统运行的硬件、系统软件和网络。

资源管理层，包括各类结构化、半结构化和非结构化的数据信息，以及实现信息采集、存储、传输、存取和管理的各种资源管理系统，主要有数据库管理系统、目录服务系统、内容管理系统等。

业务逻辑层，由实现各种业务功能、流程、规则、策略等应用业务的一组信息处理代码构成。

应用表现层，其功能是通过人机交互等方式，将业务逻辑和资源紧密结合在一起，并以多媒体等丰富的形式向用户展现信息处理的结果。

目前，信息系统的软件体系结构包括客户机/服务器（C/S）和浏览器/服务器（B/S）两种主流模式，它们都是上述计算机信息系统层次结构的衍生。

（三）信息系统的类型

从信息处理的深度来分，信息系统基本可分为四大类，即业务信息处理系统、信息检索系统、信息分析系统和专家系统。这些系统还可以按处理深度再继续进行划分。

1.业务信息处理系统

业务信息处理系统是采用计算机技术进行日常业务处理的信息系统，用于使业务工作自动化，提高业务工作的效率和质量。根据服务对象的不同，业务信息处理系统又可以进一步分为操作层业务处理系统、管理层业务处理系统和知识层业务处理系统三类。

操作层业务处理系统是面向操作层用户的，主要用于对日常业务工作的数据进行记录、查询和处理。通常操作层业务工作的任务和目标是预先规定并组织好的。

管理层业务处理系统是为一般管理者提供检查、控制和管理业务服务的系统。

知识层业务处理系统是支持企事业单位中的设计和文秘人员业务的信息系统，用于进行企事业单位的设计、创作和文秘工作。按业务性质，知识层业务处理系统又分为辅助设计系统和办公信息系统（又称办公自动化系统）。办公自动化系统利用现代信息技术可实现无纸办公、虚拟办公、协同办公、移动办公等功能。

辅助设计系统采用计算机作为工具，辅助有关技术人员在特定应用领域内完成相应的任务。常见的计算机辅助系统有以下几种：CAD，英文全称computer aided design，即计算机辅助设计；CAM，英文全称computer aided manufacturing，即计算机辅助制造；CAT，英文全称computer aided testing，即计算机辅助测试；CAI，英文全称computer aided instruction，即计算机辅助教学；CAPP，英文全称computer aided process planning，即计算机辅助工艺规划。

2.信息检索系统

信息检索系统的特点是信息量大、检索功能强、服务面广。根据获得最终检索结果的详细程度和检索词的来源，信息检索系统分为目录检索系统和全文检索系统两大类，也可以按信息的内容来划分，信息检索系统可分为文献检索系统、事实检索系统、数值检索系统等。

3.信息分析系统

决策支持系统和经理支持系统是两种常见的信息分析系统。

决策支持系统（Decision Support System，DSS），是辅助决策者通过数据模型、知识以人机交互方式进行半结构化或非结构化决策的计算机信息系统。DSS进行辅助决策所需数据源不但有来自单位内部操作层和管理层的信息，而且有来自外部资源的信息。DSS进行辅助决策的技术有模型库、方法库、数据库、数据仓库、联机分析及规则挖掘等。

经理支持系统（Executive Support System，ESS）是企业决策层的另一种形式的信息系统，它服务于企业的决策层。ESS着重于使企业高级主管能快速获得需要的信息或减少获得信息的工作量。

4.专家系统

专家系统（Expert System，ES）是一种知识信息的加工处理系统，模仿人类专家的思维活动，通过推理与判断来求解问题。一个专家系统通常由两部分组成：一部分是称为知识库的知识集合，它包括要处理问题的领域知识；另一部分是称为推理机的程序模块。

（四）常见信息系统

常见的计算机信息系统有制造业信息系统、MRP和ERP、电子商务、电子政务、地理信息系统和数字地球、远程教育、远程医疗、数字图书馆等。

1.制造业信息系统

（1）计算机集成制造系统

计算机集成制造系统（Computer Integrated Manufacturing System，CIMS）是企业各类信息系统的集成，也是企业活动全过程中各功能的整合。1992年，国际标准化组织（ISO）正式提出了计算机集成制造的定义：计算机集成制造是把人、经营知识及能力与信息技术、制造技术综合应用的过程，其实是提高制造企业的生产效率和灵活性，并将企业所有的人员、功能、信息和组织诸方面集成为一个整体。

（2）MRP和ERP

制造业物料需求计划系统（Material Requirement Planning，MRP）使生产的全过程围绕物料需求计划形成一个统一的系统。制造资源计划系统（manufacturing resources planning，MRP II）把制造、财务、销售、采购及工程技术等各子系统综合为一个系统。在MRP II的基础上，人们提出了企业资源计划（enterprise resources planning，ERP）的概念。ERP扩展了企业管理信息集成的范围，在MRP II的基础上增加了许多新功能。

2.电子商务

电子商务（Electronic Commerce，EC）是以信息网络技术为手段，以商品交换为中心的商务活动，在互联网上以电子交易方式进行交易活动和相关服务活动，是传统商业活动各环节的电子化、网络化、信息化。

3.电子政务

电子政务是政府机构运用计算机、网络和通信等现代信息技术手段，实现政府组织结构和工作流程的优化重组，超越时间、空间和部门分隔的限制，建成一个精简、高效、廉洁、公平的政府运作模式，以便全方位地向社会提供优质、规范、透明、符合国际水准的管理与服务。

4.地理信息系统和数字地球

地理信息系统（Geographical Information System，GIS）又称为地学信息系统，是针对特定的应用任务，存储事物的空间数据和属性数据，记录事物之间关系和演变过程的系统。它可根据事物地理位置坐标对其进行管理、搜索、评价、分析、结果输出等处理，提供决策支持、动态模拟统计分析、预测预报等服务。

所谓数字地球（digital earth），就是在全球范围内建立一个以空间位置为主线，将信息组织起来的复杂系统，即按照地理坐标整理并构造一个全球的信息模型，描述地球上每一点的全部信息，按地理位置组织、存储起来，并提供有效、方便和直观的检索、分析和显示手段，利用这个系统可以快速、准确、充分和完整地了解及利用地球上各方面的信息。

5.远程教育

所谓远程教育（distance education），就是利用计算机及计算机网络进行教学，使得学生和教师可以在异地完成教学活动的一种教学模式。学生不需要到特定地点上课，因此可以随时随地上课。学生也可以通过电视广播、互联网、辅导专线、面授（函授）等多种渠道互助学习。远程教育是现代信息技术应用于教育后产生的新概念，即运用网络技术与环境开展的教育。

6.远程医疗

所谓远程医疗（telemedicine），即指将计算机技术、通信技术、遥感技术及多媒体技术与医疗技术相组合，旨在提高诊断与医疗水平，降低医疗开支，满足广大人民群众保健需求的一项全新的医疗服务。

7.数字图书馆

数字图书馆（digital library）是用数字技术处理和存储各种图文并茂文献的图书馆，实质上是一种多媒体制作的分布式信息系统。它把各种不同载体、不同地理位置的信息资源用数字技术存储，以便于跨越区域。面向对象的网络查询和传播。它涉及信息资源加工、存储、检索、传输和利用的全过程。通俗地说，数字图书馆就是虚拟的、没有围墙的图书馆，是基于网络环境下共建共享的可扩展的知识网络系统，是超大规模的、分布式的、便于使用的、没有时空限制的，是可以实现跨库无缝连接与智能检索的知识中心。

第八章　人工智能的发展与研究

第一节　人工智能相关概念

一、人工智能相关概念阐释及特征分析

（一）理解智能

什么是“智能”？智能的本质是什么？这是古今中外许多哲学家、脑科学家一直在努力探索和研究的问题，但至今仍然没有完全解决，以致被列为自然界四大奥秘（物质的本质、宇宙的起源、生命的本质、智能的发生）之一。近年来，随着脑科学、神经生理学等研究的进展，对人脑的结构和功能积累了一些初步认识，但对整个神经系统的内部结构和作用机制，特别是脑的功能原理还没有完全搞清楚，有待进一步探索。在此情况下，要从本质上对智能给出一个精确、可被公认的定义显然是不现实的。

1.智能研究影响最大的三大理论

目前，人们大多是把对人脑的已有认识与智能的外在表现结合起来，从不同的角度、不同的侧面、用不同的方法来对智能进行研究的，提出的观点亦不相同。其中影响较大的主要有思维理论、知识阈值理论以及进化理论。

（1）思维理论

思维理论来自认知科学。认知科学又称为思维科学，它是研究人们认识客观世界的规律和方法的一门科学，其目的在于揭开大脑思维功能的奥秘。该理论认为智能的核心是思维，人的一切智慧或智能都来自大脑的思维活动，人类的一切知识都是人们思维的产物，因而通过对思维规律与方法的研究可望揭示智能的本质。

（2）知识阈值理论

知识阈值理论着重强调知识对于智能的重要意义和作用，认为智能行为取决于知识的数量及其一般化的程度，一个系统之所以有智能是因为它具有可运用的知识。在此认识的基础上，它把智能定义为在巨大的搜索空间中迅速找到一个满意解的能力。这一理论在人

工智能的发展史中有着重要的影响，知识工程、专家系统等都是在这一理论的影响下发展起来的。

（3）进化理论

20世纪90年代初，艾伦·麦席森·图灵提出了“没有表达的智能”，后又提出了“没有推理的智能”，这是他根据自己对人造机器动物的研究与实践提出的与众不同的观点。该理论认为人的本质能力是在动态环境中的行走能力、对外界事物的感知能力、维持生命的繁衍生息的能力，正是这些能力对智能的发展提供了基础，因此智能是某种复杂系统所浮现的性质。智能由系统总的行为以及行为与环境的联系所决定，它可以在没有明显的可操作的内部表达的情况下产生，也可以在没有明显的推理系统出现的情况下产生。该理论的核心是用控制取代表示，从而取消概念、模型以及显示表示的知识，否定抽象对于智能及智能模拟的必要性，强调分层结构对于智能进化的可能性与必要性。目前，这一观点尚未形成完整的理论体系，有待进一步研究，但由于它与人们的传统看法完全不同，因而引起了人工智能界的注意。

综合上述各种观点，可以认为智能是思维能力与水平（智力）、知识数域与水平、行为能力与水平的总和，这3方面是智能的3种体现。

2.智能的概念

智能指学习、理解并用逻辑方法思考事物，以及应对新的或者困难环境的能力。智能的要素包括：适应环境，适应偶然性事件，能分辨模糊的或矛盾的信息，在孤立的情况中找出相似性，产生新概念和新思想。智能行为包括知觉、推理、学习、交流和在复杂环境中的行为。

智能分为自然智能和人工智能。自然智能指人类和一些动物所具有的智力和行为能力。人类智能是人类所具有的以知识为基础的智力和行为能力，表现为有目的的行为、合理的思维，以及有效地适应环境的综合性能力。

（二）认识智能系统

人脑是一个天然的智能系统，我们要模拟人脑就是要制造一个人造的智能系统，用这个智能系统来进行智能模拟。

所谓“系统”，就是由相互作用和相互依赖的若干组成部分按一定规律结合成的、具有特定功能的有机整体。

系统具有下面的特征：①集合性。系统是由许多元素按照一定方式组合起来的。②关联性。系统的各个组成部分之间是互相联系，互相制约的，不是相互无关的个体的随意堆积。③功能性。系统总是具有特定功能的，特别是人所创造或改造的系统，总有一定的目的性，各元素正是按这个目的组织起来的。④环境适应性。任何系统总是存在并活动于一个特定的环境中，与环境不断进行物质、能量、信息的交换。系统必须适应环境。

无论是天然的智能系统还是人造的智能系统，从工程技术角度看，都应由下列缺一不可的3个部分构成.

1.合理的物理结构——智能行为的物质基础

能够实现智能的天然系统和人造系统，都应具有一个实实在在的物理结构系统。结构不同，能够实现的智能程度也不同。人的神经网络系统是一种天然的物理结构系统，就智能行为而言，它是一个完善的系统；猴子的神经系统也是一个天然的物理结构系统，就智能行为而言，它是一个比人的神经系统逊色的系统；计算机的硬件体系是一个人造的物理结构系统，就智能行为而言，它是现实中一个值得考虑并应不断改进的系统。合理的物理结构系统是智能行为的物质基础，没有这个物质基础，智能就没有生存之地。

2.完善的知识系统——智能行为的理论基础

知识是智能的重要组成部分，是智能行为的理论基础，没有知识就谈不上智能，知识是思维的产物更是思维的基础，它在智能体的智能行为过程中具有十分重要的地位，这已经是没有异议的问题了。我们讲“尊重知识，尊重人才”，是强调知识在天然智能体——人中的重要作用。在智能模拟工程领域中，人们将“知识工程”作为人工智能研究的一个“核心领域”，并有人称智能机为知识处理机，也充分可见人们已确认知识在智能模拟中处于十分重要的地位。

已有的智能研究业已证明，知识是智能的重要组成部分，没有知识的系统很难谈及智能，因此，“知识是智能产生的基本条件之一”，而且，对一个具有思维和智能的人来说，它通常又是一种“开放系统”。智能体的知识要通过与外界的不断的“信息交流”而获得，也会由于某种原因被“丧失”或“修正”。一个具有高度智慧的智能体，正是在不断地与外界进行信息交流的过程中（获取与运用知识的过程中）获得和维持其完善的知识系统的。

3.健全的思维机制——智能行为的行为基础

在充分肯定知识在智能系统中的重要地位的同时，我们认为，知识并不等于智能。因为从一定意义上讲，智能是一种能力，是一种学习能力、理解能力、记忆能力、思维能力、分析问题和解决问题的能力、认识世界和改造世界的能力。即使我们把关于知识获取和知识运用的知识也广义地理解为知识，知识与智能之间还是有区别的。因为智能是一种“动态”行为，特别是一种“思维”行为，一种知识和经验的综合运用过程。

有时，我们把智能行为集中理解为一种“思维”行为，是因为从本质上讲，思维确实是一切智能行为的一个“核心”。没有意识的思维，智能体根本不会产生智能行为。人们常讲的直感和灵感，也应该是一种思维活动。而我们研制智能机器人最关键的一点，也是希望机器能具有模拟人类“思维”的功能。

思维从本质上讲主要是智能体运用自身知识对信息加工的一种过程。但从智能模拟工程，特别是知识工程角度来看，还是把思维能力理解为能获取和运用知识的能力为好。

一般来说，人的智能系统最显著的特征主要有以下几点。

（1）在物理结构上，人的智能系统表现出来的显著特征

人脑是一个由海量神经元组成的巨系统，它由10^{10}～10^{12}个神经细胞（神经元）和与之相比多得多的胶质细胞组成，是“一个庞大而复杂的天然物理系统”。这个系统的“元件”之多远远超出了任何一个机器系统，“元件”之间的联系之复杂也是空前的，而且它还时时与外界有能量和信息交换。虽然目前对这一复杂巨系统的详细结构及微观机理尚不清楚，但它具有层次性、可塑性、协同效应、自组织性与容错性则是确定无疑的。

（2）在知识系统方面，人的智能系统表现出来的显著特征

①具有学习功能，包括有指导的被动式学习和无导师的自主学习，且学习具有选择性、滤波性、自动归纳总结抽象和渐近深入等特性。②具有存储与理解各种知识的能力，包括各种确定性知识和不确定性知识。③具有遗忘和再组织（联想）特性，有“温故而知新”功能。④具有知识定位与层次特性，各类知识可随时调用。⑤具有知识可运用性，可综合运用各类知识。

（3）在思维方面，人具有完善的思维机制

人能灵活运用自己的知识，采用各种思维方式来处理现实中的问题。按照一般的理解，人的有意识、有目标思维有以下几种方式：①逻辑思维（抽象思维），通过概念与逻辑推理进行思维；②形象思维，通过形象与经验模式进行思维；③直觉思维，是思维中“主体直觉”居于主导地位的一种思维形式，常具有非逻辑性和非经验性。

（三）人工智能的概念

人工智能作为一门前沿交叉学科，如何为其定义一直存有不同的观点。《人工智能：现代方法》中将已有的一些人工智能定义分为四类：像人一样思考的系统、像人一样行动的系统、理性地思考的系统、理性地行动的系统；维基百科上定义“人工智能就是机器展现出的智能”，即只要是某种机器，具有某种或某些“智能”的特征或表现，都应该算作“人工智能”；《大英百科全书》则限定人工智能是数字计算机或数字计算机控制的机器人在执行智能生物体才有的一些任务上的能力；百度百科定义人工智能是“研究、开发用于模拟、延伸和扩展人的智能的理论、方法、技术及应用系统的一门新的技术科学”，将其视为计算机科学的一个分支，指出其研究包括机器人、语言识别、图像识别、自然语言处理和专家系统等。

人工智能是利用数字计算机或数字计算机控制的机器模拟、延伸和扩展人的智能，感知环境、获取知识并使用知识获得最佳结果的理论、方法、技术及应用系统。

人工智能的定义对人工智能学科的基本思想和内容做出了解释，即围绕智能活动而构造的人工系统。人工智能是知识的工程，是机器模仿人类利用知识完成一定行为的过程。根据人工智能是否能真正实现推理、思考和解决问题，可以将人工智能分为弱人工智能和强人工智能。

弱人工智能是指不能真正实现推理和解决问题的智能机器，这些机器从表面看像是智能的，但并不真正拥有智能，也不会有自主意识。迄今为止的人工智能系统都还是实现特定功能的专用智能，而不是像人类智能那样能够不断适应复杂的新环境并不断涌现出新的功能，因此都还是弱人工智能。目前的主流研究仍然集中于弱人工智能，并取得了显著进步，如语音识别、图像处理和物体分割、机器翻译等方面取得了重大突破，甚至可以接近或超越人类水平。

强人工智能是指真正能思维的智能机器，并且该智能机器是有知觉的和有自我意识的，这类机器可分为类人（机器的思考和推理类似人的思维）与非类人（机器产生了和人完全不一样的知觉和意识，使用和人完全不一样的推理方式）两大类。从一般意义来说，达到人类水平的、能够自适应地应对外界环境挑战的、具有自我意识的人工智能称为“通用人工智能”“强人工智能”“类人智能”。

（四）人工智能特征分析

1.由人类设计，为人类服务，本质为计算，基础为数据

从根本上说，人工智能系统必须以人为本，这些系统是人类设计出的机器人，按照人类设定的程序逻辑或软件算法通过人类发明的芯片等硬件载体来运行或工作，其本质体现为计算，通过对数据的采集、加工、处理、分析和挖掘，形成有价值的信息流和知识模型，为人类提供延伸人类能力的服务，实现人类期望的一些“智能行为”的模拟，在理想情况下必须体现服务人类的特点，而不应该伤害人类，特别是不应该有目的性地做出伤害人类的行为。

2.能感知环境，能产生反应，能与人交互，能与人互补

人工智能系统应能借助传感器等器件产生对外界环境（包括人类）进行感知的能力，可以像人一样通过听觉、视觉、嗅觉、触觉等接收来自环境的各种信息，对外界输入产生文字、语音、表情、动作（控制执行机构）等必要的反应，甚至影响到环境或人类。借助按钮、键盘、鼠标、屏幕、手势、体态、表情、力反馈、虚拟现实/增强现实等方式，人与机器间可以产生交互与互动，使机器设备越来越“理解”人类乃至与人类共同协作、优势互补。这样，人工智能系统能够帮助人类做人类不擅长，不喜欢但机器能够完成的工作，而人类则适合去做更需要创造性、洞察力、想象力、灵活性、多变性乃至用心领悟或需要情感投入的工作。

3.有适应特性，有学习能力，有演化迭代，有连接扩展

人工智能系统在理想情况下应具有一定的自适应特性和学习能力，即具有一定的随环境、数据或任务变化而自适应调节参数或更新优化模型的能力；并且，能够在此基础上通过与云端、人、物越来越广泛深入数字化连接扩展，实现机器客体乃至人类主体的演化迭代，以使系统具有适应性、鲁棒性、灵活性、扩展性，来应对不断变化的现实环境，从而使人工智能系统在各行各业产生丰富的应用。

二、人工智能发展历程梳理

人工智能在不同的发展阶段呈现出不同的发展特征。一般来讲，人工智能的形成与发展主要经历了三个阶段。

（一）第一阶段（20世纪50年代中期至20世纪80年代初）

20世纪50年代中期，一群科学家聚集在达特茅斯学院，讨论着对于当时的世人而言完全陌生的话题——人工智能，起初被界定为“让机器的行为看起来就像是人所表现出的智能行为一样”。这次会议使用了人工智能（AI）这个名称作为会议的主题，从而使得人工智能作为一个研究领域正式诞生。

此后，大量资金涌入人工智能行业，并促生了大批优秀的AI程序和相应的研究理念，例如，试图利用计算机证明几何定理、解决代数问题等。学界对于人工智能的追捧，使得许多政府机构也开始大量向该领域投入资金，这带来了人工智能发展的第一个黄金时期。

（二）第二阶段（20世纪80年代初至20世纪90年代初）

20世纪80年代初，一种名为“专家系统”的AI程序风靡全球。专家系统是一个智能计算机程序系统，其内部含有大量的某个领域专家水平的知识与经验，能够利用人类专家的知识和解决问题的方法来处理该领域问题。也就是说，专家系统是一个具有大量的专门知识与经验的程序系统，它应用人工智能技术和计算机技术，根据某领域一个或多个专家提供的知识和经验，进行推理和判断，模拟人类专家的决策过程，以便解决那些需要人类专家处理的复杂问题。简而言之，专家系统是一种模拟人类专家解决领域问题的计算机程序系统。

“专家系统”的风靡使得知识处理成为主流AI研究的焦点，反向传播神经网络的崛起带来了联结主义的重生。软硬件技术的进步及充足的资金投入使得人工智能迎来第二次繁荣。

（三）第三阶段（20世纪90年代初至今）

随着网络基础设施的发展，为高速传送和交换数据创造了基础，互联网时代的大数据存储能力和云计算处理能力也为深度学习创造了条件。21世纪，人工智能的发展日益成熟，机器学习和深度学习成为人工智能研究主流，并在各行业得到了广泛应用。

第二节 人工智能发展的机遇与挑战

一、智能时代的经济机遇

目前，各国都相继发布了人工智能规划，均从提高生产力和竞争力着手，以此振兴国家经济发展。由此可见，人工智能将担负着撬动经济发展和产业进步的重要使命，在此过程中必然孕育着无限的机遇。

（一）人工智能助推传统企业重焕生机

当前，单纯依赖扩大资本投入和劳动力规模的生产模式已经无法推动企业走向快速发展之路，也无力再维持经济的高速发展，因此必须将人工智能作为新兴的生产要素用于传统企业的改造升级。如此既可大量节约生产资本，又可带动生产力的提升，从而推动传统企业焕发生机。

（二）人工智能带动新兴产业大发展

战略性新兴产业代表新一轮科技革命和产业变革的方向，是培育发展新动能、获取未来竞争新优势的关键领域。人工智能的战略性新兴产业，包括模式识别、人脸识别智能机器人、智能运载工具、增强现实和虚拟现实、智能终端、物联网基础器件，这是人工智能发展本身创造的新领域。

（三）人工智能推动新商业模式和新商业领域的产生

商业智能化是未来最重要的发展趋势，因此无论对传统行业，还是新兴产业而言，如何通过智能化和大数据提升企业的运营水平，并通过智能应用以及大数据挖掘、洞察并不断满足消费者的需求，将成为各行业领头羊的共同探索方向。

目前比较可行的路径是：在现实应用需求和“互联网+”应用缺陷的双重倒逼下搭载人工智能，以此形成“人工智能+金融”的新商业模式。新商业模式还须在新商业领域中进行规模化应用，如智能制造智能农业智能物流、智能交通、智能电网、智能医疗、智能金融、智能学习、智能家居、智能商务、智能城市等，从而推动人工智能在各行业中的应用，全面提升产业发展智能化水平，助力经济快速发展。

二、智能时代的社会挑战

人工智能在未来10年内将成为最具有颠覆性的技术。短期来看机器学习、深度学习正处于发展的高峰期，未来2～5年将成为主流应用技术。显然，人工智能的迅速发展正在深刻改变人类社会生活、改变世界。人类的社会秩序也由二元秩序向三元秩序转变，这个过程虽然不是一蹴而就的，但对人类社会业已存在的伦理与道德、法律与法规、就业与教育、安全与国际准则等带来严峻的挑战则是毋庸置疑的。

在伦理与道德方面，随着人工智能的广泛应用，安检系统可能会将人的隐私暴露无遗，此时人类应该如何应对这一窘境？是以人的基本权利为先，还是以安全为先；随着制造工艺的精进和商品价格的不断下降，陪护机器人可能在不久的未来会大批量地投入市场，这将对传统的家庭关系带来重大冲击，引发社会关系的重构；随着仿生学的发展，人类身上有可能会安装机器，而机器人也能够帮助人类做各种事情。那么如何看待“人机一体”，究竟是“人”还是“机器”？这将对于人和人的本质提出根本性的挑战。

在法律与法规方面，就现有法律秩序而言，传统的法律主体资格的重新界定、数据与隐私权的保护隐忧、法律咨询服务的行业升级以及人工智能生成内容的权利归属等都将成为亟待解决的棘手难题；就智能机器人的法律地位与责任而言，人工智能与智能机器人之间如何界定，智能机器人的法律地位和责任如何认定，目前仍未有明确的答案；就知识产权与相关权利保护而言，传统作品与人工智能生成内容的区别何在，人工智能生成内容在著作权法上如何定性，如何保护人工智能生成内容，这些仍然需要深入思考与研究。

在就业与教育方面，在智能时代里，以下趋势将会是大概率事件：大批量的生产岗位将会被机器人所替代；个人化的工作将会被人机协同所取代；大量上班族将会更多地在家里办公；自由职业者有可能会变得越来越多。根据以往历次产业革命的规律，新的产业革命必将淘汰旧的工作模式，但也必然带来大量新的就业岗位，新的岗位代替旧的岗位是社会发展的必然趋势。与之相对应的是，教育也要有的放矢，聚焦于培养符合智能时代的人才。对大学而言，大学的概念将会突破实体和地理的界限，甚至可以实现“共享大学”。对教师而言，理论上学生可以选择世界上最好的教师来授课，因此教师工作的挑战性会变得更大。这又将带来一个新的难题，即在智能时代如何对学生和教师进行管理。

在安全与国际准则方面，人类在当今世界已经面临众多安全问题，但随着智能时代的到来，有些老问题解决后可能会出现新问题，而有些老问题不仅没有得到有效解决，反而有愈演愈烈的趋势，如交通安全、人身安全、生产安全、食品安全、能源安全、网络安全、公共安全、国防安全、金融安全等，为此要切实加强人工智能的安全保障。智能时代的安全问题较之以往更为复杂，仅仅依靠一个国家的力量是无法解决的，因此需要整个国际社会加强协同，成立人工智能国际组织，制定人工智能国际准则，健全人工智能国际合作机制，加强人工智能的治理能力，为实现“人类命运共同体”添砖加瓦。另外，智能时代带来的最大挑战之一莫过于军事安全问题，可以预料的是，军事安全形势在未来将会变得更严峻，因此建议世界各国对此问题予以高度重视。

三、智能时代的深远影响

当前，人工智能热潮已经在国内外引发了巨大的关注，带来了海量的科研和产业机遇，也对现有社会秩序造成了一定程度的冲击，可以预见，智能时代的到来将会对人类进化、人类发展进程、人与自然的关系带来深远的影响。

（一）智能时代将会推动人类向高级阶段进化

过去的二三十年，人工智能在模仿人类的感知、学习等能力方面有了较大突破，在语音识别、图像识别、自主学习等方面有了长足的进步，已经在很多方面接近或超越了人的能力。然而，人工智能的研究方向并非也不应是取代人类，而是要与人类的能力互补，尤其是通过解放人类来增强人的能力，人工智能将会为人类实现更多的目的而存在。一个显著的趋势是，随着智能技术的发展，嵌入了智能机器的人类以及智能机器人的出现，将有可能打破人与动物、人与机器的界限，推动人类向高级阶段进化。

（二）智能时代将会加速人类社会的发展进程

“科学技术是第一生产力”，智能时代的到来将深刻地搅动世界发展进程，助力全人类向前发展。随着人工智能的普及，社会结构必将如先前几次产业革命一样再次发生巨变。按照当前的发展速度，人工智能将对人类社会方方面面产生深远影响。

（三）智能时代将会实现人与自然的和谐融合

在原始文明时代，人消极地适应自然；在农业文明时代，人积极地适应自然；在工业文明时代，人主宰并支配着自然；在智能文明时代，“人为万物灵长”和“智能人类特有论”将会逐渐祛魅，变得不再神圣和神秘，人的单一主体性地位将会发生变化，这为人类深化认识人与自然关系，实现人与自然和谐相处提供了新的条件。

不过，对于有关“人在智能时代将走向毁灭”的观点，人们必须予以高度重视，但以当前所掌握的智能技术的发展趋势来看，还无须过于担心，主要原因在于：一是数据规范、流通和协同化感知有待提升。人工智能基础设施的仿人体五感的各类传感器缺乏高集成度、统一感知协调的中控系统，对于各个传感器获得的多源数据无法进行一体化的采集、加工和分析。二是人工智能在脑科学复杂技术层面尚未实现关键技术突破。人工智能目前在技术研发层取得的发展依然属于初级阶段，对于更高层次的人工意识、情绪感知环节还没有明显的突破。三是智能硬件平台易用性和自主化与人工智能应用存在较大差距。应用层的智能硬件平台以及服务机器人的智能水平、感知系统和对不同环境的适应能力受制于人工智能初级发展水平，短期内难以有接近人的推理学习和分析能力，难以具备接近人的综合判断能力。

面对智能化时代的到来，我们需要新理念、新思想、新战略加以应对，既需要各自为战，全力深入推进技术的创新、转化和应用，又需要整体谋划、协同合作，推进人类社会的共同进步，更需要国际社会以开放的心态、创新的行动、共享的理念，视全人类为统一的命运共同体的理念来应对这种颠覆性技术带来的机遇与挑战。

第三节　人工智能的相关研究

一、不同视野中的人工智能

（一）经济视野中的人工智能

人工智能在发展历程中遭遇了三次寒冬，但自21世纪金融危机以来，这一行业的前景日益明朗，人工智能已经成为目前备受关注的新兴科技领域，无论是谷歌之类的国际科技巨头，还是来自发展中国家的企业都非常敏锐地关注这一领域，试图在这一领域取得领先优势。这也是人工智能发展到今天的根本动力，只要市场需求强劲，人工智能定能显现更大的潜力。

就如互联网和移动互联网的商业化历程一样，人工智能的商业化，也会以一定的节奏，分阶段、分步骤渗透到我们生产、生活的方方面面。而且，AI给人类社会带来的改变，可能要比过去20年互联网革命所带来的改变大得多。人工智能商业化历程，也可能会比互联网的商业化历程更曲折和漫长。

人工智能在商业中的应用程度目前并不是太高，尽管如此，每个行业都有在人工智能领域处于领先地位的企业。即使没有一家企业出色地应用人工智能的所有功能，但我们分析，人工智能对企业的商业作用，可以从以下几方面来体现。

第一，人工智能在产品和服务中的应用。提供高阶产品和服务的人工智能应用程序（如自动驾驶车辆）往往受到很多关注，提供人工智能服务的公司急切想展示这些产品和服务的优越性能。

由于产品和服务与整个商业模式利害相关，所以有志于此的企业在积极建立强大的内部人工智能团队。如在汽车行业，技术厂商、车辆制造商和供应商之间对人工智能人才展开了激烈的竞争。

第二，人工智能在营销与销售中的应用。人工智能让企业为客户提供个性化的服务，收益巨大。通过引入高阶数字技术及运用专有数据来创造个性化体验的品牌，可以提高6%～10%的收入，这样的收入是不采用人工智能技术品牌的2~3倍。在一些销售和营销组织中，人工智能并非体现在流程自动化方面，而是体现在提高组织绩效上。

第三，人工智能在研发中的应用。相对来说，研发是人工智能应用不太成熟的领域。研发产生的数据相对较少，而且往往不能以数字化方式获取这些数据。此外，很多研发问题不仅复杂、技术性强，还受到严格的科学约束。但是，人工智能在这个领域仍具有极大的潜力。例如，在以研发为主要利润驱动因素的生物制药行业，人工智能可以帮助降低成本并缩短开发周期。

由于研发产生的数据少，积极的数据收集是研发流程中的关键元素。数据收集活动可以与大学合作，将过去的记录数字化，甚至重新生成数据。由于研发需要专业的知识和技能，一键式的人工智能解决方案几乎不存在，科学家必须依靠系统的试验来构建未来人工智能应用所需的数据清单。

第四，人工智能在运营中的应用。企业运营与人工智能可以自然契合，是因为运营实践中常常有类似的操作程序、步骤，并产生大量的数据和可测量的输出信息。许多被某一行业应用的人工智能概念，同样会在另一行业中起作用。目前，在企业运营中被广泛应用的人工智能技术包括预测性维护和非线性生产优化等。

第五，人工智能在采购和供应链管理中的应用。在企业采购环节，结构化的数据和重复交易属于常见现象，因此人工智能具有巨大潜力。企业可能会使用支持人工智能的采购系统，但不会告知供应商或其他任何人，从而保持其竞争优势。在采购中应用人工智能包括半自动的合同设计和审查、采购建议等。供应链管理的流程可以直接使用历史数据，数据为人工智能发展提供了良好的条件，这一领域当然成为人工智能应用的目标。

第六，人工智能在后台中的应用。企业通常会外包部分后台职能，如今企业很快就可以为这些流程购买人工智能解决方案了。IBM等外包巨头正在进行大规模的人工智能开发。这些公司将重点从强调降低劳动力成本和规模，转向建设智能化和自动化平台，以提供更高附加值的服务。

人工智能无疑会全面影响未来的工作。在未来的15年，10%~50%的工作会被人工智能取代，而白领比蓝领被替代的可能性更大。

在今天，了解未来人工智能所需的知识和技能、拥有高阶人工智能技术的公司很难留住精通人工智能的数据科学家，幸好，随着大学提供更多的人工智能相关课程，这种迫切的需求将逐渐减少。长期而言，更有价值的可能是对数据科学家和业务高管团队的管理能力，以及将人工智能的洞察能力与已有流程、产品和服务相整合的能力。

（二）学界视野中的人工智能

与商业精英对人工智能的高度热忱有所不同，知识精英对人工智能的态度更多元，也更复杂。除了探讨人工智能对人类生活可能带来的便利外，知识精英尤其关注人工智能对人类社会造成的潜在威胁，特别是人工智能领域的专家在思考“人机关系”时则显得更谨慎。学界对于人工智能的态度比较复杂多样，既有人工智能专家的谨慎态度，也有霍金这样的科学巨擘的警醒和担忧，当然也存在着对人工智能乐见其成的豁达心态，以及反思人工智能带来的问题并给出建设性意见的理性光辉。

二、人工智能的研究

（一）人工智能的研究热点

目前，人工智能研究的三个热点是：智能接口技术、数据挖掘、主体及多主体系统。

1.智能接口技术

智能接口技术是研究如何使人们能够方便自然地与计算机交流。为了实现这一目标，要求计算机能够看懂文字、听懂语言、说话表达，甚至能够进行不同语言之间的翻译，而这些功能的实现又依赖于知识表示方法的研究。因此，智能接口技术的研究既有巨大的应用价值，又有基础的理论意义。

目前，智能接口技术已经取得了显著成果，文字识别、语音识别、语音合成、图像识别、机器翻译以及自然语言理解等技术已经开始实用化。

2.数据挖掘

数据挖掘就是从大量、不完全、有噪声、模糊、随机的实际应用数据中提取隐含在其中的、人们事先不知道的、潜在有用的信息和知识的过程。

数据挖掘和知识发现的研究目前已经形成了三个强大的技术支柱：数据库、人工智能和数理统计。主要研究内容包括基础理论、发现算法、数据仓库、可视化技术、定性定量互换模型、知识表示方法、发现知识的维护和再利用、半结构化和非结构化数据中的知识发现以及网上数据挖掘等。

3.主体及多主体系统

主体系统是具有信念、愿望、意图、能力、选择、承诺等心智状态的实体，比对象的粒度更大，智能性更高，而且具有一定自主性。主体试图自主地、独立地完成任务，而且可以和环境交互，与其他主体通信，通过规划达到目标。

多主体系统主要研究在逻辑上或物理上分离的多个主体之间的协调智能行为，最终实现问题求解。多主体系统试图用主体来模拟人的理性行为，主要应用在对现实世界和社会的模拟、机器人以及智能机械等领域。目前，对主体和多主体系统的研究主要集中在主体和多主体理论、主体的体系结构和组织。主体语言、主体之间的协作和协调、通信和交互技术、多主体学习以及多主体系统应用等方面。

（二）人工智能的研究方法

人工智能概念诞生以来，学界逐渐形成三大研究学派研究方法，即符号主义、联结主义和行为主义。三大学派从不同的侧面研究了人的自然智能与人脑的思维模型之间的对应关系。粗略地划分，可以认为符号主义研究抽象思维，连接主义研究形象思维，而行为主义研究感知思维。

1.符号主义

符号主义是一种基于逻辑推理的智能模拟方法，又称为逻辑主义、心理学派或计算机学派。其原理主要为物理符号系统假设和有限合理性。长期以来，符号主义一直在人工智能中处于主导地位，走过了一条“启发式算法”→“专家系统”→“知识工程”的发展道路。

符号主义学派认为人工智能源于数学逻辑。符号主义的实质就是模拟人的左脑抽象逻辑思维，通过研究人类认知系统的功能机理，用某种符号来描述人类的认知过程，并把这种符号输入能处理符号的计算机中，从而模拟人类的认知过程，实现人工智能。

2.联结主义

联结主义这个术语是在20世纪40年代提出的，逐渐成为人工智能以及认知心理学、认知科学、神经科学和心理哲学等领域的一种理论与方法。

联结主义有许多表现形式，但最常见的形式是使用人工神经网络模型。

3.行为主义

行为主义亦称行动主义、进化主义或控制论学派。行为主义模拟人类在控制过程中的智能活动和行为特性，即自寻优、自适应、自学习。行为主义还是一种智能主体与其环境交互的模型，这种模型对人工智能中的决策理论规划和强化学习产生了重要影响。

第九章 人工智能的应用技术

第一节 人工智能应用基础

一、人工智能应用的内容

当前，几乎所有的科学与技术的分支都在共享着人工智能领域所提供的理论和技术。这里列举一些人工智能在其中起了重要或关键作用的领域。

（一）专家系统

专家系统是目前人工智能中最活跃、应用最成功的一个领域。自从第一个专家系统DENDRAL研制成功以来，专家系统已成功地应用于数学、物理、化学、医学、地质、气象、农业、法律、教育、交通运输、军事、经济等几乎所有的领域。

专家系统是一种基于知识的系统，它是从专家那里获得知识，把这些知识编制到程序当中，根据人工智能问题求解技术，模拟人类专家求解问题时的求解过程和求解所涉及领域的各种问题，其水平可以达到甚至超过人类专家的水平。

依赖人类专家的知识建立系统的问题求解策略是专家系统的一个主要特征。尽管某些程序的设计者也是领域知识的来源，但更典型的情况是这些程序来自领域专家（如医生、化学家、地质学家或工程师）与人工智能专家的合作。领域专家提供领域中的必要知识，可以通过对其问题求解方法的一般介绍，或者以仔细选择的样例来演示他的技巧。人工智能专家，或者按专家系统设计者的叫法称为知识工程师，他的任务是把知识实现为程序，程序不仅要高效，而且其行为又要具有明显的智能性。程序写出之后，必须通过求解样例问题来提炼它的技能，让领域专家来评判它的行为，并对程序的知识做出必要的修改和补充，反复重复这个过程直到这个程序已经满足了预定的性能要求。

（二）数据挖掘

数据挖掘是一个令人激动的成功应用，它能够满足人们从大量数据中挖掘出隐含的、未知的、有潜在价值的信息和知识的要求。对数据拥有者而言，在他的特定工作或生活环境里，自动发现隐藏在数据内部的、可被利用的信息和知识。要实现这些目标，需要拥有大量的原始数据，要有明确的挖掘目标，需要相应的领域知识，需要友善的人—机界面，需要寻找合适的开发方法。挖掘结果供数据拥有者决策使用，必须得到拥有者的认可、支持和参与。

数据挖掘在市场营销、银行、制造业、保险业、计算机安全、医药、交通、电信等领域已经有许多成功案例。它能以一种更自动化的方式对具有大量数据的商业活动进行分析和预测，在过去这往往需要由行业专家和统计专家来进行。数据挖掘确实正在开启一扇知识发现的大门，使人们有理由对它充满更美好的期待。作为人工智能领域中的重要分支，数据挖掘将架起数据—信息—知识之间的桥梁，为人们提供更多有用的知识和更新颖的发现。

（三）语义Web

如果说计算机的出现为人工智能的实现提供了物质基础，那么因特网的产生和发展则为人工智能提供了更加广阔的空间。

语义Web（Semantic Web）追求的目标是让Web上的信息能够被机器所理解，从而实现Web信息的自动处理，以适应Web信息资源的快速增长，更好地为人类服务。语义Web提供了一个通用的框架，允许跨越不同应用程序、企业和团体的边界共享和重用数据。语义Web是W3C领导下的协作项目，有大量研究人员和业界伙伴参与。语义Web以资源描述框架（RDF）为基础。RDF以XML作为语法、以URI作为命名机制，将各种不同的应用集成在一起。

语义Web成功地将人工智能的研究成果应用到互联网，包括知识表示、推理机制等。人们期待未来的万维网是一本按需索取的百科全书，可以定制搜索结果，可以搜索隐藏的Web页面，可以考虑用户所在的位置，可以搜索多媒体信息，甚至可以为用户提供个性化服务。

（四）自然语言理解

人工智能中一个长期努力的目标就是开发出可以理解并产生人类语言的程序。这不仅是因为使用和理解人类语言的能力明显是人类智能的一个基本特征，而且因为这种自动化会对计算机本身的用途和效力产生难以置信的影响。人们已经付出了很多努力来编写理解自然语言的程序。尽管这些程序已经在某些特定的环境下取得了成功，但目前还无法实现一个可以像人类会话那样灵活广泛地使用人类语言的系统。

自然语言理解是研究如何让电脑读懂人类语言的一门技术，是自然语言处理技术中最困难的一项。自然语言可区分为书面语和口语。书面语理解包括词法、句法和语义分析；口语理解需外加语音分析。理解自然语言涉及很多问题，远比把语句分解为各个部分然后在字典中查到这些单词复杂。真正的理解必须依赖对话领域的广泛背景知识和该领域的习惯用语，并且能够应用上下文知识处理人类语言中的正常省略和模糊性。

因为理解自然语言需要的知识量大得惊人，所以那些已被深入理解的专业领域的大多数工作已经完成了。最早开拓这种“微小世界”方法的程序之一是威诺格拉德（Winograd）的SHRDLU，这个自然语言系统可以“谈论”不同形状和颜色积木的简单布局。SHRDLU可以回答类似这样的询问：“在蓝色方块上的积木是什么颜色？”以及规划这样的动作：“将红的锥体移到绿色的砖块上。”这种问题涉及描述并简单地操作积木的排列方式，该类问题在AI研究中频繁出现，称其为“积木世界”问题。尽管SHRDLU可成功地就积木的排列进行交谈，但它的方法不能从积木世界中推广到其他情况。用在这个程序中的表示技术过于简单，以至于无法表征更丰富而且更复杂领域的语义结构。20世纪80年代后，自然语言理解的应用研究广泛开展，实用化和工程化的努力导致一批商品化的自然语言人—机接口和机器翻译系统出现于国际市场。

对自然语言理解的大多数研究是致力寻找通用的表示形式，它既可以适用于广范围内的应用，又可以很好地适应给定领域的特定结构。针对这一目标，人们已经开发出了很多不同的技术（其中大多是对语义网络的扩展或修改），并使用这些技术开发出了可以理解特定但有趣知识领域中自然语言的程序。

（五）模式识别

模式识别是用数学、物理和技术的方法实现对模式的自动处理、描述、分类和解释。模式是信息赖以存在和传递的形式，诸如波谱信号、图形、文字、物体的形状、行为的方式、过程的状态等都属于模式的范畴。人们通过模式感知外部世界的各种事物或现象，这是获取知识、形成概念和做出反应的基础。

早期的模式识别研究强调仿真人脑形成概念和识别模式的心理和生理过程。20世纪50年代末提出的感知器既是一个模式识别系统，也是把它作为人脑的数学模型来研究的。但随着实际应用的需要和计算器技术的发展，模式识别研究多采用不同于生物控制论、生理学和心理学等方法的数学技术方法。现代发展的各种模式识别方法基本上都可以归纳为决策理论方法和结构方法两大类。

随着信息技术应用的普及，模式识别呈现多样性和多元化趋势，可以在不同的概念粒度上进行，其中生物特征识别成为模式识别研究活跃的领域，包括语音识别、文字识别、图像识别、人物景象识别等。IBM的Via Voice语音内容识别软件，通过训练可以学习特定使用者的语音特征，并且在用户实际使用过程中不断地自动修正，从而逐步提高识别率，语音内容识别率可达90%，极大地方便了文字的计算机输入。汉字识别取得了长足的进步，不但可以识别汉字的内容，还可以识别汉字的不同字体；不但可以识别印刷体，还可以识别手写体。我国的汉字识别工具已经在产业化方向迈出了可喜的一步。手势语言是聋哑人之间进行交流的重要工具，手语识别通过建立手语模型、语言模型，利用合适的搜索算法，将手语翻译成文字或语音，使听障人士和正常人之间的交流变得更方便、更快捷。

随着信息安全需求的急剧增长，生物特征的身份识别技术，如指纹（掌纹）身份识别、人脸身份识别、签名识别、虹膜识别、行为姿态身份识别也成为研究的热点，通过小波变换、模糊聚类、遗传算法、贝叶斯（Bayesian）理论、支持向量机等方法进行图像分割、特征提取、分类、聚类和模式匹配，使得身份识别成为确保经济安全、社会安全的重要工具。

（六）博弈

博弈是一个有关决策和斗智问题的研究领域，如下棋、打牌、战争等这一类竞争性智能活动都属于博弈问题。博弈是人类社会和自然界中普遍存在的一种现象，博弈的双方可以是个人、群体，也可以是生物群或智能机器。各方都力图用自己的“智裁”击败对方。博弈为人工智能提供了一个很好的实验场所，可以对人工智能的技术进行检验，以促进这些技术的发展。

状态空间搜索的大多数早期研究都是针对盘式游戏来实现的，如西洋跳棋、国际象棋、围棋等游戏。除了明显的智能性外，盘式游戏还有很多属性使其成为这些早期研究的理想对象。大多数游戏都有定义好的竞技规则，这样便可以很容易地产生搜索空间，使研究者摆脱那些没有固定结构问题的模棱两可性和复杂性。博弈中的棋局易于在计算机中表示，根本不需要表征更复杂问题所必需的复杂格式。博弈的简单性使测试博弈程序没有任何经济和道德上的负担。状态空间搜索是大多数博弈研究的基础。

博弈过程可能产生庞大的搜索空间。要搜索这些庞大而且复杂的空间需要使用强大的技术来判断备择状态，探索问题空间。这些技术被称为启发式搜索，而且成为AI研究的一个主要领域。

（七）自动证明定理

可以说自动证明定理是人工智能的最古老分支，其根源可以从“逻辑理论家”追溯到“可以把数学看作从基本公理推导出定理的过程”的努力。无论如何，它都理所当然的是人工智能领域中最硕果累累的分支之一。定理证明的研究肩负了AI早期研究中的很多任务，包括总结搜索算法以及开发正式的表示语言。

自动证明定理的吸引力主要在于逻辑的严谨性和广泛性。因为它是一个形式化系统，所以是逻辑使其自动化。这种系统可以处理非常广泛范围内的问题，只要把问题描述和背景信息表示为逻辑公理，把问题的实例表示为要证明的定理，这就是自动证明定理和数学推理系统的基础。

编写定理证明程序的很多早期努力都无法开发出可以一致地求解各种复杂问题的系统。这是因为任何一定复杂度的逻辑系统都不能产生无限数量的可证明定理，缺少强大的技术（启发）来引导搜索，自动定理证明程序在碰到正确解之前要证明数量非常庞大的无关定理。为了克服这种低效性，很多人认为纯粹正式的、依据句法的引导搜索方法在处理如此庞大空间时具有固有的缺陷，唯一可选的方法是依赖人类在求解问题时似乎使用的非正式的特别策略。这就是开发专家系统的基本思想，而且已经证实是行之有效的。

基于形式化数学逻辑的推理具有极大的吸引力，以至于难以视而不见。很多重要的问题采用这种方法，比如设计和验证逻辑电路、验证计算机程序的正确性，以及复杂系统的控制。此外，定理证明领域已经通过设计强大的启发式算法享受到了成功的喜悦，这些启发主要依赖于评估逻辑表达式的句法形式，从而来降低搜索空间的复杂度，不必求助于大多数人类问题求解程序所使用的特别技术。

对自动证明定理保持浓厚兴趣的另一个原因是这样的系统不是一定要在离开任何人类帮助的情况下独立求解非常复杂的问题。很多现代的定理证明程序往往是充当智能助手的，人类完成要求更高的任务，把大的问题分解为子问题，并设计出搜索的可能解空间的启发。然后让定理证明程序完成比较简单但仍需一定技巧的任务，比如证明引理、验证较小的推测，并完成它的人类同事列出的证明要点。

二、人工智能应用的历史回顾

从20世纪70年代前后，人工智能从实验室走了出来，从一般思维规律的探讨转向知识工程的开发，进入了实际应用的时代。这一时期的主要贡献包括以下方面。

20世纪70年代前后，涌现出了一大批实用的专家系统。具有代表性的有，用于诊断和治疗细菌感染性血液病的专家咨询系统MYCIN，该系统第一次使用了知识库的概念，并由于采用了可信度表示经验性知识和数据，可以进行不确定推理，对推理结果进行解释，涉及并基本解决了知识表示、知识获取、搜索策略、不精确推理和结构等重大问题，对以后的专家系统产生了很大的影响。并且，基于MYCIN专家系统，人们实现了专家系统工具EMYCIN。还有矿藏勘探专家系统PROSPECTOR，该系统采用语义网络表示知识，采用Bayes概率推理处理不确定的数据和知识，取得了重大的经济效益。

在这一时期，人们在知识表示、不确定性推理、人工智能语言等方面也取得了很大的进展。20世纪70年代中期提出的框架理论，MYCIN中使用的确定性因子方法，PROSPECTOR中使用的主观Bayes方法，70年代初期出现的逻辑程序设计语言

PROLOG等。

这一时期一个主要的成就就是知识工程概念的提出。

人工智能的研究目标是研究和总结人类思维的普遍规律，并在计算机上模拟和实现。在人工智能研究的早期，是以符号主义为主，所基于的基础是物理符号系统假设，建立万能的符号逻辑系统是计算机实现智能的关键。基于数理逻辑和形式推理，人工智能的早期研究在机器定理证明、通用问题求解、搜索算法和模式识别等方面取得了很多成果，展示了人工智能的强大生命力。然而基于朴素信念的支配，通用问题求解策略和计算机的强大计算能力联合起来将产生超人的性能，人工智能学者试图开发出通用的问题求解系统。使人工智能的研究过于强调学术性，缺乏实用性。有学者认为物理符号系统核心是逻辑演绎方法，主张用逻辑来研究人工智能，即用形式化的方法来描述客观世界，人工智能的一切研究应该在一个类似逻辑的形式框架中进行。这就是人工智能研究的逻辑学派的思想。

然而，当人们在20世纪60年代末遇到困难并对以前的思想和方法重新检讨和分析时认为，万能的逻辑推理体系从根本上说就是不可能的。随着专家系统应用的不断深入，专家系统自身存在的问题也逐步暴露了出来，如知识获取困难、应用领域狭窄、智能水平低、适应性差等，致使绝大多数仓促上马的所谓专家系统因其脆弱性和不可靠性而滞留在原型阶段，无法投入实际应用。

人们认识到已有的人工智能系统最大的问题是缺乏知识，这包括两方面的问题：一是人类的知识不仅是现成的数据和抽象的规则，还包括大量的难以用语言描绘的东西，所有这些知识共同指导人类的行为；二是推理系统本质上是搜索和匹配的过程，主要问题是组合爆炸，只有大量使用知识，使用和领域有关的知识才能克服组合爆炸问题，不存在无所不能的逻辑推理系统。

20世纪80年代以来，各国的智能计算机计划相继遇到了困难，难以达到预期的目标。这些问题的出现，让人们重新对原来的思想和方法进行分析。人们发现，这些困难不是个别的，而是涉及人工智能的根本性问题，主要包括下面几个问题：一是所谓的交互问题，即传统的方法只能模拟人类深思熟虑的行为，而不包括人与环境的交互行为；二是扩展问题，即所谓的大规模的问题，传统的人工智能方法只适合于建造领域狭窄的专家系统，不能把这种方法简单地推广到规模更大、领域更宽的复杂系统中去；三是人工智能和专家系统热衷于自成体系的封闭式研究，这种脱离主流计算（软硬件）环境的倾向严重阻碍了专家系统的实用化。在20世纪80年代中后期的UCAI会议上提出了所谓的知识原则：一个系统展示高级的智能理解和行为，主要是因为拥有应用领域特有的知识、概念、事实、表示、方法、模型、隐喻和启发式。在此之前的人工智能研究者主要致力搜索和推理方法的研究，但收效不太大。随着一些专家系统的成功应用，如MYCIN，使人们认识到了知识对于智能行为的重要性。这些专家系统有一个共同的特点，就是都由启发式知识指导问题求解。相比之下，它们的推理机只包含了普通的关于推理控制的知识。由此可见，系统的能力主要由知识库中包含的领域特有的知识来决定。基于上面的思想，以知识处理为核心去实现软件的智能化，开始成为人工智能应用技术的主流开发方法。它要求知识处理建立在对应用领域和问题求解任务的深入理解的基础上，并扎根于主流计算环境，从而促使人工智能的研究和应用走上了稳健发展的道路。

知识工程的困境也动摇了传统的人工智能物理符号系统对于智能行为是必要的也是充分的基本假设，促进了区别于符号主义的连接主义和行为主义智能观的兴起。

尽管人工智能的发展经历了曲折的过程，但人工智能工作者仍坚持努力工作，在理论和应用等很多方面取得了大量的进展和成果。许多应用领域将知识和智能思想引入其中，使一些问题得以解决。应该说，人工智能的成就是巨大的，影响是深远的。

20世纪90年代，随着计算机网络、计算机通信等技术的发展，对于智能主体的研究成为人工智能研究的一个热点。一种定义人工智能的方法是：人工智能是计算机科学的一个分支，它的目标是构造能表现出一定智能行为的主体。所以，主体应该是人工智能的核心问题。

在人工智能研究中，主体概念的回归并不单单是因为人们认识到了应该把人工智能各个领域的研究成果集成为一个具有智能行为概念的“人”，更重要的原因是人们认识到了人类智能的本质是一种社会性的智能。人们在研究人类智能行为中发现：人类绝大部分的活动都涉及多个人构成的社会团体，大型复杂问题的求解需要多个专业人员或组织协作完成。人最重要的和最多的智能是在由众多个体构成的社会中进行各种活动时体现出来的。“协作”“竞争”“谈判”等是人类智能行为的主要表现形式。要对社会性的智能进行研究，构成社会的基本构件“人”的对应物“主体”理所当然地成为人工智能研究的基本对象，而社会的对应物“多主体系统”也成为人工智能研究的基本对象。

第二节　知识工程与专家系统

一、知识工程与专家系统概述

知识工程与专家系统是人工智能发展中具有划时代影响的一种应用技术，它们联合开启了人工智能发展的第二个时期。

（一）知识工程的基本概念

知识工程具有以下两个方面的含义。

1.知识

美国著名人工智能费研究先驱根鲍姆提出，人工智能学科的研究对象与中心是“知识”。

在这之前，有关人工智能的研究对象与中心一直存在不同的认识，有一些人认为是“推理”，也有一些人认为是“控制”，众说纷纭，莫衷一是。这是人工智能作为一门学科的一个根本性的问题，而费根鲍姆的这一科学论断为人工智能学科的发展指出了根本性道路。自此整个人工智能研究都以知识为中心进行发展。

2.工程化方法

费根鲍姆提出，人工智能学科的出路是用工程化方法开发应用。

在这之前，有关人工智能的研究多侧重于思想、理论、体系的讨论，而实际应用也有众多的例子，但总体来说仅限于小型、局部的应用，一旦形成大型、全域性应用后，它们都成为失败的作品，当时有人就戏称人工智能是“只能做玩具”的技术。而费根鲍姆提出的以工程化方法开发的思想为人工智能的实际应用指明了道路。工程化方法的具体含义指的是将人工智能中的知识信息用计算机中的工程化方法进行处理。

费根鲍姆所提出的知识工程告诉当时的人工智能界人士：在研究人工智能的思想、理论、体系的同时，要研究人工智能中知识信息在计算机中处理的方法论研究，以促进人工智能应用的发展。

知识工程的思想一经提出，在人工智能界掀起了应用的高潮，为人工智能继续发展开辟了新的方向，使当时正处低潮的人工智能获得了新生，从此人工智能走入第二次发展阶段，由知识工程带动的应用代表即是专家系统。

（二）专家系统的基本概念

专家系统是知识工程中的一种应用系统，由于它在知识工程中的重要性，使目前人们只记得专家系统，反而忘了指导与引领它发展的知识工程。

实际上在知识工程出现前专家系统就早已存在，第一个著名的专家系统出现于20世纪60年代中期，即是由费根鲍姆所领导实现的专家系统DENDRAL。它是一个用于化学领域进行质谱分析推断化学分子结构的专家系统，其在此方面的水平已达化学专家程度。另一个有名的专家系统是以美国斯坦福大学肖特利夫为首的团队于20世纪70年代中期开发的血液病诊断的专家系统，该系统后来被知识工程界一致认为是“专家系统的设计典范”。就是因为在70年代中期以前就有了开发成功的专家系统，费根鲍姆总结了他们的开发经验并将其上升到一定理论高度，从而提出了知识工程这一著名的理论思想。

反过来，知识工程又从理论上给专家系统以明确的指导，从此专家系统开发就有了方向，在国际上掀起了专家系统开发的高潮，人工智能从此进入了第二次发展新的时期。

1.专家

专家即是专业人员，掌握一定的专业技能，能运用专业技能解决各类问题，如医生能治病、棋手能下棋、译员能翻译、咨询师能解答各类疑问、培训师能从事专门领域的培训等。所有这一切都表示，专家所掌握的专业技能实际上就是不同领域的知识，同时能运用这些知识进行推理以获得领域内所需的知识或技能。

2.系统

系统指的是计算机系统，特别指的是建立在一定计算机平台上的软件系统。这种系统能够存储足够多的知识且能进行推理，从而达到替代专家的工作。

经过解释后，对专家系统有一个全面与完整的了解与认识。专家系统是一个计算机系统，它通过知识与推理实现或替代人类专业技术人员的工作。

按照这种理解，人工智能中有大量问题均属专家系统范畴，它们都可以用专家系统解决，因此从专家系统出现后众多人工智能应用领域，如自然语言理解、语音识别、人机博弈、无人驾驶等都出现了新的研究高潮，并持续不断取得成果。

在此时期，我国在专家系统的发展也取得了重大进展，为国际人工智能发展做出了贡献。20世纪70年代末期，中科院自动化所研发的关幼波中医肝病诊治专家系统，是在国际上首个利用中医理论为指导开发的医学诊治专家系统。20世纪80年代中期，西安交通大学研制出了人工智能语言LISP的专用计算机，用它可以开发专家系统。20世纪90年代，以我国知名的人工智能专家、中国科学院应用数学研究所陆汝铃院士为首开发与研制成功首个系统、完整的专家系统开发工具“天马”。

总体看来，20世纪90年代后专家系统进入衰退期。直至近年，人工智能进入第三个发展时期，得益于机器学习等新技术的支持，使得专家系统又恢复活力，它目前仍是人工智能应用中一棵不老的常青树。

二、专家系统组成

从专家系统的概念中可以看出，专家系统一般由以下五部分内容组成：

（一）知识库

专家系统中有多个领域知识，如肝病诊治专家系统即由多个有关诊断与治疗肝病的知识。它们以事实与规则表示，并采用一定的知识表示形式，如逻辑表示形式、产生式表示形式等，而目前以知识图谱表示形式为多见。在专家系统中将这些众多领域知识集合于一起组成一个知识库以便于系统对知识的访问、使用与管理，如知识查询、增加、删除、修改等操作以及知识推理等。

知识库是一个组织、存储与管理知识的软件，它向用户提供若干操作语句，为用户使用知识库提供方便。知识则是存储于知识库内的知识实体。对不同专家系统，它们可以有相同的知识库，但有不同的知识实体。

（二）知识获取接口

知识库中知识是由专门从事采集知识的工作人员从专家处经分析、处理并总结而得，这些人员称为知识工程师。在传统的专家系统中，原始知识获取即是通过这种人工方法获得的。在现代专家系统中可通过机器学习、大数据等多种自动方法获得。由于自动方法所获得知识涉及当今人工智能中的多种学科，因此这里仅介绍人工方法所获得的知识作为专家系统的知识来源。

在获得知识后需要有一个接口将它们从外部输入知识库，这就是知识获取接口。知识库一旦获得了知识后，就能在专家系统中发挥作用。

（三）推理引擎

在专家系统中知识是基础，但仅有知识是不够的，还需要对知识作推理，才能得到所需的结果，如肝病诊治专家系统中除了有诊断与治疗肝病的知识，还需要运用专家的思维对它们作推理，最后才能得到正确的诊断结果与治疗方案。在专家系统中实现推理的软件称为推理引擎（inference engine），这是一种演绎性的自动推理软件，一般它可因知识表示方法的不同而有所不同。

（四）系统输入/输出接口

专家系统是为用户服务的，因此需要有一个系统与用户间的输入/输出接口，以建立专家系统与用户间的关联。

①输入：用户对专家系统的需求以一定形式通过输入端接口进入系统。

②输出：专家系统响应该需求进行运行推理，最终将结果以一定形式通过输出端接口通知用户。在系统输入/输出接口中还要有一定形式的人机交互界面，以方便人机间交互。

（五）应用程序

需要有一个专家系统的应用程序，该程序协调输入/输出接口、知识库、推理引擎间的关系以及监督推理引擎运行。

在传统专家系统中，由于流程简单，监督极少，因此应用程序往往可以省略。但在现代专家系统中流程复杂，监督烦琐，因此应用程序是不可缺少的。

三、专家系统分类

专家系统是人工智能中的一种应用系统，它的应用领域与范围很广，以下几个领域较为常见。

诊断型专家系统：根据输入的知识找出处理对象的故障及故障产生的原因并给出排除故障的建议。典型的应用有医疗诊断、机电设备故障诊断等。

预测型专家系统：主要对处理对象的过去与现在所产生的数据进行分析并由此推断出未来的演变与发展。典型的应用有人口预测、天气预测、经济发展预测、农作物收成预测以及交通流量预测等。

解释型专家系统：对处理对象中已知的数据进行分析，解释它们的实际含义。典型的应用有卫星图像分析、石油钻井数据分析、染色体分类以及集成电路分析等。

教学型专家系统：根据学生的特点和学习背景，以适当的教学方法和教案将知识点组织起来，用于对学生进行教学和辅导，调整学生在学习过程中的行为。典型的应用有计算机辅助教学系统CAD、聋哑人语言训练系统等。

咨询型专家系统：不同领域的专业咨询。典型的应用有智能旅游咨询、高考填报志愿自动咨询等。

除此之外，还有设计型专家系统、调试型专家系统、规划型专家系统、监管型专家系统、控制型专家系统等多种类型专家系统。

四、专家系统开发

在全面了解了专家系统原理和组织结构后介绍如何开发专家系统。

（一）专家系统的开发工具

用于专家系统的开发工具一般分为以下两种。

1.用计算机程序设计语言开发

可以用多种不同语言开发专家系统，如：

（1）通用的程序设计语言：C、C++、C#、Java、Python等。

（2）专用的程序设计语言：Lisp、Prolog、Clipt等。

（3）其他的语言与工具。

当开发大型、复杂的专家系统时需要用多种类型的计算机程序设计语言开发，以期取得较好的开发效果。

2.用专用开发工具开发

在一般情况下，专家系统开发使用专用的专家系统开发工具，目前有多种这方面的专家系统开发工具。早期典型的有EMYCIN、KAS、EXPERT等。这些开发工具通常是利用一些已成熟的用计算机程序设计语言开发的专家系统抽取知识库中的具体知识演化而成的。和具体的专家系统相比，它保留了原系统的基础框架（知识库、接口与推理引擎）而对用户输入/输出接口中的人机界面由专用的扩充成通用的。

如EMYCIN是将诊断治疗细菌感染的专家系统MYCIN抽取其知识库中的知识而获得，它是一个可以开发一般医疗诊治的开发工具。而KAS则是地质专家系统PROSPECTOR的骨架系统。用于诊治青光眼的专家系统CASNET抽取其具体知识后就是专门用于医学诊治的开发工具EXPERT。

利用专家系统开发工具只要将不同领域知识填充至知识库中，并编写一个应用程序即可使用已有的推理引擎，通过输入/输出接口即可构成一个新的专家系统。

专家系统开发工具目前因不同类型及不同知识表示方法而有很多种类。这是由于不同的知识表示方法，有不同知识推理引擎与知识获取接口，同时因不同专家系统类型，输入/输出接口也有所不同。不同的专家系统应根据不同类型与知识表示而选用不同专家系统开发工具。

（二）专家系统的开发人员

由于专家系统是一个人工智能应用，同时它又是一个计算机应用系统，因此在专家系统开发中需要两方面人员参与：①人工智能专家系统专业人员，具体来说即知识工程师；②计算机应用系统开发人员，具体来说即系统及软件分析员、编码员、测试员及运行维护员四类人员。

只有这两部分人员的分工合作才能完成专家系统的开发。

（三）专家系统的开发步骤

专家系统的开发总体来说是一种计算机软件开发，因此一般需遵从软件工程开发原则，并适当变通。以常用的专家系统开发工具的方法以及人工获取知识的手段为前提，对开发步骤做介绍。

开发一个专家系统一般可分为下面六个开发步骤。

1.需求分析

在需求分析中需要做下面三件事：①确定专家系统的目标，即专家系统类型；②确定专家系统知识来源以及确定所用知识的表示方法；③确定应用程序工作流程。

需编写需求分析说明书，作为文档保存。

参与此步骤的开发人员应是知识工程师及软件分析员。

2.系统设计

在完成需求分析后即进入系统设计阶段，在此阶段需完成下面三件事：①根据专家系统类型以及知识的表示方法确定所选用的开发工具；②由知识工程师根据知识来源，通过总结、整理、归纳最终得到该专家系统的知识；③由应用程序工作流程组织软件程序模块。

需要编写系统设计说明书，作为文档保存。

参与此步骤的开发人员应是知识工程师及软件分析员。

3.系统平台设置

根据系统设计设置系统平台，包括：①系统硬件平台：如计算机平台、计算机网络平台等。②系统软件平台：如计算机平台中的操作系统、开发工具及知识库工具等；计算机网络平台中的开发工具及知识库工具等。

需要编写系统平台设置说明书，作为文档保存。

参与此步骤的开发人员应是系统及软件分析员。

4.系统编码

系统编码分为两部分内容：①知识编码。按开发工具提供的编码方式对知识进行编码，并在编码后通过知识获取接口将它们依次录入开发工具的知识库中。②应用程序编码。按开发工具提供的编码方式对软件程序模块进行编码，并在编码后将它们放入开发工具相应的应用程序中。

需要编写知识列表清单及源代码清单，作为文档保存。

在完成系统编码后，一个具有实用价值的专家系统就初步完成。

参与此步骤的开发人员应是知识工程师及编码员。

5.系统测试

对编码完成的专家系统做测试。测试的主要内容是针对专家系统中的知识与应用程序进行的，包括：①局部测试，它包括对知识库中的知识做测试以及对应用程序做测试。②全局测试，在做完局部测试后即进入全局测试，包括开发工具与应用程序以及安装有知识的知识库这3者间的联合测试。

在完成测试后需编写测试报告，作为文档保存。

编码员需根据测试报告要求对专家系统调整与修改，使其能达到需求分析的要求。

参与此步骤的开发人员应是测试员及编码员。

6.运行与维护

经过测试后的专家系统可以正式投入运行。在运行过程中还需不断对系统做一定的维护。这种维护包括两个方面：①知识库的维护，对知识库做增、删、改等不断维护。②应用程序的维护，对应用程序做不断调整与修改。

在运行过程中需每日填报运行记录。在每次维护后需填报维护记录作为文档保存。

参与此步骤的开发人员应是知识工程师及运行维护员。

五、传统专家系统与新一代专家系统

专家系统在人工智能发展的第二个时期起到了关键性的作用，特别是20世纪70年代末至90年代初，在人工智能学科发展中独领10余年。但随着应用需求的上升及系统规模的增大，专家系统的发展进入了死胡同，它的最后光辉出现于20世纪90年代中期的“深蓝”，从此再也见不到发光的专家系统产品，目前来看，这种专家系统可称为“传统专家系统”。究其原因，主要有以下3个方面：①专家系统的知识获取中的知识大多来源于知识工程师对专家的人工总结，在较为简单的情况下，这种手工操作还是可行的。但当专家知识较为复杂的情况下，这种获取手段就显得太过原始，获取的正确性与完整性得不到保证，这就使得专家系统的实际应用受到严重影响。②在专家系统中使用自动推理机制，即用推理引擎作推理。推理引擎是一个软件，其算法复杂性均为指数级，因此当推理简单时，这种推理是可行的，但当推理复杂时，这种推理就不可行了，即便是采用极高能力的计算机也是无济于事的。③专家系统中的人机交互接口较为简单，在复杂的情况下，与用户交互较为困难，这直接影响到专家系统作用的发挥。

在人工智能发展进入第三个时期后，对专家系统的研究也出现了新的发展，这主要表现为传统专家系统与第三时期的新技术的结合，表现如下：①采用了机器学习等新技术，实现了自动或半自动知识获取的手段；②采用了新的知识表示方法，如本体、知识图谱等方法及新的推理机制，组成了新的知识库及推理引擎；③充分利用自然语言理解新技术，实现了新的人机交互界面。

以上3种新技术与专家系统的结合，产生了新型的专家系统，可称为“新一代专家系统”，它的出现标志着人工智能发展第三个时期的又一个新的里程碑。

第三节　计算机视觉

一、计算机视觉概述

在人工智能中，语音识别模拟了人类“听”的能力，自然语言处理模拟了人类

"说"的能力，而计算机视觉则是模拟了人类"看"的能力。据统计，人类获取外界信息有80%以上是通过"看"所获得的。由此可见计算机视觉的重要性。

计算机视觉模拟人类"看"的能力，这种能力包括了对外界图像、视频的获取、处理、分析、理解和应用等多种一系列能力的综合。其中包含多种学科技术，如脑视觉结构理论、图像处理技术、人工智能技术以及与领域相结合的多种应用学科技术，如图像、视频的获取、处理属于图像处理技术；图像、视频的分析、理解属于人工智能技术；而图像、视频的应用则属于与领域相结合的多种应用科学技术等。所有这些技术都是以人工智能技术为核心与其他一些学科有机组合而成的。除此之外，计算机视觉还包括基于脑科学、认知科学及心理学等基础性的支撑学科。

在计算机视觉的整个模拟过程中，一般可分为下面几个层次，它们组成了一个视觉处理的整体。

（一）图像的获取——外界景物的数字化

在外部世界中存在动态、静态等多种景物，它们可以通过摄像设备为代表的图像传感器转化成计算机内的数字化图像，这是一个n × m点阵结构，可用矩阵$A_{n\times m}$表示。点阵中的每个点称像素，可用数字表示，它反映图像的灰度。这种图像是一种最基本的2D黑白图像。如果点阵中的每个点用矢量表示，矢量中的分量可分别表示颜色，颜色是由三个分量表示，分别反映红、黄、蓝三色，其分量的值则反映了对应颜色的浓度。这就组成了3D彩色的4D点阵图像。

外界景物的数字化就是将外界景物转化成计算机内的用数字表示的图像，可称为数字化图像，它是由摄像设备为代表的图像传感器所完成的，这种设备可以获取外界图像（而视频则是一组有序的图像序列，它的基础是图像，因此仅介绍图像），它一般可以起到人类"眼睛"的作用。

除了摄像设备，目前还有很多相应的图像传感器可以实现外界景物的数字化，如热成像相机、高光谱成像仪雷达设备、X射线仪、红外线仪器、磁共振仪器、超声仪器等多种接口设备与仪器，它们不仅具有人类"眼睛"的功能，还具有很多"眼睛"所无法观察到的能力。从这个观点看，计算机视觉的能力可以部分超过人类视觉的能力。

（二）数字化图像的处理

数字化后的图像可在计算机内用数字计算完成图像处理。常用的图像处理有。

1.图像增强和复原

图像增强和复原可改善图像的视觉效果和提高图像的质量。

2.图像数据的变换和压缩

为便于图像的存储和传输，可对图像数据作变换和编码压缩。图像处理时由于图像阵列很大，计算量也很大。因此，往往通过各种图像变换的方法，将空间域的处理转换为变换域处理，如傅里叶变换、沃尔什变换、离散余弦变换、小波变换等，以减少计算量，或者获得在空间域中很难甚至是无法获取的特性。图像编码压缩技术可减少图像数据量，节省图像传输、处理时间，减少所占用的存储器容量。压缩可以在不失真的前提下获得，也可以在允许的失真条件下进行。

3.图像分割

图像分割是根据几何特性或图像灰度选定的特征，将图像中有意义的特征部分提取出来，包括图像中的边缘、区域等，这是进一步进行图像识别、分析和理解的基础。

4.图像分解与拼接

可以将图像中的一个部分从整体中抽取出来，称为图像分解。也可以将若干幅图像组合成一幅图像，称为图像拼接。

5.图像重建

通过物体外部测量的数据，主要是摄像设备与物体间的距离，经数字处理将2D平面物体转换成3D立体物体的技术称为图像重建。

6.图像管理

图像管理也属于图像处理，它包括图像有组织的存储，称为图像库，也包括对图像库的操作管理，如图像的调用、图像的增、删、改操作以及图像库的安全性保护和故障恢复等功能。

（三）图像的分析和理解

图像的分析和理解是从现实世界中的景物提取高维数据以便产生数字或符号信息，并可以转换为与其他思维过程交互且可引出适当行动的描述。

图像的分析和理解包括图像描述、目标检测、特征提取、目标跟踪、物体识别与分类等，此外还包括高层次的信息分析，如动作分析、行为分析、场景语义分析等。

图像处理是由一种图像到另一种图像的操作，其目的是使图像达到某种要求的一种图像。图像的分析和理解是由图像到模型、数据或抽象符号表示的语义信息，是人类大脑视觉的一种模拟。它一般需要人工智能参与操作，因此又称智能图像处理，它也是计算机视觉的关键技术。其中，涉及图像分析与图像理解两个部分。

涉及图像分析的有以下几项：

1.图像特征提取

提取图像中包含的某些特征或特殊信息，为分析图像提供便利。提取的特征包括很多方面，如频域特征、灰度或颜色特征、边界特征、区域特征、纹理特征、形状特征、拓扑特征和关系结构等。

2.图像描述

图像描述是图像分析和理解的必要前提。最简单的图像描述可采用几何特性描述物体，描述的方法采用二维形态描述，它可分为边界描述和区域描述两类。图像描述主要是对图像中感兴趣的目标进行检测和测量以获得它们的客观信息，为图像分析提供基础。

3.图像分类、识别

图像分类、识别属于机器学习的范畴，主要内容是对图像作判别分类以识别图像。图像分类常采用浅层机器学习分类和深层机器学习分类等方法。

图像分析是一个从图像到数据的过程，这里数据可以是对目标特征测量的结果，或是基于测量的符号表示。图像分析涉及图像表达、特征提取、目标检测、目标跟踪和目标识别等多项技术内容。其过程是将原来以像素描述的数字化图像通过多个步骤最终转换成简单的非图像的符号描述，如得到图像中目标的类型。

更高级的图像分析是图像理解，包括：图像目标动作分析、图像目标行为分析、图像场景语义分析。

这个层次的目标是使计算机具有通过二维图像认知三维环境信息的能力，这种能力将不仅使计算机感知三维环境中物体的几何信息，包括它们的形状、位置、姿态、运动等，对它的分析也是属于人工智能范畴，并大量使用机器学习方法。

二、计算机视觉中的图像分析和理解

图像分析和理解是计算机视觉的核心内容，主要使用人工智能中的机器学习方法。由于其中涉及的讨论问题很多，在此仅选择讨论图像分析中的图像识别，作为代表。

在图像识别中目前一般使用机器学习中的浅层学习与深层学习两种方法。

（一）图像识别中的浅层学习方法

图像识别中的浅层学习方法是一种传统的方法，它一般采用监督学习的分类方法。在学习过程中需要人工或专家大量参与，在这种学习方法中将复杂问题分解成若干个简单子问题的序列，通过人工/自动相结合的混合方式解决之。

在学习前需搜集大量的相关的图像数据（带标号的）供识别训练之用。这些图像可统一存储于训练图像库中；同时，需选择一个供测试用的测评图像库。接下来，以训练图像库为基础开始学习。

这种学习方法的实施可由以下四个步骤有序组成。

1.图像预处理

在进入分析前，为保证其一致性，对所有参与训练的图像目标对齐。即进行统一规范化处理，如位置、大小尺寸、灰度颜色等均归一化处置。这种处理一般由操作人员使用图像处理中的操作手工完成。

2.图像特征设计和提取

接下来的工作就是提取描述图像内容的特征。它能全面反映图像的特性，包括图像的低层、中层及高层的特性，如图像的边缘，纹理元素或区域（低层）、图像的部件，边界，表面和体积（中层）以及图像的对象，场景或事件（高层）等。所有这些特征的设计都由专家凭其经验与长期积累的知识人工设计。

3.图像特征汇集、变换

对所提取具有向量结构的特征进行统计汇集，并作降维处理，从而可使维度更低，它有利于分类的实现。这种降维可用线性变换实现，也可用非线性变换——核函数实现。这部分工作模型都是由专家设计完成的。

4.分类器的实现

这是图像识别的关键部分。分类器选用浅层学习中的分类算法，常用的是支持向量机、人工神经网络等方法。使用选定的算法经大量图像数据训练学习后即可得到相应的学习模型，称为分类器，接着经过测评集的测试后方可成为一个具有真正实用价值且能分类的分类器。在分类器的实现中，分类算法的选择与相应参数设置是至关重要的，它由经验丰富的专家负责完成。

（二）图像识别中的深层学习方法

浅层学习适用于识别相对简单的图像，对复杂与细腻图像的识别效果不佳，因此近年来深度学习方法已逐渐成为主要的方法。使用的算法以卷积神经网络方法为主。

图像识别中的深层学习方法是一种新的方法，它一般采用无监督/监督学习相结合的分类方法。在学习过程中仅需少量专家参与，大量是由系统自动完成。

在这种学习方法中也将复杂问题分解成若干个简单子问题的序列，通过少量步骤以解决之。

这种学习方法的实施由以下两个简单步骤组成。

1.图像预处理

深度学习图像预处理与浅层学习图像预处理基本类似，这种处理一般都由操作人员使用图像处理中的操作手工完成。

2.分类器的设计与实现

与浅层学习不同，在深度学习中，原有的图像特征设计和提取以及图像特征汇集、变换都是自动的，作为分类器的一部分融入其中。在浅层学习中的三个步骤功能分别由深度学习中卷积神经网络的三个隐藏层——卷积层、池化层、全连接层统一、自动完成。其中仅有少量卷积神经网络中的参数及函数设置由专家设计完成。

三、计算机视觉应用

计算机视觉的应用范围与规模是目前人工智能应用中最为广泛与普遍的，且早已深入日常生活与工作的多个方面，以至于人们并未感觉到现代人工智能时时刻刻存在着，如二维码识别、联机手写输入等。

目前，计算机视觉大致的应用领域如下。

（一）模式识别

模式识别是通过计算机数字技术方法研究模式的自动处理和判别。客观世界中的客体统称为“模式”，随着计算机技术及人工智能的发展，有可能对客体做出识别，它主要是视觉和听觉的识别，这就是模式识别的两个重要方面。其中，主要用于视觉识别的计算机视觉识别。与视觉有关的模式识别有如下。

1.二维码识别与联机手写输入

它是目前使用最为普遍的模式识别应用。

2.掌纹、指纹识别

人类手掌及其手指、脚、脚趾内侧表面的皮肤凹凸不平产生的纹路会形成各种各样的图像。这些皮肤的纹路图像各不相同，且是唯一的。依靠这种唯一性，就可以将一个人同他的掌纹、指纹对应起来，通过比较他的掌纹、指纹和预先保存的掌纹、指纹进行比较便可以验证他的真实身份。

此外，人体中具有唯一性的尚有手背静脉、指静脉、虹膜特征的生物识别等其他多种生物体特征，它们也可用于人体识别。

3.光学字符识别

光学字符识别（OCR）也是目前应用最为普遍的模式识别。其主要功能是将文字表示的书刊作为图像进行识别，将其分解成字符，从而可将这些文字图像转换成字符处理。

4.遥感

通过遥感技术所获取的图像作识别，已广泛应用于农作物估产、资源勘察、气象预报和军事侦察等多个方面。

5.医学诊断

模式识别在癌细胞检测、X射线照片分析、血液化验、染色体分析、心电图诊断和脑电图诊断等方面已取得了成效。

（二）动态行为分析

图像目标跟踪及目标行为分析是计算机视觉的动态应用，它包括的内容如下。

1.运动目标跟踪

运动目标跟踪是计算机视觉中的一个重要问题。在由图像所组成的视频中跟踪某一个或多个特定的感兴趣对象，通过目标跟踪可以获得目标图像的参数信息及运动轨迹等。跟踪的主要任务是从当前帧中匹配上一帧出现的感兴趣目标的位置、形状等信息，在连续的视频序列中通过建立合适的运动模型确定跟踪对象的位置、尺度和角度等状态，并根据实际应用需求画出并保存目标运动轨迹。

运动目标跟踪为其行为分析提供了基础。

2.运动目标分析

在对运动目标跟踪后，即可对其做分析，并最终获得具体语义的结果。

运动目标分析是对视频上的运动物体进行跟踪后，获得相应的数据，通过机器学习分析，判断出物体的行为轨迹、目标形态变化，最终获得行为的语义信息。如人体点头行为在设定环境中表示认同对方的意见；而人体摇头行为在设定环境中表示不认同对方的意见。又如，人体手势、人体脸部表情等人体行为分析最终都可得到其相应的语义信息。同时通过设置一定的条件和规则，判定物体的异常行为，如车辆逆行分析、人体翻越围墙分析、人体异常行为分析（如行人违规穿越马路分析、行人跌跤分析等）、军事防区遭受入侵分析等。

3.图像目标行为分析的典型应用领域

（1）智能视频监控领域

智能视频监控是利用计算机视觉技术对视频信号进行处理、分析和理解，并对视频监控系统进行控制，从而使视频监控系统具有像人一样的智能。智能视频监控在民用和军事上都有着广泛的应用，可用于银行、机场、政府机构等公共场所的无人值守。

（2）人机交互领域

传统的人机交互是通过计算机键盘和鼠标进行的，然而人们期望通过人类的动作，即人的姿态、表情、手势等行为，计算机即能“理解”其意图，从而达到人机交互的目的。

（3）机器人视觉导航

为了能够自主运动，智能机器人需要能够认识和跟踪环境中的物体。在机器人手眼应用中，通过跟踪技术使用安装在机器人身上的摄像机跟踪拍摄的物体，计算其运动轨迹，并进行分析，选择最佳姿态，最终抓取物体。

（4）医学诊断

超声波和核磁共振技术已被广泛应用于病情诊断。例如，跟踪超声波序列图像中心脏的跳动，分析得到心脏病变的规律从而诊断得出正确的医学结论；跟踪核磁共振视频序列中每一帧扫描图像的脑半球，可将跟踪结果用于脑半球的重建，再通过分析获得脑部病变的结果。

（5）自动驾驶领域

在道路交通视频图像序列中对车辆、行人图像进行跟踪与分析，可以预测车辆、行人的活动规律，为汽车无人驾驶提供基本保证。

（三）机器视觉

机器视觉是计算机视觉在工业领域中的应用。也就是说，可将计算机视觉系统安装于任何具有一定智能的机器上，该机器即有类似于人类视觉的能力。

第四节　自然语言处理

一、概述

人类所使用的语言称为自然语言，这是相对于人工语言而言的。人工语言即计算机语言（如C语言Java）世界语等。自然语言是人类智能中思维活动的主要表现形式，是人工智能中模拟人类智能的一种重要应用，称为自然语言处理（NLP）。

自然语言处理研究能实现人与计算机之间用自然语言进行相互通信的理论和方法。具体来说，它的研究分为两个内容：首先是人类智能中思维活动通过自然语言表示后能被计算机理解（可构造成一种人工智能中的知识模型），称为自然语言理解（NLU）；其次是计算机中的思维意图可用人工智能中的知识模型表示，再转换生成自然语言并被人类所了解，称为自然语言生成（NLG）。

自然语言表示形式有两种：一种是文字形式；另一种是语音形式，其中文字形式是基础。因此，在讨论时也将其分为两部分，以文字形式为主，即基于文字形式的自然语言理解与自然语言生成，以及基于语音形式的自然语言理解与自然语言生成。

在自然语言处理的实际应用方面，主要介绍自然语言人机交互界面及自动文摘等。

（一）自然语言理解之基本原理

这里的自然语言主要指的是汉语。汉字中的自然语言理解的研究对象是汉字串，即汉字文本。其研究的目标是：最终被计算机所理解的具有语法结构与语义内涵的知识模型。

面对一个汉字串，使用自然语言理解的方法最终可以得到计算机中的多个知识模型，这主要是汉语言的歧义性所造成的。在对汉字串理解的过程中，与上下文有关，与不同的场景或不同的语境有关。另外，在理解自然语言时还需运用大量的有关知识，需要多种知识，以及基于知识上的推理。有的知识是人们已经知道的，而有的知识则需要通过专门学习而获取。这些都属于人工智能技术。在自然语言理解过程中必须使用人工智能技术才能消除歧义性，使最终获得的理解结果与自然语言的原意是一致的。在具体使用中需要用到的人工智能技术是知识与知识表示、知识库、知识获取等内容。重点使用的是知识推理、机器学习及深度学习等方法。

综上所述，在汉字中自然语言理解的研究对象是汉字串，研究的结果是计算机中具有语法结构与语义内涵的知识模型，研究所采用的技术是人工智能技术。

从其研究的对象汉字串，即汉字文本开始。在自然语言理解中的基本理解单位是词，由词或词组所组成的句子，以及由句子所组成的段、节、章、篇等。关键的是词与句。对词与句的理解中分为语法结构与语义内涵两种，按序可分为词法分析、句法分析及语义分析三部分内容。

（二）自然语言理解的具体实施

1.词法分析

（1）分词

在汉语中词是最基本的理解单位，与其他种类语言不同，如英语等，词间是有空隔符分开的。在汉语中词间是无任何标识符区分的，因此词是需要切分的。故而，一个汉字串在自然语言理解中的第一步是将它按顺序切分成若干个词。这样就将汉字串经切分变成词串。

词的定义是非常灵活的，它不仅和词法、语义相关，也和应用场景、使用频率等其他因素相关。

中文分词的方法有很多，常用的有以下几种。

①基于词典的分词方法：这是一种最原始的分词方法，首先要建立一个词典，然后按照词典逐个匹配机械切分，此种方法适用涉及专业领域小，汉字串简单情况下的切分。

②基于字序列标注的方法：对句子中的每个字进行标记，如四符号标记{B, I, E, S}，分别表示当前字是一个词的开始、中间、结尾，以及独立成词。

③基于深度学习的分词方法：深度学习方法为分词技术带来了新的思路，直接以最基本的向量化原子特征作为输入，经过多层非线性变换，输出层就可以很好地预测当前字的标记或下一个动作。在深度学习的框架下，仍然可以采用基于字序列标注的方式。深度学

习主要优势是可以通过优化最终目标，有效学习原子特征和上下文的表示，同时深度学习可以更有效地刻画长距离句子信息。

（2）词性标注

对切分后的每个词作词性标注。词性标注是为每个词赋予一个类别，这个类别称为词性标记，如名词、动词、形容词等。一般来说，属于相同词性的词，在句法中承担类似的角色。

词性标注极为重要，它为后续的句法分析及语义分析提供必要的信息。

中文词性标注难度较大，主要是词缺乏形态变化，不能直接从词的形态变化上来判别词的类别，并且大多数词具有多义、兼类现象。中文词性标注要更多的依赖语义，相同词在表达不同义项时，其词性往往是不一致的。因此，通过查词典等简单的词性标注方法效果较差。

目前，有效的中文词性标注方法可以分为基于规则的方法和基于统计学习的方法两大类。

①基于规则的方法：通过建立规则库以规则推理方式实现的一种方法。此方法需要大量的专家知识和很高的人工成本，因此仅适用于简单情况下的应用。

②基于统计学习的方法：词性标注是一个非常典型的序列标注问题，由于人们可以通过较低成本获得高质量的数据集，因此，基于统计学习的词性标注方法取得了较好的效果，并成为主流方法。常用的学习算法有隐马尔科夫模型、最大熵模型、条件随机场等。

随着深度学习技术的发展，出现了基于深层神经网络的词性标注方法。传统词性标注方法的特征抽取过程主要是将固定上下文窗口的词进行人工组合，而深度学习方法能够自动利用非线性激活函数完成这一目标。

2.句法分析

在经过词法分析后，汉字串就成了词串，句法分析就是在词串中按顺序组织起句子或短语，并对句子或短语结构进行分析，以确定组织句子的各个词语、短语之间的关系，以及各自在句子中的作用，将这些关系用一种层次结构形式表示，并进行规范化处理。在句法分析过程中常用的结构方法是树结构形式，此种树称为句法分析树。

句法分析是由专门的句法分析器进行的，该分析器的输入端是一个句子，输出端是一个句法分析树。

句法分析的方法有两种：一种是基于规则的方法；另一种是基于学习的方法。

（1）基于规则的句法分析方法

这是早期的句法分析方法，最常用的是短语结构文法及乔姆斯基文法。

它们是建立在固定规则基础上并通过推理进行句子分析的方法。这种方法因规则的固定性与句子结构的歧义性，产生的效果并不理想。

（2）基于学习的句法分析方法

从20世纪80年代末开始，随着语言处理的机器学习算法的引入，以及大数据量“词料库”的出现，自然语言处理发生了革命性变化。最早使用的机器学习算法，如决策树、隐马尔可夫模型在句法分析中得到应用。早期许多值得注意的成功发生在机器翻译领域。特别是IBM公司开发的基于统计机器学习模型。该系统利用加拿大议会和欧洲联盟制作的“多语言文本语料库”将所有政府诉讼程序翻译成相应政府系统的官方语言。最近的研究越来越多地关注无监督和半监督学习算法。这样的算法能够从手工注释（没有答案）的数据中学习，并使用深度学习技术在句法分析中实现最有效的结果。

3.语义分析

语义分析指运用机器学习方法，学习与理解一段文本所表示的语义内容，通常由词、句子和段落构成，根据理解对象的语言单位不同，又可进一步分解为词汇级语义分析、句子级语义分析以及篇章级语义分析。词汇级语义分析关注的是如何获取或区别单词的语义，句子级语义分析则试图分析整个句子所表达的语义，而篇章语义分析旨在研究自然语言文本的内在结构并理解文本单元（可以是句子从句或段落）间的语义关系。

目前，语义分析技术主流的方法是基于统计的方法，它以信息论和数理统计为理论基础，以大规模语料库为驱动，通过机器学习技术自动获取语义知识。下面首先介绍语言表示的相关知识，然后从词汇级、句子级语义分析两个层次做介绍。

（1）语言表示

人类语言具有一定的语法结构，也蕴含其所表达的语义信息。在语法和语义上都充满了歧义，需要结合一定的上下文和知识才能理解。这使如何理解、表示以及生成自然语言变得极具挑战性。

语言表示是自然语言处理以及语义计算的基础。语言具有一定的层次结构，具体表现为词、短语、句子、段落以及篇章等不同的语言粒度。为了让计算机可以理解语言，需要将不同粒度的语言全部转换成计算机可以处理的数据结构。

早期的语言表示方法是符号化的离散表示。为了方便计算机进行计算，一般将符号或符号序列转换为高维的稀疏向量。离散表示的缺点是词与词之间没有距离的概念，如“电脑”和“计算机”被看成两个不同的词，这和语言的特性并不相符。

离散表示无法解决“多词一义”问题，为了解决这一问题，可以将语言单位表示为连续语义空间中的一个点，这样的表示方法称为连续表示。基于连续表示，词与词之间就可以通过字距离或余弦距离等方式来计算相似度。常用的连续表示有两种：①一种是应用比较广泛的分布式表示。分布式表示是基于Harris的分布式假设，即如果两个词的上下文相似，那么这两个词也是相似的。上下文的类型称为相邻词（句子或篇章也有相应的表示），这样就可以通过词与其上下文的共现矩阵来进行词的表示，即把共现矩阵的每一行看作对应词、句子或篇章的向量表示。基于共现矩阵，有很多方法可得到连续的词表示，如潜在语义分析模型、潜在狄利克雷分配模型、随机索引等。如果取上下文为词所在的句子或篇章，那么共现矩阵的每一列是该句子或篇章的向量表示。结合不同的模型，很自然就得到句子或篇章的向量表示。②另外一种是近年来在深度学习中使用的表示，即分散式表示。分散式表示是将语言的潜在语法或语义特征分散式地存储在一组神经元中，可以用稠密、低维的向量来表示，又称嵌入。不同的深度学习技术通过不同的神经网络模型对字、词、短语、句子以及篇章进行建模。除了可以更有效地进行语义计算，分散式表示也可以使特征表示和模型变得更加紧凑。

（2）词汇级语义分析

词汇层面上的语义分析主要体现在如何理解某个词汇的含义，主要包含两个方面：一是在自然语言中，一个具有多个含义的现象非常普遍，如何根据上下文确定其含义，这是词汇级语义研究的内容，称为词义消歧；二是如何表示并学习一个词的语义，以便计算机能够有效地计算两个词之间的相似度。

词义消歧。词义消歧根据一个多义词在文本中出现的上下文环境来确定其词义，是自然语言处理的基础步骤。词义消歧包含两个内容：在词典中描述词语的意义；在语料中进行词义自动消歧。

词义表示和学习。随着机器学习算法的发展，目前更流行的词义表示方式是词嵌入。其基本思想是通过训练将某种语言中的每一个词映射成一个固定维数的向量，将所有这些向量放在一起形成一个向量空间，每一个向量可视为该空间的一个点，在这个空间上引入“距离”的概念，根据词之间的距离判断它们之间的（词法、语义上的）相似性。

自然语言由词构成，深度学习模型首先需要将词表示为词嵌入。词嵌入向量的每一维都表示词的某种潜在的语法或语义特征。一个好的词嵌入模型应该是对于相似的词，它们对应的词嵌入也相近。

（3）句子级语义分析

句子级的语义分析试图根据句子的句法结构和句中词的词义等信息，推导出能够反映这个句子意义的某种形式化表示。根据句子级语义分析的深浅，可以进一步划分为浅层语义分析和深层语义分析。

类似词义表示和学习，句子也有其表示和学习方法。

句子表示和学习。在自然语言处理中，很多任务的输入是变长的文本序列，传统分类器的输入需要固定大小。因此，需要将变长的文本序列表示成固定长度的向量。

以句子为例，一个句子的表示可以看成句子中所有词的语义组合。因此，句子编码方法近两年也受到广泛关注。句子编码主要研究如何有效地从词嵌入通过不同方式的组合得到句子表示。其中，比较有代表性的方法有4种。

①神经词袋模型。神经词袋模型是简单对文本序列中每个词嵌入进行平均，作为整个序列的表示。这种方法的缺点是丢失了词序信息。对于长文本，神经词袋模型比较有效。但对于短文本，神经词袋模型很难捕获语义组合信息。

②递归神经网络。递归神经网络是按照一个给定的外部拓扑结构（如成分句法树），不断递归得到整个序列的表示。递归神经网络的一个缺点是需要给定一个拓扑结构来确定词和词之间的依赖关系，因此限制其使用范围。

③循环神经网络。循环神经网络是将文本序列看作时间序列，不断更新，最后得到整个序列的表示。

④卷积神经网络。卷积神经网络是通过多个卷积层和下采样层，最终得到一个固定长度的向量。

在上述4种基本方法的基础上，很多研究者综合这些方法的优点，结合具体的任务，已经提出了一些更复杂的组合模型，如双向循环神经网络、长短时记忆模型等。

浅层语义分析。语义角色标注是一种浅层的语义分析。给定一个句子，它的任务是找出句子中谓词的相应语义角色成分，包括核心语义角色（如施事者、受事者等）和附属语义角色（如地点、时间、方式、原因等）。根据谓词类别的不同，可以将现有的浅层的语义分析分为动词性谓词浅层的语义分析和名词性谓词浅层的语义分析。

目前浅层的语义分析的实现通常都是基于句法分析结果，即对于某个给定的句子，首先得到其句法分析结果，然后基于该句法分析结果，再实现浅层的语义分析。这使得浅层语义分析的性能严重依赖于句法分析的结果。

同时，在同样的句法分析结果上，名词性谓词浅层的语义分析的性能要低于动词性谓词浅层的语义分析。因此，提高名词性谓词浅层的语义分析性能也是研究的一个关键问题。

语义角色标注的任务明确，即给定一个谓词及其所在的句子，找出句子中该谓词的相应语义角色成分。语义角色标注的研究内容包括基于成分句法树的语义角色标注和基于依存句法树的语义角色标注。同时，根据谓词的词性不同，可进一步分为动词性谓词和名词性谓词语义角色标注。尽管各任务之间存在着差异性，但标注框架类似。以下以基于成分句法树的语义角色标注为例，任务的解决思路是以句法树的成分为单元，判断其是否担当给定谓词的语义角色。系统通常可以由3部分构成。

①角色剪枝：通过制定一些启发式规则，过滤掉那些不可能担当角色的成分。

②角色识别：在角色剪枝的基础上，构建一个二元分类器，即识别其是或不是给定谓词的语义角色。

③角色分类：对那些是语义角色的成分，进一步采用多元分类器，判断其角色类别。

在以上的框架下，语义角色标注的研究内容是如何构建角色识别和角色分类的分类器。常用的方法有基于特征向量的方法和基于树核的方法。

在基于特征向量的方法中，最具有代表性的七个特征是成分类型、谓词子类框架、成分与谓词之间的路径、成分与谓词的位置关系、谓词语态、成分中心词和谓词本身。这七个特征随后被作为基本特征广泛应用于各类基于特征向量的语义角色标注系统中，同时后续研究也提出了其他有效的特征。

作为对基于特征向量方法的有益补充，核函数的方法挖掘隐藏于句法结构中的特征。例如，可以利用核函数PAK来抓取谓词与角色成分之间的各种结构化信息。此外，传统树核函数只允许“硬”匹配，不利于计算相似成分或近义的语法标记，相关研究提出了一种基于语法驱动的卷积树核用于语义角色标注。

在角色识别和角色分类过程中，无论是采用基于特征向量的方法，还是基于树核的方法，其目的都是尽可能准确地计算两个对象之间的相似度。基于特征向量的方法将结构化信息转化为平面信息，方法简单有效；缺点是在制定特征模板的同时，丢弃了一些结构化信息。同样，基于树核的方法有效解决了特征维数过大的问题，缺点是在利用结构化信息的同时会包含噪声信息，计算开销远大于基于特征向量的方法。

二、自然语言处理的自然语言生成

计算机中的思维意图用人工智能中的知识模型表示后，再转换生成自然语言被人类所理解，称为自然语言生成。在自然语言生成中也大量运用到人工智能技术。一般而言，自然语言生成结构可以由以下三个部分构成。

（一）内容规划

内容规划是生成的首要工作，其主要任务是将计算机中的思维意图用人工智能中的知识模型表示，包括内容确定和结构构造两个部分。

1.内容确定

内容确定的功能是决定生成的文本应该表示什么样的问题，即计算机中的思维意图的表示。

2.结构构造

结构构造则是完成对已确定内容的结构描述，即建立知识模型。具体来说，就是用一定的结构将所要表达的内容按块组织，并决定这些内容块是怎样按照修辞方法互相联系起来，以便更加符合阅读和理解的习惯。

（二）句子规划

在内容规划基础上进行句子规划。句子规划的任务就是进一步明确定义规划文本的细节，具体包括选词、优化聚合、指代表达式生成等。

1.选词

在规划文本的细节中，必须根据上下文环境、交互目标和实际因素用词或短语来表示。选择特定的词、短语及语法结构以表示规划文本的信息。这意味着对规划文本进行消息映射。有时只用一种选词方法来表示信息或信息片段，在多数系统中允许多种选词方法。

2.优化聚合

在选词后，对词按一定规则进行聚合，从而组成句子初步形态。优化后使句子更符合相关要求。

3.指代表达式生成

指代表达式生成决定什么样的表达式。句子或词汇应该被用来指代特定的实体或对象。在实现选词和聚合之后，对指代表达式生成的工作来说，就是让句子的表达更具语言色彩，对已经描述的对象进行指代以增加文本的可读性。

句子规划的基本任务是确定句子边界，组织材料内部的每一句话，规划句子交叉引用和其他的回指情况，选择合适的词汇或段落来表达内容，确定时态、模式，以及其他的句法参数等，即通过句子规划，输出的应该是一个子句集列表，且每个子句都应该有较为完善的句法规则。事实上，自然语言是有很多歧义性和多义性的，各个对象之间大范围的交叉联系等情况，造成完成理想化句子规划是一个很难的任务。

（三）句子实现

在完成句子规划后，即进入最后阶段——句子实现。它包括语言实现和结构实现两个部分，具体地讲就是将经句子规划后的文本描述映射至由文字、标点符号和结构注解信息组成的表层文本。句子实现生成算法首先按主谓宾的形式进行语法分析，并决定动词的时态和形态，再完成遍历输出。其中，结构实现完成结构注解信息至文本实际段落、章节等结构的映射；语言实现完成将短语描述映射到实际表层的句子或句子片段。

三、语音处理

（一）语音处理的原理

语音处理包括语音识别、语音合成及语音的自然语言处理三部分内容。所讨论的自然语言主要指的是汉语。其中，语音识别是从汉语语音到汉字文本的识别过程，语音合成是从汉字文本到汉语语音的合成过程。

在语音处理中需要用到大量的人工智能技术，包括知识与知识表示、知识库、知识获取等内容。重点使用的是知识推理、机器学习及深度学习等方法，特别是其中的深度人工神经网络中的多种算法。此外，还与大数据技术紧密关联。

（二）语音识别

1.语音识别基本方法

语音识别（ASR）是指利用计算机实现从语音到文字自动转换的任务。在实际应用中，语音识别通常与自然语言理解和语音合成等技术结合在一起，提供一个基于语音的自然流畅的人机交互过程。

早期的语音识别技术多基于信号处理和模式识别方法。随着技术的进步，机器学习方法越来越多地应用到语音识别研究中，特别是深度学习技术，它给语音识别研究带来了深刻变革。同时，语音识别通常需要集成语法和语义等高层次知识来提高识别精准度，和自然语言处理技术息息相关。另外，随着数据量的增大和计算能力的提高，语音识别越来越依赖数据资源和各种数据优化方法，这使得语音识别与大数据、高性能计算等新技术广泛结合。语音识别是一门综合性应用技术，集成了包括信号处理、模式识别、机器学习、数值分析、自然语言处理、高性能计算等一系列基础学科的优秀成果，是一门跨领域、跨学科的应用型研究。

语音识别是让机器通过语音识别方法把语音信号转换为相应的文本的技术。语音识别方法一般采用模式匹配法，包括特征提取、模式匹配及模型训练三个方面：①对语音的特性作提取，形成一个特征向量；②在训练阶段，用户将词汇表中的每一个词依次读一遍，并且将其特征向量作为模式存入模式库；③在识别阶段，采用模式匹配，将输入语音的特征向量依次与模板库中的每个模板进行相似度比较，将相似度最高者作为识别结果输出。

2.语音识别中的难题

语音识别是一个很复杂的问题，主要有五个难题：①对自然语言的识别和理解。首先必须将连续讲话的语音分解成词、音素等单位；其次要建立一个理解这些单位的语义规则，它们为后续语音识别建立基础。②语音信息量大。语音模式不仅对不同的说话人不同，对同一说话人也是不同的，如一个说话人在随意说话和认真说话时的语音信息是不同的。同时，一个人的说话方式可因时间不同产生不同变化，也可因地理位置不同而产生不同变化等。③语音的模糊性。说话者在讲话时，不同的词可能听起来是相似的。这在汉语中是常见的。④单个字母或词、字的语音特性受上下文的影响，以致改变了重音、音调、音量和发音速度等。⑤环境噪声和干扰对语音识别有严重影响，致使识别率低。

3.语音识别步骤

语音识别方法在操作时可分为以下5个步骤。

（1）前端处理

前端处理是指在特征提取之前，对原始语音进行处理。一般来说，处理后的信号更能反映语音的本质特征。最常用的前端处理有端点检测和语音增强。端点检测是指在语音信号中将语音和非语音信号时段区分开来，准确地确定语音信号的起始点。经过端点检测后，后续处理就可以只对语音信号进行，这对提高模型的精确度和识别正确率有重要作用。语音增强的主要任务就是消除环境噪声对语音的影响。目前通用的方法是采用维纳滤波，该方法在噪声较大的情况下效果好于其他滤波器。

（2）特征提取

语音识别的一个主要困难在于语音信号的复杂性和多变性。一段看似简单的语音信号，其实包含说话人、发音内容、信道特征、口音方言等大量信息。不仅如此，这些底层信息相互结合在一起，又表达了情绪变化、语法语义、暗示内涵等丰富的高层信息。如此众多的信息中，仅有少量是和语音识别相关的，这些信息被淹没在大量其他信息中，充满了变动性。语音特征抽取即是在原始语音信号中提取与语音识别最相关的信息，滤除其他无关信息。

语音特征抽取的原则是：尽量保留对发音内容的区分性，同时提高对其他信息变量的健壮性。近年来的研究倾向于通过数据驱动学习适合某一应用场景的语音特征。

（3）声学模型建立

语音识别的模型通常由声学模型和语言模型两个部分组成。声学模型对应于语音到音节概率的计算，亦即对声音信号（语音特征）的特性进行抽象化。自20世纪80年代以来，声学模型基本上以概率统计模型为主，特别是隐马尔可夫模型/高斯混合模型（HMM/GMM）结构。近几年，深度神经网络和卷积神经网络模型以及LSTM长短时记忆模型成为声学模型的主流结构。

（4）语言模型建立

语言模型对应于音节到字概率的计算，亦即对语言中的词语搭配关系进行归纳，抽象成概率模型。这一模型在解码过程中对解码空间形成约束，不仅减少计算量，而且可以提高解码精度。

传统的语言模型多采用统计语言模型，即用概率统计的方法来揭示语言单位内在的统计规律，其中基于N元文法的N-Gram简单有效，被广泛使用。近年来深度神经网络的语言模型发展很快，在某些识别任务中取得了比N-Gram模型更好的结果，但它无论训练和推理都显著慢于N-Gram，所以在很多实际应用场景中，很大一部分语言模型仍然采用N元文法的方式。N-Gram会计算词典中每个词对应的词频以及不同的词组合在一起的概率，用N-Gram可以很方便地得到语义得分。

将N-Gram模型用加权有限状态转换机（Weighted Finite State Transducer，WFST）的形

式加以定义，获得了规范、可操作的语义网络。在WFST概念出现以后，对语义网络的优化、组合等操作都建立起了严格的数学定义，可以更方便地将两个语义网络进行组合、串联、组合后再进行裁剪等。将N-Gram词汇模型、发音词典串联后展开，得到了基本发音音素的语义搜索网络。

（5）解码搜索

解码是利用语音模型和语言模型中积累的知识，对语音信号序列进行推理，从而得到相应语音内容的过程。

早期的解码器一般为动态解码，即在开始解码前，将各种知识源以独立模块形式加载到内存中，动态构造解码图。

现代的解码器多采用静态解码，即将各种知识源统一表达成有限状态转换机FST，并将各层次的FST嵌套组合在一起，形成解码图。解码时，一般采用Viterbi算法在解码图中进行路径搜索。为加快搜索速度，一般对搜索路径进行剪枝，保留最有希望的路径。

一般的解码过程是通过统计分析大量的文字语料构建语言模型，得到音素到词、词与词之间的概率分布。语言解码过程综合声学打分及语言模型概率打分，寻找一组或若干组最优词模型序列以描述输入信号，从而得到词的解码序列。

语音的解码搜索是一个启发式、局部最优搜索问题。早期的语音识别在处理十多个命令词识别这样的有限词汇简单任务时，往往可以采用全局搜索。

整个语音识别的大致过程总结如下。

根据前端声学模型给出的发音序列，结合大规模语料训练得到的N-Gram模型，在WFST网络上展开，从N-Gram输出的词网络中通过Viterbi算法寻找最优结果，将音素序列转换成文本。

（三）语音合成

语音合成又称文语转换，它的功能是将文字实时转换为语音。为了合成高质量的语音，除了依赖于各种规则，包括语义学规则、词汇规则、语音学规则外，还必须对文字的内容有很好的理解，这也涉及自然语言理解的问题。

人在发出声音前，经过一段大脑的高级神经活动，先有一个说话的意向，然后根据这个意向组织成若干语句，接着可通过发音输出。目前语音合成主要是以文本所表示的语句形式到语音的合成，实现这个功能的系统称为TTS系统。

语音合成的过程是先将文字序列转换成音韵序列，再由系统根据音韵序列生成语音波形。第一步涉及语言学处理，如分词、字音转换等，以及一整套有效的韵律控制规则；第二步需要使用语音合成技术，能按要求实时合成高质量的语音流。因此，文语转换有一个复杂的、由文字序列到音素序列的转换过程，包含文本处理和语言分析、音素处理、韵律处理和平滑处理4个步骤。

1.文本处理和语言分析

语音合成首先是处理文字，也就是文本处理和语言分析。它的主要功能是模拟人对自然语言的理解过程——文本规范化、词的切分、语法分析和语义分析，使计算机能从这些文本中认识文字，进而知道要发什么音、怎么发音，并将发音的方式告诉计算机。另外，还要让计算机知道，在文本中，哪些是词，哪些是短语或句子，发音时应该到哪里停顿及停顿多长时间等。工作过程分为以下3个主要步骤：①将输入的文本规范化。在这个过程中，要查找拼写错误，并将文本中出现的一些不规范或无法发音的字符过滤掉。②分析文本中词或短语的边界，确定文字的读音，同时分析文本中出现的数字、姓氏、特殊字符、专有词语以及各种多音字的读音方式。③根据文本的结构、组成和不同位置上出现的标点符号，确定发音时语气的变换以及发音的轻重方式。最终，文本分析模式将输入的文字转换成计算机能够处理的内部数据形式，便于后续模块进一步处理并生成相应的信息。

传统的文本分析主要是基于规则的实现方法，主要思路是尽可能地将文字中的分词规范、发音方式罗列起来，总结出规则，依靠这些规则进行文本处理。这些方法的优点在于结构较为简单、直观，易于实现；缺点是需要时间去总结规则，且模块性能的好坏严重依赖于设计人员的经验以及他们的背景知识。由于这些方法能取得较好的分析效果，因此依然被广泛使用。

近几年来，统计学方法以及人工神经网络技术在计算机多个领域中获得了成功的应用，计算机从大量数据中自动提取规律已完全成为现实。因此，出现了基于数据驱动的文本分析方法，二元语义法、三元语义法、隐马尔可夫模型法和神经网络法等方法成为主流。

2.音素处理

语音合成是一个分析—存储—合成的过程，一般是选择合适的基元，将基元用数据编码方式或波形编码方式进行存储，形成一个语音库。合成时，根据待合成的语音信息，从语音库中取出相应的基元进行拼接，并将其还原成语音信号。语音合成中，为了便于存储，必须先将语音信号进行分析或变换，在合成前必须进行相应的反变换。其中，基元是语音合成中所处理的最小的语音学基本单元，待合成词语的语音库就是所有合成基元的集合。根据基元的选择方式以及其存储形式的不同，可以将合成方式笼统地分成波形合成方法和参数合成方法。常用的是波形合成方法。

波形合成方法是一种相对简单的语音合成技术。把人的发音波形直接存储或者进行简单波形编码后存储，组合成一个合成语音库；合成时，根据待合成的信息，在语音库中取出相应单元的波形数据，拼接或编辑到一起，经过解码还原成语音。这种语音合成器的主要任务是完成语音的存储和回放任务。波形合成法一般以语句、短句、词，或者音节为合成基元。

3.韵律处理

人类的自然发音具有韵律节奏，主要通过韵律短语和韵律词来体现。与语法词相似，语音合成中存在着韵律词，多个韵律词又组成韵律短语，多个韵律短语可以构成语调短语。韵律处理就是要进行韵律结构划分，判断韵律节奏，以及划分韵律特性，从而为合成语音规划出重音、语调等音段特征，使合成语音能正确表达语意，听起来更加自然。

语言分析、文本处理和音素处理的结果是得到了分词、注音和词性等基本信息，以及一定的语法结构。然而，这些基本信息通常不能直接用来进行韵律处理，需要在前者的基础上引入韵律节奏的预测机制，从而实现文本处理和韵律处理的融合，并从更深层次上分析韵律特性。韵律节奏主要通过重音组合和韵律短语等综合体现，可以利用规则或韵律模型对韵律短语便捷位置进行预测。

（1）基于规则的韵律短语预测

利用韵律结构与语法结构的相似性研究韵律结构，使用人工的标注方法实现对汉语韵律短语的识别。从文本分析中获得分词信息并进行韵律组词，然后利用获得的句法信息，构建韵律结构预测树来预测文本的停顿位置分布和停顿等级，最后输出韵律结构。

利用规则的方法便于理解、实现简单，但存在着缺陷。首先，规则的确定往往是由专家从少量的文本中总结归纳的，不能够代表整个文本；其次，由于人的个人意识和偏好，难免会受到经验及能力的限制，且规则的复用度低，可移植性差。因此，目前有关于韵律短语预测主要集中在基于机器学习的预测模型上。

（2）基于机器学习的韵律短语预测

利用统计韵律模型计算概率出现的频度实现对韵律词边界的预测和韵律短语边界的识别。韵律模型可以从韵律的声学参数上直接建模，如基频模型、音长模型、停顿模型等。

通常情况下可以利用文本分析得到分词、注音和词性等结果，建立语法结构到韵律节奏的模型，包括韵律短语预测和重音预测等，然后进一步通过重音和韵律短语信息结合成统一的语境信息，最终实现韵律声学参数的预测和进行选音的步骤。

4.平滑处理

如果直接将挑选得到的合成单元拼接容易导致语音的不连续，因此必须对拼接单元进行平滑处理。

在得到拼接单元后，如果将它们单纯地拼接起来，则在拼接的边界处会由于数据的“突变”而产生一些高频噪声，因此，在拼接时还需要在各个单元的衔接处进行平滑处理，提高合成语音的自然度。

一般相邻的语音基元之间会存在一定数量和程度的重叠部分，这样就会进行过渡性的平滑，使得不会产生边界处的咔嗒声，而对于不相邻的两段语音基元之间，要想将它们拼接起来，可以在要拼接的两个基元之间人为地插入经过韵律参数调整过的语音过渡段，这样就可以保证前后音节拼接点处的基频或是幅度不会出现大的突变，使得它们之间可以平滑连接起来。音节与音节之间可以分为两个部分：一是来自同一音频文件的单元；二是来自不同音频文件的单元。第一种情况下拼接单元谱能量基本不变，所以只需重点处理第二种情况即可。

（四）语音处理

语音处理即语音形式的自然语言理解与语音形式的自然语言生成。

1.语音形式的自然语言理解

语音形式的自然语言理解又称语音理解，它是由语音到计算机中的知识模型的转换过程。这个过程实际上就是由语音识别与文本理解两个部分组成。其步骤是：①用语音识别将语音转换成文本；②用文本理解将文本转换成计算机中的知识模型。

经过这两个步骤后，就可完成从语音到计算机中的知识模型的转换。

2.语音形式的自然语言生成

语音形式的自然语言生成又称语音自然语言生成，它是由计算机中的知识模型到语音的转换过程。这个过程实际上就是由文本生成与语音合成两部分组成。其步骤是：①用语音生成将计算机中的知识模型转换成文本；②用文本合成将文本转换成语音。

经过这两个步骤后，就可完成从计算机中的知识模型到语音的转换。

第十章　大数据与医疗保障

第一节　新医改背景下大数据分析对医疗资源配置的促进

一、三医联动中大数据分析已取得的进展

（一）大数据分析在医疗保障及药物保障体系中的应用

为了缓解和从从根本上解决长久以来困扰医疗行业健康发展的诸多问题，国家积极实施了一系列医疗体制改革的措施并取得了一些成效。然而，当改革逐步进入“深水区”，协调推进医疗服务体制、药品供应保障体制以及医疗保障体制改革已势在必行。医疗资源优化配置既是医疗行业发展的关键，也是三医联动中亟待解决的重要问题之一。

资源是稀缺的，医疗资源更是如此。有学者认为，医疗资源的优化配置需要以医疗服务的可及性、医疗服务的公平性以及医疗体系的效率为主要标准，因此，在三医联动中要实现资源的优化配置需要三个层次共同协作完成：首先，医保基金要对医疗、医药资源的配置体现出核心杠杆的作用；其次，在医联体改革中，促进医疗资源下沉，平衡各级医疗机构成员间的医疗资源的分布，实现“双向转诊”制度长久并有效得到实施，也需要体系内医疗资源的合理配置；最后，对于参与改革的各级医院来说，协调改革与发展的关系，提升人力及物质资源有效分配，实现资源优化配置也是保证改革顺利实施的重要一环。要让每个层次达到资源优化配置的管理目标，不但需要实施管理的主体对自身情况有充分的认识，同时需要对改革所涉及的各利益主体有更全面和深刻的了解。如何更有效地实现这三个层次的资源配置的目标，便是摆在改革者面前的一个难题。幸运的是，在互联网及云计算风起云涌的当前，大数据的分析与应用或许可以为我们提供一个解决问题的全新视角。

什么是大数据？目前学术界没有明确统一的界定，但数据规模大、数据类型多以及应用价值高等特点是目前很多学者广泛认同的。随着信息时代的到来，海量数据的收集、处理、分析与应用已经帮助很多行业实现跨越式的发展。近几年，医疗卫生服务体系改革

的有关研究中，很多学者已经开始运用大数据的分析作为工具解决改革过程中涉及的一些问题。

床日、总额预付等多种付费方式相结合的复合型付费方式，鼓励实行按疾病诊断相关分组付费（DRGs）的方式。有条件的地区可将点数法与预算管理、按病种付费等相结合，促进医疗机构之间有序竞争和资源合理配置。由此可以看出，医保付费的核算趋向精细化、复杂化。这就迫使医保付费体系的改革需要涉及更多方面，既需要考虑医保及自费总额的总体控制要求，又要考虑医学技术的安全性、疗效以及经济性。因此，信息的收集和分析也必然是多维度的，如公共卫生数据，患者就诊行为偏好，临床医学信息以及管理等方面。通过整合大量信息，可以为医保决策提供更有价值的科学依据。另外，在基本药物保障体系中，由于网上集中采购信息系统功能的缺失，存在着交易过程以及信息不对称所造成的信息碎片化问题。借助大数据可以帮助政府监管者从全局掌握信息，有助于降低政府型和市场型交易费用，提高药品供应效率。

（二）大数据分析在平衡医联体中医疗资源的应用

我国为了解决医疗资源在地域间以及不同层级医疗机构间分布不均衡的问题，正在进行一系列的供给侧改革，这些改革旨在通过社区首诊、分级诊疗和双向转诊的医疗体制，优化资源配置，提高医疗服务效率和质量。此外，借助智慧医疗项目的大数据平台，不仅可以有效控制医疗业务成本，还可以进行预警式分析，通过服务创新弥补各级医院的服务短板。整合大数据分析和博弈论的思想，通过模型建立医疗系统总效益公式，能够提高患者病情甄别的精度和院间双向转诊的效率，从而实现医疗系统和患者双方总效益的增加。

社区首诊制度通过鼓励患者首先在社区医疗机构就诊，旨在缓解大医院的就诊压力，提升基层医疗服务能力，促进医疗资源的合理分配。分级诊疗制度通过建立起从基层到专科医院的分级诊疗机制，引导患者根据病情严重程度选择合适的就诊层级，以实现医疗资源的有效利用。双向转诊机制则是在此基础上，建立了上下联动的医疗服务体系，通过下转、上转患者实现资源共享，优化医疗服务流程，减少医疗资源浪费。

智慧医疗的引入是这一系列改革的技术支持，通过利用大数据、云计算等先进技术，实现医疗信息的共享和整合，提高医疗服务效率。大数据平台能够实时监控医疗服务的各项指标，进行成本控制和预警分析，帮助医疗机构及时调整策略，优化服务供给。服务创新，如远程医疗、智能诊断等，能够弥补传统医疗服务的不足，为患者提供更便捷、更高效的医疗服务。

结合大数据分析和博弈论的思维，可以更加精准地分析医疗系统内部的动态关系和外部环境变化，通过构建医疗系统总效益公式，优化医疗资源配置，提高医疗系统的整体效益。这不仅能提升患者的就医体验，减少等待时间，还能提高医疗服务的质量和效率，促进患者健康。

这一系列改革和技术应用，意在构建一个更公平、更高效的医疗体系，让医疗资源得到更合理的分配和利用。通过科学的管理和先进的技术手段，确保每一个患者都能获得适宜、高质量的医疗服务，也为我国医疗体系的可持续发展打下坚实的基础。

（三）大数据分析在医院资源优化配置中的应用

大数据在医疗领域的收集与应用，尤其在疾病诊治、慢性病防治、重大疾病诊断及精准治疗等方面，正经历开拓性的进展。这种进步不仅体现在医疗服务的质量和效率提升上，还促进了医疗领域向智慧医疗的转型。通过对大量患者诊疗数据的分析，医生能够为每位患者量身定制治疗方案，精确调整药物用量，实现个性化治疗。此外，大数据为医院提供了一个强大的支持系统，使其能够基于数据驱动的决策，提高治疗的精确度和效率。

从管理和运营的角度看，大数据的分析和应用在某些方面仍然处于起步和探索阶段，由于医院之间以及医疗系统内部存在着诸多客观差异，这些差异使得大数据应用在管理层面的效果存在变异。然而，随着技术的进步和数据分析方法的完善，预计医院管理决策的可靠性将在未来越来越多地依赖数据分析的全面性和深度。通过深入挖掘大量患者的诊疗数据，不仅可以从中发现有价值的信息，提高医疗服务的社会效益和经济效益，还能够通过数据驱动的方法优化医院的运营管理，提高效率。

大数据的应用在医院管理中蕴含巨大的潜在价值。例如，通过分析患者的住院信息，医院可以有效降低患者的平均住院天数，这不仅可以减轻患者的经济负担，还可以提高医院的服务能力和床位周转率。此外，利用大数据分析在医疗保险赔付精算和预测方面的应用，不仅可以提高医疗保险系统的财务稳定性，还能够为患者和保险公司创造更公平、更透明的赔付环境。

二、信息时代大数据分析的优势

在信息时代背景下，医疗机构内部管理的分析中，大数据的分析具有时代优势。大数据的分析具有较强的预测性。在三医联动的改革中，医疗服务提供主体在各项决策的制定过程中，对信息的预测性需求增强。从很多成功实施医联体改革地区的经验来看，在形成医疗联合体的同时，普遍都采取了整体打包医保资金的做法。以更为精细化的医疗资源布局，推动医生合理接诊、患者合理就诊的新格局的形成。而为了实现这一目标，与医保机构协商确定打包资金的规模以及打包资金在医疗服务体系内部的再分配，则是医疗服务机构需要决策的难点。通行的做法就是根据以往的信息进行测算，并据此对下一年的医保资金进行预测，因此数据的分析要具有一定的预测性。大数据分析正是以大量样本作为分析对象，因大量样本总体变化具有一定的稳定性，可以弥补个别样本以及极端特殊情况对分析结果造成的影响。面向管理决策的有关研究认为，大数据分析的技术可以厘清数据交互连接所产生的复杂性，克服数据冗余与缺失对分析造成的不确定性，根据实际需要从高速增长和交叉互联的数据中充分挖掘其中的信息、知识和智慧，以达到充分利用数据信息价值的目的。

医疗服务机构在改革过程中面临着日益增加的不确定性和挑战。这种变化不仅带来了更多的机会，也带来了前所未有的挑战，尤其在医院决策制定过程中。在这个背景下，医院决策不再仅仅依赖于管理者的经验和直觉，而是越来越多地依赖于大量、多元的外部信息，特别是与患者就诊相关的数据信息。这种信息的获取和分析，使得决策过程更加科学和合理，为医疗机构提供了更为精确的决策支持系统。

在传统的医院管理中，财务指标长期被视为衡量医院运营成果的主要工具。然而，这些财务指标在评估医院的长期发展和患者满意度方面显示出了一定的局限性。与此同时，医疗服务的质量、医疗安全、患者满意度等非财务指标的重要性日益凸显，这些指标对于医院的长期成功至关重要。

在这种背景下，大数据分析的应用为医院管理带来了革命性的变革。通过分析来自不同来源的大量数据，医院管理者不仅可以获得对传统财务指标更为全面的理解，还能够深入分析影响医院运营的非财务指标。这种高维度的信息分析为识别问题的根本原因提供了可能，从而大大提高了决策的精准性和预测性。

例如，通过分析患者就诊数据，医院可以识别出导致患者满意度下降的具体因素，从而采取针对性的改进措施。同样，通过对医疗流程中产生的大量数据进行分析，医院可以发现流程中的“瓶颈”和低效环节，从而优化流程，提高医疗服务的效率和质量。此外，大数据分析还可以帮助医院预测未来的医疗需求，为资源配置和服务规划提供数据支持，从而提前做好准备，避免资源浪费。

三、医疗服务体系改革中大数据分析所面临的问题

（一）跨机构数据整合口径一致性

提高医疗资源利用效率是当今医疗改革的重要目标之一。在这一过程中，大数据技术发挥了至关重要的作用。大数据分析在医疗行业的应用，覆盖了从医疗机构运营的全成本信息到患者在药品使用、医疗费用以及医保基金等方面的海量就诊数据。这些数据的广泛收集和深入分析，对于揭示医疗服务中的效率“瓶颈”、优化资源配置以及提升服务质量具有重要意义。

然而，医疗数据的收集和分析过程存在诸多挑战。首先，在信息系统开发之初，不同医疗机构对信息的要求存在个体化差异，这导致了医疗数据在统计口径、数据格式以及信

息完整性方面的差异。这种差异性不仅增加了数据整合的难度，也影响了数据分析的准确性和可靠性。

此外，随着医联体的组建，不同医疗机构之间的信息共享和整合变得尤为重要。信息共享能够扩大大数据分析的内容覆盖范围，增强数据分析的深度和广度。然而，信息整合的程度直接影响到大数据分析的效果。如果医联体内的信息共享不充分，或信息整合程度低，则会限制大数据分析的潜能，进而影响医疗资源利用效率的提升。

为了克服这些挑战，需要采取多方面的措施。首先，建立统一的医疗信息标准是提高数据兼容性和整合性的前提。通过统一的数据标准，可以确保不同医疗机构产生的数据在统计口径和格式上的一致性，为数据的集成和分析提供基础。其次，加强医疗机构间的协作与交流，推动信息共享，对于提高数据的覆盖范围和完整性至关重要。此外，采用先进的数据处理和分析技术，如云计算和人工智能，也可以大幅提高数据分析的效率和准确性。

在医联体框架下，通过高效的信息整合和共享，医疗机构可以实现资源共享、专业协作和优质服务。这不仅有助于优化医疗资源配置，减少资源浪费，还能够提高患者就医体验，促进医疗服务质量的整体提升。最终，这将为医疗行业的可持续发展打下坚实的基础，实现医疗服务的公平、高效和创新。通过对大数据的深入分析和应用，医疗机构可以更好地理解患者需求，预测未来趋势，为患者提供更为精准、个性化的医疗服务，也为医疗决策提供了科学依据。

（二）分析方法的应用

在医疗行业，资源整合和决策制定过程中使用的数据既广泛又复杂。这些数据不仅包括大量已量化的数据（如患者就诊记录、医疗费用和药品库存等），还包括大量的定性数据（比如患者满意度调查、医疗服务质量评估以及医护人员的工作表现等）。决策的对象也十分多样，包括但不限于实物资产的管理，如医疗设备和药品的采购与分配，还涉及人力资源的配置，包括医生、护士等医护人员的工作安排及其技能提升的规划。

数据处理及分析方法的选择对医疗行业的资源整合至关重要。这些方法不仅包括传统的统计和计量学，还涉及计算机科学、人工智能、社会科学、生物学等多个学科的知识和技术。例如，机器学习和人工智能技术可以帮助分析复杂的患者数据，以预测疾病趋势和个体患者的治疗反应。社会学的知识可以用于分析患者满意度调查，以提升医疗服务质量。生物信息学则可以帮助理解复杂的生物标记物数据，为个性化医疗提供支持。

数据处理和分析的挑战在于如何整合来自不同来源、不同格式和不同质量的数据，以及如何从这些数据中提取有价值的信息来支持决策。这要求医疗行业不仅要掌握先进的数据分析技术，还要具备跨学科的知识和合作能力。此外，数据隐私和安全也是一个重要考虑因素，确保患者信息的保密性和数据处理过程的合法性对于维护患者信任和遵守法规至关重要。

智慧医疗项目的实施在许多地区正在积极推进，这为医疗行业带来了巨大的变革和机遇。随着医疗信息化程度的提高，大量与患者就诊相关的数据得以保存和应用。这些数据涵盖了医院日常管理中各环节的信息，包括临床诊断、病程记录、检查化验结果、用药记录等。而这些信息不局限于文字形式，还包括了大量的图像信息，如X光片、MRI扫描、超声波图像等。

在智慧医疗系统中，对患者信息的保密性是至关重要的考虑因素。医院开发的信息系统需要确保在数据的收集、存储、传输和调用过程中，患者的隐私得到充分保护。这涉及严格的权限管理机制，确保只有授权人员才能访问和操作相关数据。同时，加密技术和安全协议的应用也是确保数据安全的关键手段，防止数据在传输过程中被窃取或篡改。

医疗机构在使用和存储大数据的过程中必须高度重视信息安全，采取有效的措施防范潜在的风险。这包括建立健全数据安全管理制度，定期进行安全漏洞扫描和修复，加强员工的信息安全意识培训等措施。此外，与第三方合作伙伴的数据共享和交换也需要建立严格的安全标准和协议，以防止数据被不法分子滥用或泄露。未来随着医改进程的不断推进，作为一种适应时代需要的分析方法，与大数据有关的分析将更加广泛地应用到各个层次的改革中。

第二节　医疗保障信息平台医院端集成建设及应用

一、需求分析

（一）电子凭证和线上支付

1.电子凭证

在医保推广的初期阶段，受限于当时的信息化条件以及对医保资金安全的高度重视，实体卡片成医保身份标识的主要载体。其中包括了医疗保险卡、社会保障卡以及新型农村合作医疗卡等。这种做法在一定时期内确实起到了重要作用，但随着时间的推移和社会的发展，实体卡片作为医保身份标识的一些局限性和问题也日渐凸显。

首先，以实体卡片为载体的医保身份验证方式使得患者在进行医事服务费、诊疗费用缴纳时不得不前往医院窗口或指定的自助设备进行操作。这不仅增加了患者因非诊疗服务而在医院内驻留的时间，影响了患者的就医体验，而且降低了医院的空间使用效率，从而影响到医院的诊疗服务能力。此外，实体卡片的使用还存在医保身份冒用的风险，这种安全漏洞有可能导致医保资金的损失。

为了解决上述问题，2019年11月24日，国家医疗保障局在山东省济南市举办了全国医保电子凭证的首发仪式，标志着医保身份识别方式进入了一个新的时代。医保电子凭证由国家医保信息平台统一签发，基于医保基础信息库为全体参保人员生成的电子介质，其安全性、便捷性和应用场景的丰富性都有了显著的提升。

与实体卡片相比，医保电子凭证的优势主要表现在以下几方面：首先，医保电子凭证的安全性更高。通过采用先进的加密技术和安全验证机制，医保电子凭证能有效防止身份冒用和信息泄露的风险。最后，医保电子凭证的激活和使用更为便捷。参保人员无须前往医保局或医院领取实体卡，只需通过手机等电子设备即可完成电子凭证的激活和使用，大大提升了效率和体验。最后，医保电子凭证支持的业务场景更加丰富，参保人员不仅可以在医院使用，还能在药店、线上医疗平台等多种场景中使用，使得医保服务更加贴近民众的日常生活。

医保电子凭证的推出是我国医疗保障体系信息化建设的重要里程碑，它不仅提高了医保系统的效率和安全性，还为广大参保人员提供了更便捷、更高效的医保服务。

2.线上支付

线上支付技术的引入和普及，尤其在医院的医疗保障领域，已经成为现代医疗系统建设的关键组成部分。这种支付方式不仅为医疗服务的提供和接受带来了极大的便利，而且在提升医疗保障效率、确保资金安全等方面发挥了重要作用。

随着信息技术的不断发展，医院端医保系统的支付功能已经得到了极大地加强和完善。现如今，患者可以利用医保电子凭证，不仅在参保地的医院进行医事服务费和诊疗费用的支付，也可以在异地就诊医院、互联网医院乃至在进行互联网诊疗服务过程中使用，实现了线上支付的全覆盖。这一变革不仅提高了医疗服务的可及性和便利性，也极大地提升了医疗保障体系的效率和灵活性。

线上支付系统的优势首先体现在其高效便捷的结算过程。传统的线下支付方式往往需要患者在医院的支付窗口排队等候，而线上支付则可以随时随地通过手机或其他电子设备完成，大大节省了患者的时间，减少了因支付引起的额外等待，提升了就医体验。

其次，线上支付还具有极高的安全性。通过采用先进的加密技术和身份验证机制，医保电子凭证的线上支付能够有效防止信息泄露和资金被非法侵占的风险。同时，线上支付系统还能实时记录每一笔交易的详细信息，为医保资金的管理和监督提供了可靠的数据支持。

此外，线上支付还支持多种支付渠道和方法，包括但不限于银行卡、第三方支付平台等，为患者提供了更多的选择，满足了不同患者的支付习惯和需求。

随着线上支付技术在医疗保障系统中的深入应用，未来的医疗服务将更加智能化和个性化。例如，基于大数据和人工智能技术的预测分析，线上支付系统可以为患者推荐最合适的医疗服务和支付方案，甚至实现个性化的健康管理和医疗保障服务。

线上支付在医院医疗保障相关系统建设中的应用，不仅极大地提高了医疗服务的效率和患者的就医体验，也为医疗保障体系的优化和升级打下了坚实的基础。随着技术的进一步发展和应用场景的不断扩展，线上支付将在提升医疗服务质量、保障医保资金安全等方面发挥更加重要的作用。

（二）医保贯标

在当今的信息时代，标准化不仅是信息系统实现业务互联互通的基础，更是推动各行各业高效、有序发展的重要力量。在医疗保障领域，实施标准化尤为关键。医疗保障信息业务编码标准的建立和推广，是形成全国统一医疗保障标准化体系的核心内容之一，对于促进医疗保障制度的完善和提升医疗服务质量具有不可估量的意义。

标准化工作的重要性在于，它能够确保信息的准确性、一致性和可交换性。对医疗保障系统而言，这意味着可以更加高效地处理医保信息，减少医疗服务中的差错，加快医疗服务的提供速度，从而极大提高患者的满意度和医疗服务的整体效率。此外，标准化还为医疗保障管理提供了强有力的数据支持，有助于政策制定者和管理者更好地监控和评估医疗保障制度的执行情况，为制定更为精准有效的政策提供参考。

在医院层面，宣贯和实施医保信息业务编码标准是确保医疗保障信息系统高效运行的关键步骤。医院需要全面理解和掌握国家医疗保障15项信息业务编码标准的内容和应用方法，这包括但不限于医保疾病诊断、手术操作分类与代码，医疗服务项目分类与代码，医保药品分类与代码等。这些编码标准的准确应用，不仅可以提升医疗服务的质量和效率，还可以保障患者的医保权益，避免因编码错误而导致的医保报销问题。

当前阶段，医院医保贯标的工作重点是确保这些编码标准的落地应用。这意味着医院需要通过培训、演练等方式，加强医务人员对于这些标准的了解和应用能力，确保在日常医疗服务中能够准确无误地使用这些编码。同时，医院还需要定期进行标准使用情况的审核和评估，及时发现和解决实施过程中的问题，确保编码标准的有效执行。

（三）智能监管

在当前医疗保障体系中，智能监管已经成为确保医疗保障基金安全、提升管理效率的关键手段。医疗保障基金，作为保障民众健康的重要资金来源，其使用的合理性和效率性直接关系到民众的切身利益。因此，医院作为医疗服务的提供主体，不仅需要确保医保资金的合理使用，还需要通过现代信息技术，加强对医保资金的监管，确保每一分钱都能用在“刀刃”上。

首先，在事前管理环节，医院可以通过大数据分析技术，对患者历史就医记录、药物使用情况等进行分析，建立个性化的就医模式和风险评估体系。通过人工智能算法，对患者就医行为进行智能预测和引导，减少不必要的检查和治疗，有效控制医疗费用。同时，利用人脸识别技术，加强对就医人员身份的验证，防止身份冒用和骗保行为的发生，保障医保资金的安全。

在事中管理环节，医院可以实施实时监控和分析。通过搭建智能监控系统，对医疗服务过程中的关键环节，如药品配送、手术过程、高值耗材使用等进行实时监控，确保医疗活动的合规性。此外，结合人工智能技术，系统可以对医疗服务过程中产生的大量数据进行分析，识别异常行为模式，及时发现潜在的风险和问题，为医院管理提供科学的决策支持。

在事后管理环节，医院应充分利用大数据和人工智能技术，对医疗服务和医保资金使用情况进行深入分析。通过构建完善的数据分析模型，医院可以评估医疗服务的质量和效率，识别医疗资源分配的不合理之处，优化资源配置。同时，通过对医保资金使用情况的深度挖掘，医院可以发现潜在的欺诈和滥用行为，及时采取措施，从而进一步保障医保基金的合理使用和安全。

二、建设方案及难点分析

（一）整体思路

《医疗保障信息平台应用系统技术架构规范》明确了国家医疗保障系统架构的设计思路，医院信息系统通过对接上级医疗保障信息平台，完成医院端医保系统构建，实现医保支付等业务。医院端医保系统建设是在国家医疗保障系统整体架构下实现的，通常不独立建设信息系统，建设范围集中在与医院信息系统（HIS）的集成等，包括挂号、结算、基础字典等内容。

（二）难点分析

1.使用医保电子凭证

推进医保电子凭证在医院的有效应用，重点工作有以下几方面：医院信息系统与参保地医保信息系统的对接及接口改造工作；窗口、自助设备等相关软件程序的改造；读取医保电子凭证各业务节点扫码设备的更新等。其中，核心工作是HIS与参保地医保信息系统的对接，实现医院端医保系统应用。

目前，医保患者到医院首次就诊时，通常需要先将医保卡与院内就诊卡进行绑定，后续诊疗费用结算时才能够享受医保待遇，本质上是由于HIS与医保信息系统之间互联互通的程度不够，需要实现读取患者医保身份与患者在院内信息系统的ID进行关联，用以结算时标识患者的医保身份。医院院内就诊卡的主要作用是采集患者的基本信息并在院内信息系统中生成唯一ID，伴随患者的所有诊疗流程，保证患者诊疗数据的连续性。而医保电子凭证也采集了参保人员的基本信息，复用医保电子凭证采集的信息，从业务流程上消除了信息系统之间的关联绑定操作，应该成为改善患者就医体验和深化电子凭证应用的重点工作。挂号通常是诊疗服务开始的第一个环节，较为可行的建设路径应是患者在进行挂号操作时，HIS在后台根据患者提供的有效身份信息，通过接口调取医保电子凭证已采集信息，根据需要补充信息后进行院内ID和医保电子凭证的绑定，使患者就医体验更顺畅。

2.实现医保线上支付

医院端医保系统线上支付一般通过电子就医凭证与互联网接口对接，直接生成数字身份信息（电子凭证码值），由互联网端发起医保结算请求，将相应信息传回医院本地，调用医院本地医保接口完成由互联网端发起的医保结算的方式实现。

异地结算是医保线上支付的重点和难点。一方面，从技术实现角度看，涉及的系统及平台较多，且标准化程度不足，以门诊异地医保结算为例，完成1次结算数据通常需要在4个节点进行6次流转：就诊医院需将待结算数据通过其所在地医保系统、国家医保平台传递至患者参保地医保信息系统，参保地医保信息系统根据患者医保类别等对结算数据进行分解，再通过原路径返回患者就诊医院以完成此次结算。如果遇到医保结算挂起的情况，处理流程则相对较为复杂。另一方面，由于各地医保政策的差异，以及综合医院和专科医院医保覆盖范围的差异，也给为患者提供异地医保线上服务带来一定的挑战。提升系统的稳定性，推进医保相关标准化工作，是解决这类问题的有效措施，也是一项长期工作。

互联网医院及互联网诊疗，其本质决定了医保线上服务是必不可少的建设内容。我国互联网医院已经初具规模，医院需要在满足相关管理规范要求的前提下，稳步实现与医疗保障信息平台及相关监管平台的平稳对接，不断优化医院端医保系统的应用。

（三）医保信息业务编码标准贯标

1.贯标重点

医保信息业务编码标准的贯标工作包括两个方面：一方面，需要全面梳理医院业务系统运行字典，并按照要求实现与医保信息业务编码标准的对照；另一方面，为了能够保证贯标后医院业务系统平稳运行，需要对相关信息系统进行升级改造。

2.贯标内容

医院业务系统运行字典与医保信息业务编码标准对照复杂且工作量极大。15项业务编码中“医保医用耗材分类与代码”最有代表性，特点是一品一码、码库结合满足应用。

3.贯标路径

通过医院业务系统改造，构建医院端医保系统，实现相关标准落地，需要围绕两条路径。一条路径是保证业务系统平稳运行的同时优化医保信息业务编码维护流程。例如，在相关业务系统增加必要的字段，实现采购、物价、物流等系统数据维护的连续性。另一条路径是围绕医保信息业务编码中医保结算清单的内容，梳理相关数据项来源，确保进行改造和整合的相关系统数据的质量。例如，已经建成信息平台的医院，可以充分利用平台的优势，避免重复工作。

（四）建立与完善智能监管

1.事前医保身份智能化认证

使用实体卡片作为医保患者身份标识的方式，在认定实体卡片持有人和使用人是否为同一人的场景中不够便捷，增加了医保资金被冒用的风险。使用医保电子凭证作为患者医保身份标识的方式，通过使用人脸识别、人工智能等技术，可以在患者激活医保电子凭证时保证其医保身份的有效性。同时，在患者诊疗环节，医保电子凭证可为医院审核提供便捷，从而保证了医保基金的合法使用。需要特别注意的是，对于儿童特别是新生儿，需要做好有针对性的措施。

2.事中诊疗服务医保智能化审核及提示

为了合理有效地使用医保基金，多数医院目前都针对医保基金使用要求，在医生工作站等节点提供了基于规则的简单提示，如用药超量、适应证等，受限于技术条件及HIS产品架构，这种方式通常只能提供较为简单的提醒。随着医保标准化体系的不断完善和推广落地，利用大数据技术构建基于诊疗标准、用药规则和医保政策等智库的医保智能审核系统，将成为医院医药信息化建设的重要内容。通过再造医保审核流程，将医保智能审核系统与HIS有效对接，将为医保基金使用过程中的事中预警提醒，提供更为多样有效的手段。

3.事后医保基金使用效率智能化评估

与总额预付医保支付模式相比，国家正在试点推行按疾病诊断相关分组（DRG）付费模式、区域点数法总额预算和按病种分值付费模式，对医院医疗保障信息相关系统建设与应用管理提出了更高要求。医院需要增强大数据、人工智能等新兴技术对医院医保管理的有效支撑，合理高效地使用医保基金。

三、应用成效

（一）服务线上化，有效改善广大群众医疗服务体验

医院端医保系统以医保电子凭证为介质，实现HIS与国家医疗保障信息平台对接。一方面优化了就诊流程，减少了群众就医的环节，患者首次就诊减少了建卡环节及院内就诊卡和医保卡绑定环节，有效缩短了群众就医时间。另一方面，异地医保直接结算的逐步落地，将切实改善异地就医无法直接结算的问题。

（二）建设标准化，促进区域间医疗保障系统数据互联互通

医疗保障信息业务编码标准提供了跨区域的统一标准，为区域间医疗保障数据的互联互通提供了有力保证。特别是15项信息业务编码标准的落地使用，有效保障了全国医保系统和各业务环节“一码通”，能够有效解决地方差异带来的标准不统一、数据不互认等问题。同时，为开展有效的、基于大数据的各种场景应用打下了坚实的基础，让信息技术更好地为人民群众做好健康维护。

（三）监管智能化，提升医院医保基金管理效能

通过应用深度学习、机器学习和大数据技术等，加强医院端医保系统的智能化建设，提升了医院医保基金的管理效能，能够更加合理地使用医保基金，从而让群众获得最大的实惠。同时，可以使医生从诊疗过程所承担的控费工作中解放出来，将更多的时间和精力用来为病人提供医疗服务。

医疗保障信息平台医院端集成建设与应用，是深化医药卫生体制改革的重点工作内容之一。全面推进医保标准化体系建设落地，落实异地医保结算相关工作，合理高效使用医保基金，改善群众就医体验，是现阶段医院作为医疗服务提供主体面临的重要工作。随着“互联网+”、大数据、人工智能和人脸识别等新兴技术的不断成熟，以及在医疗行业的深度应用，医院端医保系统的建设等工作呈现线上化、标准化、智能化的特点，医院应结合自身业务实际，全面深入理解各类医保服务应用场景，实现技术有效赋能医保改革各项工作，推进健康中国建设，增加人民群众的健康福祉。

第三节 “互联网+”医疗服务纳入医保支付后的风险及管控

一、“互联网+”医疗服务纳入医保支付后的益处

“互联网+”医疗服务作为近年来我国医疗体系创新发展的重要方向，不仅展现了医疗服务的新形态，也推动了医疗服务模式的根本转变。这种服务模式凭借其便捷快速、服务范围广泛的特性，极大地促进了医疗资源的均衡配置，提升了医疗服务供需之间的匹配度，更重要的是，通过线上服务积累的医疗大数据，极大地支撑了临床决策的精准性和效率性。

随着国家对“互联网+”医疗服务的大力提倡，多个省份如宁夏、贵州、四川、江苏等，已经开始积极探索并实施相关政策措施，以促进“互联网+”医疗服务的发展。这些政策措施不仅涵盖了服务的推广和应用，还包括了价格收费标准的制定，甚至有的省市还将其纳入医保支付范围。2019年8月30日，国家医保局发布的《关于完善“互联网+”医疗服务价格和医保支付政策的指导意见》是一个标志性事件，它不仅明确了符合条件的“互联网+”医疗服务将得到医保支付政策的配套支持，更是按照线上线下公平原则，促进了医疗服务公平性的实现。

这一系列政策和措施的实施，极大地促进了线上诊疗服务的开展，进而推动了医疗服务模式从传统的“以医生为主导”向更加现代化的“以患者为中心”转变。这种转变不仅让患者在接受医疗服务时感到更加方便、快捷、个性化，也使得医生能够更加高效地管理患者，提供个性化治疗建议。同时，医院和企业也因“互联网+”医疗服务的发展而获得了更多的机会和挑战，促进了医疗行业的整体创新和发展。

除了显而易见的便捷性和高效性外，“互联网+”医疗服务还具有重要的社会价值。例如，在偏远地区和资源匮乏地区，通过“互联网+”医疗服务，当地居民能够远程接入高质量的医疗资源，这在很大程度上缓解了地区之间医疗资源分配不均的问题。同时，大数据分析能力的加强也为公共卫生决策提供了有力的数据支撑，提高了公共卫生事件的响应速度和处理效率。

首先，互联网医院使医生能够通过线上平台接诊，这一点极大地拓宽了医生的服务范围和时间，不再受限于传统医院的物理空间和工作时间。这种灵活性不仅让医生能够更

有效地安排工作和个人生活，还能在紧急情况下及时提供医疗服务，从而提高了工作的满足感和职业的成就感。此外，互联网医院的平台还为医生提供了大量的医疗资源和学习材料，使他们能够不断更新知识、提高专业技能，从而在专业发展上获得更大的空间。

其次，对患者来说，互联网医院更是带来了革命性的变化。首先，通过互联网医院，患者无须离开家门就能享受到远程问诊服务。这不仅极大地节约了患者的时间和旅行成本，还避免了在医院等待的辛苦，特别是对于一些行动不便或慢性病患者来说，更是提供了极大的便利。

其次，互联网医院打破了地理位置的限制，使得优质医疗资源能够下沉到基层，甚至是偏远地区。这意味着，即使是身处偏远地区的患者，也有机会接受来自北上广等大城市的顶级专家的远程诊断和治疗建议，从而在很大程度上缩小了城乡、地区之间医疗资源的不平衡。

更重要的是，互联网医院的发展还促进了医疗服务的个性化和精准化。借助互联网和大数据技术，医生可以根据患者的健康数据和历史病例，提供更加精准和个性化的诊疗方案。同时，患者也能够更加主动地参与到健康管理中来，通过互联网平台监测自己的健康状态，及时获取专业的医疗建议。

最后，“互联网+”医疗的实施，对于医院来说，是扩大患者来源、优化存量服务的有效手段。通过线上预约挂号、电子健康档案管理、在线咨询和药品配送等服务，医院可以有效地提高服务效率，降低运营成本，同时为患者提供更为便捷和个性化的医疗体验。这不仅有助于医院吸引更多的患者，也有助于提高医院的竞争力和市场份额。

此外，随着“互联网+”医疗服务纳入医保支付范围，对企业来说，将会带来巨大的市场前景。互联网医院、提供技术和基础设施支持的公司、连锁药店及批零一体化分销企业，以及医疗第三方服务机构等，都将成为这一变革的受益者。这不仅能够刺激医疗信息技术的快速发展，也为医疗服务的市场化和社会化提供了新的动力。

二、“互联网+”医疗服务纳入医保支付后的风险

“互联网+”医疗服务的兴起和发展，在很大程度上契合了国家医改的方向和需求，尤其是在分级诊疗、紧密型医联体以及优质资源下沉等方面。这一新兴服务模式的推广，不仅可以实现优质医疗资源的跨区域流动，还有助于促进医疗服务降本增效，提升医疗服务的公平性和可及性，也能显著改善患者的就医体验，重构医疗市场的竞争关系。

将符合条件的“互联网+”医疗服务项目纳入医保报销范围，意味着这些服务将得到国家政策的认可和支持，这不仅有利于降低患者的医疗费用负担，还能有效激发医疗机构和服务提供商的积极性，进一步扩大优质医疗资源的覆盖范围。此举对于促进优质医疗资源的合理分配和有效利用具有重要意义，有助于推动分级诊疗制度的深入实施，构建起更

为有序和高效的医疗服务体系。

此外，“互联网+”医疗服务纳入医保支付体系，将进一步促进智慧医疗和智慧城市建设的发展。通过医疗大数据的收集、分析和应用，可以更好地实现医疗资源的精准匹配和优化配置，提升医疗服务的整体效率和质量。同时，这也将推动医疗服务模式的创新，促进医疗服务产业的整体升级和发展。

然而，“互联网+”医疗服务的发展也面临着一系列的风险和挑战，如数据安全和隐私保护、医疗服务质量和安全监管、医患双方权益的保护等问题。为此，需要构建更为完善的法律法规和政策体系，加强对“互联网+”医疗服务的监管，确保服务质量和数据安全。同时，需加大技术研发和应用的投入，提升“互联网+”医疗服务的技术水平和服务能力。

（一）医疗质量和患者安全风险

在当前的医疗卫生领域“互联网+”医疗服务的兴起为广大患者提供了便捷的就医方式，这种新兴服务模式已成为医疗行业发展的重要趋势。然而，无论是传统医疗服务还是“互联网+”医疗服务，医疗质量和患者安全始终是最重要的考量因素。两种服务模式在实施过程中各有优势和局限，对医疗质量和患者安全的影响也有所不同。

传统医疗服务通常在医疗机构内进行，医务人员可以直接与患者面对面交流，通过询问病史、实施体检等方式，对患者的健康状况进行全面评估，进而做出准确的诊断和制订个性化的治疗方案。这种直接的医患互动有利于提高诊疗的准确性和效率，降低误诊和漏诊的风险。

相比之下，“互联网+”医疗服务通过线上平台将医疗服务延伸至互联网空间，虽然极大提高了医疗服务的可及性和便捷性，但由于医务人员无法亲自对患者进行面对面的检查，主要依靠患者提供的病史信息和线上问诊来进行诊断和治疗建议，这在一定程度上可能会影响到诊疗的准确性和安全性。特别是在处理一些复杂病症时，仅凭线上交流可能难以做出全面准确的判断，存在一定的误诊风险。

此外，互联网医疗在远程会诊中面临的挑战也不容忽视。不同医疗机构之间医务人员的专业水平和经验可能存在差异，加之沟通和信息传递的局限性，可能导致对患者病情的理解和诊疗方案的制订出现偏差，从而影响治疗效果。

在“互联网+”医疗服务中，医疗服务提供者的资质认证、诊疗行为的规范性、处方的合理性等因素对于保障医疗质量和患者安全至关重要。因此，加强对互联网医疗服务的监管，确保提供此类服务的医务人员具有相应的资格和专业能力，规范其诊疗行为，成为确保医疗质量和患者安全的关键。同时，建立健全医疗质量评估体系和患者反馈机制，对于及时发现和解决问题，防止医疗风险的发生，具有重要意义。

（二）医疗信息和隐私泄露风险

随着“互联网+”医疗服务纳入医保体系，越来越多的患者开始接受线上医疗服务，这大大促进了医疗服务的便捷性和可及性。然而，伴随着服务的普及和发展，巨大的医疗数据量也在网络上不断积累，带来了数据安全和隐私保护的重大挑战。在这个全新的医疗服务模式中，患者的医疗信息、个人隐私以及相关数据全都数字化，存储在云端或服务器中，这无疑放大了数据泄露的风险。

在互联网医疗服务中，数据的安全性和隐私保护尤为重要。医疗数据不仅包含个人的基本信息，还包括其病历、诊断信息、治疗方案等敏感信息，这些数据的泄露可能导致严重的隐私侵犯甚至经济损失。当前，尽管存在关于数据保护的法律法规，但这些规定往往是碎片化的，缺乏系统性和全面性，特别是在面对快速发展的互联网医疗领域时，现有的法律法规显得力不从心，无法全面覆盖新出现的各种问题。

此外，医务人员和信息技术人员是接触医疗数据最频繁的两类人群。医务人员可能因专注于医疗技术的提升和学术交流，而忽视了数据安全和隐私保护的重要性；而信息技术人员虽然掌握高水平的信息处理能力，但如果缺乏足够的法律意识和职业道德，可能会因好奇心或探索欲而触犯数据隐私的界限。因此，加强这两类人群的隐私保护意识和数据安全教育显得尤为重要。

为了有效解决这些问题，首先，需要从立法层面加强对医疗数据的保护。制定专门的、系统的法律法规，明确医疗数据处理的标准和限制，规范医疗信息的采集、存储、处理和传输过程，确保患者信息的安全和隐私不受侵犯。其次，建立健全数据监管机制，提高违法违规行为的处罚力度，确保每一笔医疗数据的处理都在法律的监管下进行。

同时，提高医务人员和信息技术人员的隐私意识和数据保护能力也是关键。通过定期培训、职业道德教育和安全意识提升等措施，强化他们对医疗数据重要性的认识和对隐私保护的责任感。此外，加强技术手段的应用，如使用加密技术、访问控制、数据匿名化处理等方法，可以有效增强医疗数据的安全性，降低数据泄露的风险。

（三）医患道德和医保基金风险

“互联网+”医疗服务的发展为传统医疗服务带来了巨大的变革。通过在线咨询、远程诊疗、电子处方等方式，患者可以足不出户完成看病全过程，大大提高了医疗服务的可及性和便利性。尤其是在纳入医保报销政策后，患者的个人负担减轻，这无疑将进一步推动互联网医疗服务的普及和发展。

随着互联网医疗服务的广泛应用，医疗机构可以拓宽服务范围、扩大患者来源，不仅可以提高医疗服务效率，还能够通过大数据分析等手段，为患者提供更为精准和个性化的医疗服务。然而，互联网医疗服务的发展也带来了一系列问题，特别是在信息不对称的环境下，医患双方容易发生道德风险。

对于医疗服务提供方来说，由于追求经济利益，可能会为患者提供过多甚至不必要的服务，如强制服务、分解服务、重复收费、加收费用等，这些过度医疗甚至欺诈骗保行为不仅损害了患者的利益，也降低了医疗服务的整体效率。另外，对互联网医疗服务的需求方来说，由于纳入医保报销，个人实际承担的医疗费用明显下降，这可能会增加患者过度利用医疗服务的动机，导致医疗资源的滥用和医疗卫生费用支出的增加，从而降低资源配置的效率。

值得注意的是，医方和患方的道德风险有时具有叠加效应，即双方同时发生道德风险，这将导致医疗费用的不合理增长，严重影响医保基金的安全性和可持续性。因此，为了应对这些挑战，需要从以下几方面采取措施。

1.加强监管

政府和相关部门应加强对互联网医疗服务的监管，制定更加严格的行业标准和准入机制，确保医疗服务的质量和安全。

2.完善法律法规

建立健全针对互联网医疗服务的法律法规体系，明确服务提供方和需求方的权利和义务，加大对违法违规行为的惩处力度。

3.提高透明度

提高医疗服务的透明度，加强信息披露，让患者能够更加清晰地了解服务内容和费用，减少信息不对称带来的问题。

4.强化患者教育

加强对患者的健康教育和医疗知识普及，提高患者的自我管理能力和合理就医意识，减少不必要的医疗服务需求。

三、“互联网+”医疗服务风险管控措施与建议

（一）通过制度标准建设规范“互联网+”医疗服务开展

尽管国家已出台相关的互联网诊疗服务管理办法，但为了更好地规范和提升互联网医疗服务质量，还需要制定更为细致和全面的质量标准、业务规范和安全标准。

首先，建议发挥行业协会的作用，制定互联网医疗管理制度和质量控制标准。通过行业协会的专业性和权威性，可以为互联网医疗服务提供统一的标准和指导，促进行业健康有序发展。同时，必须严格落实质量管理责任和要求，对互联网诊疗行为的规范性和合理性进行严格的质量控制，以保障患者人身安全和医疗质量的持续改进。

其次，针对互联网医疗数据的管理，必须尽快立法规范数据的采集、传输、储存、获取、应用和转让等一系列问题。需要明确数据权属，确保数据安全，防止患者医疗信息和个人隐私的泄露。数据安全是互联网医疗服务的重要组成部分，对保护患者信息具有重要意义。

为了进一步规范和推动“互联网+”医疗服务的持续健康发展，建议将互联网医疗服务纳入当地的医疗质量控制体系，并将其相关服务成效纳入卫生管理部门对实体医疗机构的绩效考核和医疗机构等级评审中。通过这种方式，可以有效地整合线上和线下的医疗资源，实现一体化监管。

此外，建议依托医疗机构、医学科研院所、企业联合建立“互联网+”医疗服务质量控制中心，加强互联网医疗服务全流程的监管。通过这种多方合作，可以集合各方资源和专业知识，共同推动互联网医疗服务的质量提升和创新发展。

最后，推进网络可信体系的建设，对开展互联网医疗工作提出更高要求和设置更高门槛。这样不仅有利于确保医疗质量和医疗安全，还有助于维护患者的合法利益。通过这些措施，可以使互联网医疗服务在保障医疗质量和患者安全的前提下，更好地发挥其便捷和高效的优势，为公众提供更优质的医疗服务。

（二）借助信息化手段加强对“互联网+”医疗服务监管

在数字化时代的浪潮中，“互联网+”医疗服务作为一项创新的服务模式，为公众提供了更为便捷的医疗健康服务。然而，随着其快速发展，诸如医疗质量、医疗安全、患者隐私保护等问题也日益凸显，这些问题的存在严重影响了互联网医疗服务的健康发展和公众利益。因此，建立省级“互联网+”医疗服务监管平台，运用信息化手段加强对互联网医疗服务的监管，成为确保医疗服务质量和医疗安全底线的关键措施。

省级“互联网+”医疗服务监管平台的建设，旨在通过高效的信息技术实现对医疗服务全过程的实时监管。医疗机构在开展互联网医疗服务时，必须确保服务流程全程留痕、数据可查询、行为可追溯。这不仅涉及医疗服务本身，还包括访问和处理数据的行为必须可管、可控。通过开放数据接口，与省级互联网医疗服务监管平台的对接，实现数据的无缝传输，让医疗监管部门能够在诊疗的各个阶段对医疗机构、执业人员、处方、诊疗行为等进行全面监管。

监管平台的运用，从事前的准入监管开始，对医疗机构提供的服务范围和执业人员的资质进行验证和监管，确保医疗服务提供方的合法性和专业性。在诊疗服务过程中，平台能够对医疗行为和开具的处方实行全程监控，及时发现和预警可能的违规行为，有效干预，保障医疗安全。服务结束后，通过收集和分析诊疗数据，监管部门能够评估互联网医疗服务的质量和合规性，及时调整和优化监管策略。

此外，所有参与互联网医疗服务的机构都需要将诊疗数据及时传输和备份至区域医疗信息化平台，以满足行业监管要求。这一举措不仅有利于数据的长期保存和分析，还能在必要时为医疗纠纷提供依据，保护患者和医疗机构的合法权益。

总的来说，省级“互联网 +”医疗服务监管平台的建立和完善，是对传统医疗服务监管模式的重要补充和创新。通过这一平台的实施，可以更有效地实现对互联网医疗服务全流程的监管，保障医疗质量和医疗安全，也能更好地保护患者的隐私和个人信息安全。未来，随着技术的进步和应用的深化，这一监管平台将发挥更加重要的作用，为“互联网 +”医疗服务的健康发展提供强有力的支撑。

（三）设置医保控制总额引导“互联网+”医疗服务发展

如何确保医疗质量，控制医疗费用，避免过度医疗和医保基金的滥用成一个亟待解决的问题。为此，合理设置医保费用控制总额，支持并正确引导医疗机构开展“互联网+”医疗服务，显得尤为重要。

医保部门通过医保总额预付的方式对医疗机构进行监管，是一种有效的费用控制和质量保障手段。在这种模式下，医保部门根据医疗机构的服务能力和历史服务数据，预先设定一个医疗服务总额，以此来引导医疗机构合理使用医疗资源，提高服务效率。对于“互联网+”医疗服务而言，国家卫生健康委发布的《互联网医院管理办法（试行）》已经明确指出，互联网医院属于医疗机构的范畴，因此在医保总额设置上理应纳入考量。

具体来说，医保总额的设置可分为两个路径：一是作为实体医疗机构第二名称的互联网医院，其医保总额不单独设置，而是与实体医疗机构的医保总额合并处理。这种做法有助于统一管理，减少行政运营成本，也能确保实体医疗机构与其互联网医院之间的资源共享和服务协同。二是依托实体医疗机构独立设置的互联网医院，其医保总额设置应由实体医疗机构与独立设置的互联网医院协商解决，确保双方在提供医疗服务时的公平性和合理性，也保证了医保基金的有效使用。

通过合理设置医保总额，不仅可以从宏观层面控制医疗费用的增长，防止医患双方的道德风险导致过度医疗，而且有利于促进“互联网+”医疗服务的健康发展。此外，这种做法还可以减少医疗资源的过度消耗，避免医保基金的滥用，确保医保基金的安全和可持续性。在实施过程中，还需要医保部门、医疗机构及社会各界共同努力，通过不断优化和调整医保政策，建立健全监督机制，提高医疗服务质量，从而为公众提供更加安全、高效、便捷的“互联网+”医疗服务。

（四）运用现代信息技术管控“医联网+”医疗服务报销

通过智能监控、大数据分析、医保移动支付等手段，医保管理的效率和效果得到了显著提升，医保基金监管更加精准有力，也极大地改善了参保人员的就医体验。具体来说，智能监控系统能够实时跟踪医疗服务提供情况，通过对大数据的分析，医保管理部门可以准确识别医疗服务中存在的各种问题，如过度诊疗、虚假报销等。医保移动支付的广泛应用，使得参保人员就医支付更加便捷，大大提高了医疗服务的可及性和满意度。随着“互联网+”医疗服务被纳入医保支付范畴，医保部门通过智能审核系统对互联网医疗服务行为进行实时监控，有效保障了医疗服务的合规性和合理性。

医保部门针对违法违规的医疗机构或互联网医疗服务平台，采取了一系列严厉的惩罚措施，包括约谈训诫教育、行政处罚、解除服务协议、移送公安机关等，这些措施有力地震慑了违规行为，保障了医保基金的安全和有效利用。在这个背景下，医疗机构要想在竞争中保持优势，就必须依托“互联网+”，提供规范、便捷、优质、高效的医疗服务。同时，需要不断优化医疗服务管理，加强对医疗行为和医保费用报销的实时监控，确保医疗服务的质量和患者的安全。此外，通过优化卫生资源配置和提升使用效率，可以进一步提高医疗服务的整体效率和质量。

面对信息技术的持续革新，医保管理部门和医疗机构必须紧跟技术发展步伐，加强技术应用和创新，以更好地适应医疗保障体系发展的新需求。通过建立更加完善的医疗保障体系，不仅可以保障公众健康，还能推动医疗行业的可持续发展，最终实现社会的全面健康福祉。

尽管目前我国“互联网+”医疗尚处于探索阶段，互联网医疗服务的应用范围比较有限，基本以复诊等少部分医疗行为为主要服务内容，在开展的过程中也存在一系列的问题。当“互联网+”医疗服务纳入医保支付后会面临很多风险和挑战，但随着不断实践探索，相信很多问题将会迎刃而解。互联网医疗将凭借自身强大的优势，优化医疗服务资源配置、提高医疗服务质量水平，改善就医体验和购药方式、重塑医患关系等方面发挥巨大作用。未来必将优化医疗诊治服务模式，推动智慧医疗快速发展，进而重构新的医疗生态圈。

第十一章　大数据与医保服务

第一节　基于医保数据管理平台的精准控费管理策略

一、按病种分值付费

在当前的医疗体系中，数据的准确记录与报告对于调节医院发展需求与就医参保者对医疗费用的支付水平之间的关系具有至关重要的作用。传统的数据处理方式已经难以满足医疗行业发展的需求，尤其是在医疗信息化迅速发展的今天。为了解决这一问题，医疗行业开始探索更为高效的数据处理方法，其中“按病种分值付费”便是一种创新的尝试。

“按病种分值付费”制度是基于一种高效的数据分组方法——大数据病种组合（BigDataDiagnosis-InterventionPacket，DIP）。该方法通过对病种进行分组并对每个分组赋予一定的分值，从而实现对医疗服务费用的合理支付。这种付费方式的核心在于利用大数据技术对医疗统计数据进行深度分析与归类，包括但不限于诊断的ICD编码和医疗保障局赋予的诊断分值。

在实际操作中，患者的治疗医生需要根据病种分值的匹配关系记录治疗信息。如果患者因为转科或其他原因导致其病历首页与分值系统推荐的诊断方法不一致时，医生需要进行比较和选择，挑选出最合理的诊断手段，并将其记录在病历中。这一过程不仅要求医生对病种有深刻的理解，也对医生的专业判断能力提出了较高的要求。

通过实施“按病种分值付费”制度，可以有效提高医疗资源的使用效率，促进医院经济水平的持续健康发展。更为重要的是，这种制度能够确保医疗费用的合理性与透明度，从而让参保患者更加公平地享受到高质量的医疗服务。此外，该制度的推行也促使医疗行业加大对医疗大数据分析的投入，通过科技力量不断提升医疗服务的整体水平。

二、精准管理

在当前的社会医疗经济背景下，实现医院管理的精准化已成为医院管理平台的重要目标。医疗健康领域作为国民经济的重要组成部分，其管理和运营效率直接关系到国民健康水平和社会的可持续发展。

医院作为提供医疗服务的主要机构，其管理效率和服务质量受到社会各界的广泛关注。随着医保政策的不断完善和医疗支出的持续增加，医院管理面临着巨大的挑战。一方面，医院需要有效控制医疗成本，另一方面又要确保提供高质量的医疗服务，这要求医院管理者不仅要对国家的政策变化保持高度敏感，还要不断提高医院管理的精细化水平。

为了解决这一难题，医院管理者开始寻求技术创新的支持，其中新型的数据管理平台成为一项重要的解决方案。这类平台通常由医院信息中心与医疗部门共同设计和实施，旨在通过高效的数据处理和分析，提高医院管理的精确性和效率。具体来说，这样的系统可以从庞大的数据库中精准提取出患者的详细信息，包括病史、病例情况、健康状况、病种分值等，这些信息对医生进行准确快速诊断至关重要。

此外，数据管理平台还能为医院管理部门提供极大的便利。通过该平台，管理人员可以轻松获取患者的主治医生信息、就医科室情况等数据。配合医院HIS系统，医院能够对患者的就医费用、项目加分等情况进行清晰的展示和管理。这不仅有助于医院更有效地控制成本，还可以提升患者就医体验。

在此基础上，医院管理人员还需要综合考虑国家大政方针和医院自身的发展需求，通过数据分析、政策调控和效能评估等手段，进一步优化医院的运营管理。这种基于数据的管理模式，不仅能够帮助医院应对日益复杂的医疗经济环境，还能够推动医院朝更加合理化、高效化的方向发展，从而在提升国民健康水平的同时，促进医疗行业的持续健康发展。

三、分值审核机制

要使医院在有限的人员与医疗手段的前提下，提高医保的管理绩效水平，就需要医院建立科学合理的分值审核机制。患者治愈后的分值评价辅助系统主要功能有如下几方面。第一，能够从医保地纬系统中提取患者信息，如病例、病史以及基本健康状况等，入院上传分值信息，如患者就医医师等；第二，从病历系统中提取病历首页出院诊断、手术操作编码等，通过对住院具体情况的价值分析标定分值水平，为患者出院的分值总水平的划分提供基础；第三，从医院HIS系统提取新技术、费用明细，为医院管理人员提供项目加分等患者费用信息，提升分值审核的严密性。医院结合上述系统所提供的信息数据进行数据的整合、处理、测算，从而达到医保诊断分值审核要求，通过审核要求后，分值结果能够在审核界面实现实时推送，提升医院整体经济运行的效率。

四、医保数据信息管理平台

医保数据信息管理平台能够实现对患者病例、病史、身体健康状况、就医医师、手术费用等信息进行提取和整理组合，该系统能够根据医疗保险结付手段对大数据进行分类，主要分类方法有技术加分情况以及超三倍情况等。信息匹配完毕后，患者的基础信息被记录在案，医生和管理人员能够根据需求对患者的各项指标进行查询，如健康信息、就医科室及超支信息等，数据信息平台能够帮助医疗人员更高效地获取信息，提升工作效率。医疗人员通过对患者信息的查询和了解之后，根据二八原则，寻找两个管理重点，即重点病种和重点病区。对于前者，管理的主要手段是依靠分享医保控费来实现，加大对病种的分析力度，并深入科室传播与医保相关的知识内容，实现信息的有效建设；对于后者，需要使用重点管制的方法进行管理，患者就医科室通过数据系统的反馈，进行合理的分析。分值评估结束后，数据管理系统中的医保地纬系统对分值结果进行诊断审核，审核通过且分值修正后的诊断分值为医保结付的最终分值；对数据信息的整合结果进行提取，查询想获取的信息，从而获得就医患者的前三页的病例诊断书，同时可以获得医保支付金额的测算结果、医院医疗部门上传的诊断分值以及患者的超支水平信息等，从而高效化地实现医院发展与医保结付之间的平衡。医疗人员通过将患者信息录入医保数据管理信息平台，实现精准控制，调取患者就医所需的信息数据，点击诊断后，系统对分值进行及时修正，较为全面地提供一个可靠的诊断分值信息；在保证审核修正数据准确、合理、合规、高效的前提下，使住院费用结付率在政策允许的范围内得到有效提高。医保数据管理平台是利用数据挖掘与分析技术，对医保数据进行采集处理、清洗过滤、整合加工以及分析预测，方便挖掘分析深层次、有价值的信息，为医院医保管理提供决策信息；在利用医保数据管理平台的过程中，对医院数据进行关联性集中管理，并建立数据仓库以及医保相关数据资源库；以医保资源库为基础，利用数据挖掘技术以及扩展显示功能，提高医保数据分析与数据展示水平。同时，利用医保数据管理平台，可以对医保用药占比、费用使用情况、人员来源等进行统计与整理，为政策制定以及医保管理评估等提供参考依据。此外，在创建医保数据仓库中，建立结构化数据稽核，可以反映医保历史数据，并利用HIS数据库、PACS数据库、LIS数据库等，对医保数据进行收集处理、清洗过滤、提取转换以及整合加工，从而实现数据信息统计与数据资源处理。通过数据挖掘技术的应用，可对医保数据信息进行追溯与管理，拓展医保业务，提高患者对医院服务满意度。

在传统数据管理模式下，人工记录数据的细节不全面且常存在数据疏漏的现象，医生需要调查患者信息时也较难高效采集。在大数据时代背景下，随着医保数据平台系统的建立，数据处理也取得了突破，为医生和工作人员获取所需信息打开了便捷的获取渠道。医保数据管理平台利用数据挖掘技术，对数据进行处理，为医保管理奠定基础；对各类参保患者的门诊费用情况、病种情况、病人来源情况等进行分析，帮助医院管理人员发现问题、解决问题，达到保险有效控制的目的。以门诊医保为例，每个月医保相关管理部门可以对医保费用的使用进行统计，并对各科室医保数据进行量化计算。在对医保信息数据进行统计与处理中，可对医保药物占比、是否超标等方面进行综合管理，并结合超标情况，对不同医保指标进行综合统计与管理，提高医保数据管理平台的实际应用效果。在对医保数据管理平台的应用功能进行分析中，则需要对不同疾病在不同区域的分布情况、医保追溯功能、数据操作以及数据挖掘等方面进行综合处理，通过医保条形码，对查询、统计等功能进行管理，实现医保数据管理平台的综合处理与控制水平。此外，医保数据管理平台的追溯功能可以对无菌包进行定位，对操作人、操作时间、操作设备等相关信息进行统计，并根据无菌包的信息、日期、设备定位等进行信息管理，在数据信息管理与控制的基础上，可根据患者的具体情况，辅助医生对患者进行用药与治疗，达到拓展医疗业务的目的。医保数据管理平台可根据每日就诊以及参保数据等，以不同维度、不同颜色进行区分，在数据对比与分析的基础上，可实现医保管理决策综合管理水平的提升。在医保数据管理平台系统的影响下，具体的实施效果还体现在以下几方面。其一，赋予了科室医生对医保分值的决定权，使过去各科室医疗人员从不了解科室超支情况的医保费用管理到行使决定权。其二，数据信息系统提供了数据统计分析的可能性。在传统数据处理模式下，由于信息不清晰，导致相关人员无法准确获取信息数据，而在医保数据管理平台的支持下，实现了可以分析出科室控费重点病种的可能性。其三，体现在医保费用结付水平的提高。即医保资金的拨付率不断提高，分值单价呈下降趋势发展。通过数据分析比较可知，分值单价平均水平的降低，能够有效地提高医保费用的结付水平，从而实现精准的控费管理，提高医疗人员对医保结付和医院发展的科学调控。

第二节　医保数据中台建设的实践

一、数据中台建设的具体架构

信息化作为实现医保精细化管理的重要手段，已成为我国医保体系建设的必然趋势，而数据中台作为国家医保信息化系统中的重要组成部分，也成为实现医保精细化管理的有效途径。在业务层面，医保信息化从主要面向经办发展到兼顾经办、监管、公共服务和决策；在架构层面，医保信息化从最初的C/S架构发展到当前基于政务云和专有云的HSAF架构。此外，伴随着大量医保数据的积累，医保信息化系统也从面向事务发展到面向“事务+大数据分析”。当前的医保信息平台顶层设计在核心业务区中明确规划了大数据区，并在该区域内通过数据中台来支撑大数据的存储、加工和应用。在目前的医保信息平台建设中，我国是以“中台+子系统”的方式进行的。其中，中台部分包含了业务中台和数据中台，业务中台是基于国家医保局下发的程序代码进行部署，数据中台则基于我国发布的《医疗保障信息平台数据中台建设及应用指南》（以下简称《指南》），需要各地对建设的内容和需求进行消化吸收后再具体建设实施；子系统部分共包括14个子系统，遵循强约束、基础约束和弱约束的原则在下发的代码版本上进行建设。

数据中台建设需要对《指南》进行深入解读，结合医保信息平台建设场景需求，对应具体的内容，进而加以建设实施；结合数据中台建设和大数据应用的经验，通过对《指南》中的6大模块、16大功能需求进行详细分析，可梳理出数据中台所对应的建设内容。

（一）大数据计算引擎

此部分内容主要对应建设当前主流的、经过实践的大数据存储和计算引擎，包括Hadoop和Spark等离线计算引擎，以及SparkStreaming和Flink等实时和流式计算引擎，以满足大吞吐量的计算场景和高实时性的计算场景。

（二）数据集成

此部分内容需要包含数据采集和数据集成两个模块。其中，数据采集指通过离线同步、实时同步、文件传输等方式，将新平台生产的业务数据、地方历史业务数据、平行委办局共享数据等来自各个数据源的数据传输到数据中台；数据集成则负责将这些纵向（不同时间维度）和横向（不同空间维度）的数据纳入同一个框架下进行统一使用。

（三）数据仓库

该部分内容由大数据仓库和数据资产管理共同组成。其中，大数据仓库按照《指南》的建议分为缓冲层、操作数据层、通用数据模型层、数据应用层，并承担相应的功能；数据资产管理是大数据仓库的顶层管理系统，负责根据当前大数据仓库的存储内容，实时对其库表、主题、血缘（指表与表之间的生成关系）、权限等进行梳理，并提供相应的管理和展示界面，方便各医保局的大数据仓库管理人员对当前的数据资产进行把控。

（四）数据治理

数据治理是当前医保数据中台建设中的核心部分，包含数据标准（模型）管理模块、数据质控管理模块及数据转换模块。其中，数据标准（模型）管理模块管理和融合不同来源、不同版本的数据元数据、数据值域等，以保证数据中台最后提供的数据在符合国家标准要求的统一框架下运转；数据质控管理模块优先承载国家下发的各个版本的质控要求，并在此基础上扩展地方业务需要的其他质控标准；数据转换模块是数据中台工作流的核心模块，提供从数据源到数据仓各层的可视化工作流配置，并将数据标准和数据质控融合其中，带动数据中台的整体运转。

（五）数据服务

数据服务主要依照《指南》，通过API接口、数据库接口和数据文件接口，提供数据写入和更新等数据类服务、数据查询类服务、数据运算类服务。

（六）数据应用

数据应用主要由应用支撑和应用技术构成。其中，应用支撑包含BI（智能报表分析工具）、可视化大屏、机器学习平台等组件，在数据的基础上进一步提供数据分析和深度加工的支持；应用集市负责托管、分类标记和组织各类医保应用。

（七）数据安全体系

数据安全体系包括角色权限配置管理、数据库表权限审批管理、数据服务脱敏、数据查询行级限制等功能，其从数据采集、数据存储到数据服务和应用，贯穿整个数据生命周期。

二、数据中台建设的实践与经验

从明确具体的建设框架和功能模块到实际完成建设还有很长一段路要走。在数据中台建设的实际打磨中，一整套实施方法和路径逐渐形成，为当前医保数据中台标准化的成型及下一步实践提供了方向。

（一）实施方法和路径

实施方法和路径是实施效果和质量的保证，尤其是对于医保数据中台这类功能多、对接方多、角色复杂的系统。根据数据中台建设经验，可总结出主要的实施步骤。

1.环境调研

部署环境是一切系统部署实施的基础，当前数据中台的主要建设目标是采集业务数据、完成省级数据上报和支持应用子系统建设，因此至少需要调研四个环境情况：一是数据中台本身的部署环境。这部分主要包括数据中台部署所需的硬件情况、网络情况等，硬件和网络配置会直接影响数据中台大数据引擎的计算速度、存储能力和服务调用效率。二是业务数据源环境。业务生产数据库是数据中台的主要数据来源，为了防止业务生产数据库压力过大，通常将与生产库主备实时同步的生产备库作为业务数据源。业务数据源环境要将数据库的网络环境、吞吐能力、是否支持实时同步机制（如binlog获取）等情况调研清楚，以明确制定数据采集策略，并提前申请测试库进行测试。三是省级交换库环境。数据上报是省级数据中台建设的使命之一，一方面要确保省级交换库的版本满足国家要求，另一方面要确保省级交换库与国家交换库及数据中台的网络已打通，同时需要详细了解交换库的读写机制（如XA机制）是否与数据中台的大数据环境相匹配。四是应用数据库环境。为了提升应用子系统对运算结果数据的统计和查询速度，在省级平台建设架构中，往往会在数据中台和应用子系统之间设计大规模并行分析数据库（MPP库），因此，需要提前调研了解MPP库所使用的产品特性，并提前申请测试库进行测试。

2.数据归集

数据归集是数据中台部署完成后的主要任务，分为数据模型收集和数据归集两部分。数据模型收集涵盖了为建立数据表所需的元数据等信息，需要在实际数据归集之前创建。在实际工作中，会有大量的数据库表需要归集到数据中台，数量级可能高达上千个。数据中台通常包括四个主要的数仓层，因此，在数据中台中会涉及大量的数据模型创建工作。

为了减轻这一部分工作所带来的人力消耗，同时降低人工出错率，数据模型创建主要采用批量收集建立的方式进行。这意味着采用自动化工具或脚本批量生成数据模型，而不是手动逐一创建。这种批量建立的方式可以提高效率，确保一致性，并减少人为错误的可能性。

数据归集可以大致分为历史数据归集和增量数据归集两种方式。

历史数据归集是指一次性将历史数据导入数据中台中，通常在系统上线初期或者需要迁移数据时使用。这种方式可能需要处理大量的数据，并确保数据的完整性和准确性。

增量数据归集则是指定时或实时地将新增的数据导入数据中台中。这种方式可以通过定时任务配置或实时任务配置来实现，周期性地从数据源中获取最新的数据，并将其导入数据中台中。这种方式可以确保数据的及时性，使数据分析和决策能够基于最新的数据。

总的来说，数据归集是数据中台运行的核心环节之一，它涉及数据的收集、整理和导入工作。通过合理的数据模型创建和数据归集方式选择，可以确保数据中台的数据质量和运行效率，为企业提供可靠的数据支持，促进数据驱动的业务决策和发展。

3.数据治理

数据治理作为当前数据中台建设的核心使命，主要内容包括：一是数据质控链路规划。其是指在数仓各层的工作流中规划数据质控节点的位置。当前上报国家的库表为数据中台归集库表的一部分，因各地在数据应用中存在个性化差异，需要根据各地的建设需求，优先合理化规划各条链路中的数据质控规则及质控方式。二是国家质控规则注入。其是指将国家最新版本的交换库质控规则注入中台质控规则库，并通过版本管理的方式对国家交换库质控规则的更新进行跟进。三是质控规则扩充，针对地方应用需求，对质控规则库进行扩充及管理。四是质控规则启用及质控报告，按质控链路规划的质控方式启用相应的质控规则集，并对质控报告结果进行跟进。五是质控结果反馈及治理，质控问题通常可以分为两大类——业务生产数据问题和地方国家标准不一致问题。针对第一类问题，采用反馈至业务厂商并推动业务侧改进的方式进行提升，而第二类问题通常是由于地方业务编码颗粒度与国家下发标准不一致而引起的，因此可以通过数据转换先行治理，并经由合理的方式向国家反馈。六是数据上报国家，将国家上报链路中治理后的数据上传至省级交换库，并持续跟踪国家侧对上传数据的检查反馈结果。

4.数据服务及应用

数据服务及应用是当前数据中台建设的核心组成部分，它们不仅支撑数据的集成和管理，还确保数据能够有效服务于各个应用子系统。以下是数据服务及应用需要完成的关键工作内容的详细扩展。

首先，数据库表访问权限的管理是数据服务的重要方面。数据中台需要根据不同应用子系统建设厂商的需求，分配适当的数据表访问权限。这包括确定哪些用户或系统可以访问哪些数据，以及它们可以执行哪些操作（如读取、写入或修改）。这一过程需谨慎处理，以确保数据安全，防止未授权访问，并避免子系统间的干扰或数据泄露。权限控制的合理设置不仅有助于保护数据安全，还能确保数据的正确使用，避免不必要的冲突或错误。

其次，应用子系统建设支撑是另一个关键任务。数据中台团队需对各应用子系统的开发商进行详细的培训，介绍数据中台的功能、数据模型、接口调用等方面的知识，确保他们充分理解和正确使用数据中台。此外，数据中台团队还需要设立响应机制，及时解答厂商在使用数据中台过程中遇到的问题，帮助他们克服技术难题，确保应用子系统的顺利开发和上线。

最后，数据资产管理发布是数据中台提供的一项核心服务。数据资产管理涉及对数据资产的定义、分类、维护和使用的全面管理。通过数据中台的“数据资产模块”，可以实现对地方数据资产的系统化梳理和管理。数据中台需要为管理者提供培训，确保他们能够利用这一模块高效、准确地管理数据资产，包括数据的发现、质量控制、共享和使用等方面。数据资产模块应支持动态管理，以适应快速变化的数据环境，帮助管理者实时掌握数据资产的状态，优化数据资产的价值。

通过上述工作，数据服务及应用能够确保数据中台不仅是数据的集中存储地，也是一个强大的服务平台，能够支持各种数据应用的开发和运行，推动数据的价值实现和业务创新。

5.上线运维

在完成了数据中台的规划、设计、开发和测试等一系列前期工作之后，接下来的重要步骤便是上线运维。上线运维不仅标志着数据中台正式环境的整体上线运转，更是一个持续、动态的过程，旨在确保数据中台能够稳定、高效地服务于企业的数据分析和决策支持。

（1）上线前的准备

在正式上线之前，需要进行详尽的准备工作，包括但不限于：

①环境检查：确保所有的硬件、软件环境都已经配置妥当，包括数据存储、计算资源、网络环境等。

②安全策略：制定数据中台的安全策略，包括数据加密、访问控制、备份恢复等，以防止数据泄露或丢失。

③性能测试：在上线前进行一系列的性能测试，确保数据中台在高并发情况下仍能保持稳定运行。

④培训与交接：对运维团队进行必要的技术培训，确保他们能够熟悉数据中台的运行机制和维护流程。

（2）正式上线

正式上线是一个关键时刻，通常包括：

①数据迁移：将旧系统的数据安全、完整地迁移到数据中台。

②功能验证：上线后立即进行功能验证，确保所有的模块和服务都能正常工作。

③监控部署：部署监控系统，实时监控数据中台的运行状态，包括资源使用情况、服务响应时间等。

（3）持续运维

数据中台上线后，长期持续运维成为确保其稳定运行的关键。持续运维主要包括：

①故障响应：建立快速响应机制，一旦出现故障能够迅速定位问题并解决，减少对业务的影响。

②性能优化：根据运行情况和业务需求调整资源分配，优化系统配置，提升数据处理效率和响应速度。

③安全监控：持续进行安全检查和风险评估，防止数据泄露和入侵攻击。

④备份与恢复：定期进行数据备份，并确保能够在紧急情况下快速恢复数据和服务。

⑤更新与迭代：根据技术发展和业务需求的变化，定期更新系统功能和服务，包括修补软件漏洞、添加新功能等。

（4）运维团队的建设

运维团队是确保数据中台稳定运行的重要力量。一个高效的运维团队需要：

①专业技能：团队成员需具备数据管理、系统维护、网络安全等方面的专业技能。

②协作精神：团队成员之间需要有良好的沟通和协作，能够共同面对和解决问题。

③持续学习：鉴于大数据和云计算技术的快速发展，团队成员需要持续学习，掌握最新的技术和工具。

（二）功能优化

医保数据中台涉及大量的库表，需要对接多个系统，使用需求较为丰富，因此在实际落地实施的过程中，需针对各功能的使用做出相应的优化和改进。

1.自动批量建表

在医保等大数据场景中，涉及数千甚至更多的数据库表模型的建设。这些表模型往往包含了复杂的结构和关系，其设计和建设过程对准确性和效率的要求极高。如果仅仅依赖人工录入或传统的脚本编写方式进行数据库表的建设，不仅会大量消耗人力资源，延长项目周期，而且在繁杂的操作中容易出现人为错误，这些错误一旦发生，可能会导致数据不一致、关系混乱，甚至影响整个数据系统的稳定运行和数据分析的准确性。

（1）自动批量建表的必要性

为了解决这一问题，引入自动批量建表的技术变得尤为重要。自动批量建表技术可以大幅提高数据库表模型建设的速度和质量。具体来说，这种技术可以通过以下几方面发挥作用。

①效率提升：自动化脚本或工具可以在短时间内完成数千个表模型的自动建设，大大减少了手工操作的时间成本。

②准确性保证：通过预设的模板和规则，自动化流程可以严格按照设计规范执行，避免了人工操作中的疏忽和错误。

③易于维护：一旦表结构设计有所调整，通过调整自动化脚本或工具配置即可批量更新，保证了数据库结构的一致性和最新状态。

④标准化流程：自动化建表过程促进了表设计和管理流程的标准化，为数据治理和质量控制奠定了基础。

（2）实现方法

实现自动批量建表的技术方法通常包括但不限于。

①模板化设计：首先设计数据库表的模板，这些模板定义了表的基本结构、字段类型、约束等信息。模板可以是简单的SQL脚本模板，也可以是更高级的描述性文件，如XML、JSON等。

②配置管理：通过配置文件管理不同表的特定参数，如表名、字段名、字段长度等。这些配置文件与表模板结合，用于生成具体的表结构SQL语句。

③自动化脚本或工具：开发或使用现有的自动化脚本或工具，读取表模板和配置文件，自动生成建表SQL语句，并在数据库中执行这些语句来创建表。

④监控与日志：在自动批量建表的过程中，通过监控和日志记录功能，跟踪建表进度和结果，及时发现并解决可能出现的问题。

（3）技术挑战与解决方案

虽然自动批量建表技术极大地提高了效率和准确性，但在实践中也会遇到一些技术挑战，比如，如何处理表之间的依赖关系、如何确保数据安全性和隐私保护等。针对这些挑战，可以采取如下措施。

①依赖管理：在自动化工具中实现依赖管理机制，确保在建立依赖表之前，先建立被依赖的表。

②安全性设计：在自动化流程中加入数据加密、访问控制等安全措施，确保数据的安全性和隐私保护。

2.自动关联大部分质控规则

在当前情况下，国家下发的交换库质控规则已经达到了数千条的规模。这么庞大的质控规则库使得人工逐条录入和维护几乎成为不可行的任务。为了解决这一挑战，可以采取自动关联大部分质控规则的方法，从而减少录入和管理的成本，并提高质控的效率和准确性。

（1）分析与分类

首先，对国家质控规则库进行详细的分析和分类是非常必要的。这包括理解每个规则的含义、目的以及适用范围。通过这一过程，可以将规则进行适当的分类，如按照检测项目、数据类型、异常情况等进行分类，以便更好地理解和管理这些规则。

（2）自动关联建表环节

在建表环节，可以利用自动化工具或脚本，将绝大部分质控规则与表的建立过程相结合，实现自动关联。具体来说，可以采取以下方法。

①规则模板化：将常见的质控规则转化为模板或规则库的形式，包括规则的条件、限制、触发动作等信息。这样，当建立新的表时，可以根据表的特性自动选择适用的质控规则，并将其应用到新表的建立过程中。

②规则匹配与应用：在建表的过程中，通过自动化工具或脚本，根据表的属性和分类，自动匹配适用的质控规则，并将其应用到表的设计和建立过程中。这样可以确保在建表的同时，质控规则也被正确地应用和执行。

③规则更新与管理：定期更新和维护质控规则库，确保其中包含了最新的规则和要求。同时，及时更新自动化工具或脚本，以反映这些变化，并确保质控规则的持续有效性和准确性。

（3）增强质控效率与准确性

通过自动关联大部分质控规则的方式，可以极大地提高质控的效率和准确性。具体来说，这种方法可以带来以下几方面的好处。

①减少人力成本：自动关联质控规则减少了人工逐条录入的工作量，从而节省了大量的人力资源，使得质控工作更加高效。

②降低错误风险：自动关联可以减少人为录入错误的可能性，确保质控规则被正确地应用到每个表的建立过程中，从而提高了质控的准确性和可靠性。

③提升一致性：通过自动化的方式，可以确保所有表都按照相同的质控标准进行建立，从而提高了质控的一致性和统一性。

综上所述，采取自动关联大部分质控规则的方法，对于降低质控规则录入和管理的成本，提高质控效率和准确性具有重要意义。这种方法不仅可以有效应对当前质控规则数量庞大的挑战，而且有助于建立更加高效、可靠的质控体系。

3.多样化的质控方式

在构建数据中台的过程中，面临的一个关键挑战是如何有效地处理来自各地区、不同应用的数据，以确保数据的质量满足国家级的链路上传要求。不同的应用场景对质控的要求可能有所不同，从而需要采用多样化的质控方式以适应这些不同的需求。在这个背景下，引入强质控、弱质控和阻断质控等多样化的质控方式显得尤为重要。

（1）强质控：过滤脏数据

强质控着重于在数据进入数据中台之前进行严格的检查和过滤，以确保只有质量合格的数据能够被存储和使用。这种方式通常用于那些对数据质量有极高要求的场景，如金融交易、医疗信息处理等领域。通过预设的质控规则，如数据格式、范围、一致性等要求，强质控可以有效地识别并过滤掉脏数据，从而保障数据的准确性和可靠性。

（2）弱质控：仅生成质控报告

与强质控相比，弱质控更加灵活，它不直接过滤脏数据，而是在数据处理过程中生成质控报告，指出数据中存在的问题和不足。这种方式适用于对数据质量要求不是非常严格，或者需要保留原始数据进行后续分析的场景。通过弱质控，数据管理人员可以根据质控报告中的信息，决定是否需要对数据进行清洗或修正，以及如何优化数据收集和处理流程。

（3）阻断质控：阻断脏数据链路

阻断质控是一种更为严格的控制方式，它不仅识别和过滤脏数据，还会在检测到质量问题时，暂停或阻断数据的上传和传输过程。这种方法特别适用于对数据实时性和质量有高度依赖的场景，如紧急响应系统、实时监控系统等。通过阻断质控，可以及时防止脏数据的传播和使用，从而避免可能的负面影响。

（4）实施多样化质控的挑战与策略

实施多样化质控的过程中，可能会面临一系列挑战，包括质控规则的制定和更新、不同质控方式的协调与整合、质控效果的评估和优化等。为了有效应对这些挑战，可以采取以下策略。

①质控规则的动态管理：建立一个动态更新的质控规则库，根据数据使用场景和质控需求的变化，及时调整和优化质控规则。

②质控方式的灵活应用：根据不同的数据类型和应用场景，灵活选择适当的质控方式，可能的话，结合使用多种质控方式以达到最佳效果。

③质控反馈机制：建立质控反馈机制，收集和分析质控报告，及时发现和解决质控过程中出现的问题，持续优化质控策略和方法。

4.链路数据转码

链路数据转码是一种处理地方编码和国家编码之间差异的技术手段，其背后的原因常常是业务和历史因素的综合作用。地方编码和国家编码之间的差异是导致大部分脏数据产生的根源之一。在实践中，这些差异可能源于不同地区对于数据的标准化要求、行政区划调整，或是历史遗留问题等多种因素。为了同时保证上传国家的数据质量和数量，可以在数据传输的链路中实施数据转码技术。

首先，链路数据转码技术需要充分了解国家对数据编码的要求以及地方编码的特点。这意味着需要对国家的标准和规范进行深入研究，并与地方编码进行对比分析，找出彼此之间的差异和对应关系。

其次，在实施链路数据转码时，需要建立一套有效的映射机制。这个映射机制可以基于事先制定的规则，将地方编码映射到相应的国家编码上。这个过程可能会涉及数据清洗、规范化以及算法匹配等技术手段，以确保转码的准确性和完整性。

另外，为了应对不同国家、不同地区之间的多样化需求，链路数据转码技术还需要具备一定的灵活性和可配置性。这意味着系统应该具备可扩展性，能够根据具体情况进行定制化配置，以适应不同国家和地区的数据标准和要求。

此外，在实施链路数据转码技术时，需要考虑到数据安全和隐私保护的问题。在数据传输和处理过程中，需要采取一系列的安全措施，确保数据的机密性和完整性不受到损害。

最后，为了确保链路数据转码技术的有效性和持续性，需要建立健全监控和评估机制。通过对转码过程中的关键指标进行监控和评估，及时发现和解决问题，保障数据转码工作的顺利进行。

综上所述，链路数据转码技术在保证数据质量和数量的同时，能够有效处理地方编码和国家编码之间的差异，为数据标准化和规范化提供了重要支撑。通过合理的设计和实施，链路数据转码技术可以成为促进数据交换和共享的关键技术之一。

5.常用功能算子化

常用功能算子化是一种将数据处理的常用操作标准化、模块化的技术手段，特别适用于数据中台这样复杂的数据处理场景。在传统的数据中台架构中，数据同步、数据脚本等通用型算子是核心组件，它们支持基本的数据操作和管理功能。这些算子虽然强大，但在处理特定领域，如医疗保险（医保）数据中台的需求时，可能会遇到一些局限性。特别是，当面对复杂的数据质控、数据转码等操作时，仅依靠这些通用型算子可能需要编写大量的脚本，从而增加了开发和维护的工作量。

为了减少这种工作量并提高效率，可以考虑将医保场景下常用的操作进行算子化。算子化的核心思想是将一些重复性高、标准化程度可以很高的操作抽象成预定义的算子。这样，数据工程师或分析师在构建数据处理流程时，可以通过选择、配置这些算子来实现复杂的数据处理逻辑，而无须从头编写大量代码。

例如，数据质控是医保数据处理中的一个重要环节，它涉及数据的准确性、完整性、一致性等多个维度的校验。通过将数据质控操作算子化，可以预定义一系列的数据质控模板，如空值检查、数据格式校验、数据范围校验等。用户只需要通过简单的配置就可以将这些质控模板应用到具体的数据集上，大大简化了数据质控的工作流程。

同样，数据转码是另一个在医保数据处理中常见的需求，它涉及将数据从一种格式或标准转换为另一种格式或标准。将数据转码操作算子化，意味着可以构建一组转码算子，每个算子实现特定的转码规则或逻辑。用户在处理数据时，可以根据需要选择合适的转码算子进行配置，从而实现数据格式的快速转换。

算子化的优势不仅体现在提高了数据处理的效率和减少了工作量，还包括提高了数据处理流程的可视化和可维护性。通过构建可视化的工作流配置界面，用户可以通过拖放算子来构建数据处理流程，使得整个数据处理过程更加直观。此外，算子化的操作模块化和标准化，使后期的维护和升级变得更加容易，提高了数据中台的可持续发展能力。

综上所述，将医保场景下常用的操作进行算子化，不仅能有效减少数据处理的工作量，还能提高数据处理的效率和可维护性。这对于构建一个高效、可扩展的医保数据中台具有重要意义，能够帮助医保机构更好地管理和利用数据

三、数据中台建设的痛点及优化思路

目前，各地的医保数据中台建设已能够基本满足当前阶段的使用需求，但在各地实际使用的过程中仍存在痛点，亟须优化。

（一）数据治理体系

当前的医保数据中台已经在多个环节上引入国家下发和地方拓展的质控规则，并通过

数据转换、强弱质控等操作满足了目前建设阶段的基本需求。在各地的实际使用过程中，仍存在“零散化”的质控方式，无法完全满足整体把控数据治理情况、各质控环节效果展现不够清晰、部分环节仍存在缺失等问题。因此，作为数据中台核心任务的数据治理需要朝更体系化的方向进行优化。结合既往的经验，数据治理体系应当至少实现数据标准、数据转码、数据对账、数据质量、数据资产在业务上的联动。

1.数据标准

数据标准在数据治理中扮演着至关重要的角色，它不仅是数据治理的起点，还是确保数据质量、一致性和透明度的基础。除了当前已经涵盖的元数据等数据模型信息外，数据标准还应包括各个库表、字段、值域等相关联的数据质控规则。这意味着数据质控规则应当在数据模型建立之初就纳入整个体系内，而不是在后续工作流程中进行补充。

将数据质控规则纳入数据模型的初期阶段，有助于在整体标准层面维护和掌握所有的质控规则。这样做的好处是，可以确保各个数据仓库的一致性和透明度。通过在数据模型中定义和维护质控规则，数据管理团队可以清晰地了解每个库表、字段和值域的数据质量要求和限制，从而有针对性地设计和执行数据质量检查和修复流程。

此外，将质控规则纳入数据模型还可以统一质控规则的分类、标签等信息，便于对大量的质控规则进行统一管理和分析。通过对质控规则进行分类和标签化，可以更容易地搜索和识别特定类型的质控规则，提高了质控规则的可发现性和可管理性。例如，可以将质控规则按照数据完整性、准确性、一致性等维度进行分类，同时为每个质控规则添加适当的标签，如业务领域、数据类型、操作类型等，以便更好地组织和管理这些规则。

在整个数据治理流程中，数据标准的建立和质控规则的定义是前期工作的重中之重。只有建立了完善的数据标准，并将质控规则纳入其中，才能有效地保障数据的质量和一致性，进而支持数据驱动的业务决策和发展。因此，在数据治理的规划和实施过程中，应高度重视数据标准的建立，并注重质控规则的定义和管理，以确保数据资产的有效管理和利用。

2.数据转码

数据转码在医保数据中台中扮演着至关重要的角色，它是数据转化操作中最常见、数量最大的一种。为了避免在不同链路手动转码过程中出现的各类错误，需要引入统一的数据转码管理子模块来对数据转码进行管理和规范化。这个子模块将建立在数据标准之上，并对不同数据标准之间的关联性进行进一步约束和管理，从而确保数据转码的准确性、一致性和可靠性。

通过增加数据转码管理子模块，整个数据中台中的数据将得到进一步的规范。这个子模块将提供统一的转码规则和转换逻辑，确保不同链路上进行的数据转码操作都符合统一的标准和规范。这样可以降低因手动转码而引入的错误和不一致性，提高数据处理的效率和可信度。

数据转码管理子模块的引入将使得数据转码过程更加可控和可管理。通过该子模块，可以对数据转码的过程进行监控和追踪，及时发现和解决转码过程中的问题和异常。同时，可以对转码规则和逻辑进行动态调整和优化，以适应业务需求和数据变化的不断演进。

另外，数据转码管理子模块还可以提供丰富的转码规则库和模板，为数据转码操作提供更多的选择和支持。这些规则库和模板可以覆盖各种常见的转码场景和需求，包括代码对应关系、数据格式转换、数据清洗和校验等方面，为数据转码操作提供更多的便利和支持。

总之，通过引入统一的数据转码管理子模块，可以有效规范和管理数据转码过程，提高数据处理的准确性、一致性和可靠性，从而进一步优化和提升整个医保数据中台的数据治理和数据服务能力。

3.数据对账

在医保数据中台涉及多层次的数据仓库，由不同厂商共同参与使用和修改，因此，各层次仓库之间的表可能存在各种不一致性，这可能导致最终导出的数据受到之前链路上各个节点数据的影响而出现错误。为了尽可能地减少这种问题的发生，需要在数据治理体系中引入数据对账环节。数据对账不仅包括数据层面的对账，如数据量、去重后的主键数量等，还包括业务层面的对账，如参保人数、就诊人数、基金支出等，以满足对数据准确性把控的复杂需求。

数据对账中有一类特殊的需求是对比业务源数据库与数据中台的数据。由于此类对账及后续数据问题的处理涉及两个独立系统之间的联动，因此需要针对两个系统的设计特性进行特殊的修正处理。医保业务子系统的设计需求允许对医保业务库进行物理删除或更新等操作，但由于业务库的事务特性和大数据仓库分析特性的区别，这种操作可能导致两侧数据的不一致。因此，修正此类对账问题还需要通过引入实时同步等方式对业务库的物理操作进行捕获，并将其同步至数据中台。

为了确保数据对账的准确性和及时性，需要建立完善的对账机制和流程。这包括确定对账的频率、对账的范围和对账的标准等方面。同时，需要配备专门的对账人员和工具，用于执行对账操作、处理异常情况和记录对账结果。此外，对账过程中还需要确保数据的安全性和保密性，防止数据泄露和篡改。

综上所述，数据对账在医保数据中台的数据治理体系中起着至关重要的作用。通过引入数据对账环节，可以有效地减少数据不一致性带来的错误和问题，提高数据的准确性、一致性和可靠性，从而提升整个医保数据中台的数据服务能力和业务水平。

4.数据质量

数据质量是指整体数据的准确性、完整性、一致性和可信度等方面的把控，而不仅是某个节点的质控报告结果。在医保数据中台中，确保数据质量是建立在数据标准和数据转码基础上的，需要对整个数据中台各个环节中的数据对账、数据转码、数据质控等进行综合把控。

由于医保数据中台涉及多层次的数据仓库，并且有着复杂的工作流关联，要每日掌握各级工作流的工作状态和生成结果就需要到各层的表中进行查看和统计，这是一项烦琐而耗时的工作。为了更好地把控整个中台的数据质量，需要引入统一的工作流看板。该看板可以自动统计各层的工作情况并进行展示，同时支持对工作节点进行下钻，以便管理者能够快速了解并定位可能存在的问题。

通过引入统一的工作流看板，管理者可以实时监控数据处理的进程和结果，及时发现异常情况并采取相应的措施进行调整和修正。此外，工作流看板还可以提供历史数据的趋势分析和异常预警功能，帮助管理者更好地了解数据处理的趋势和规律，及时发现并解决潜在的问题，进一步提高数据质量。

除了引入工作流看板外，还可以结合自动化技术和人工智能算法对数据质量进行监控和提升。例如，可以通过自动化工具对数据进行实时监测和诊断，发现数据异常并及时报警，同时可以利用机器学习算法对数据进行分析和预测，帮助发现数据质量问题的根源并提出相应的改进方案。

综上所述，通过引入统一的工作流看板和结合自动化技术和人工智能算法，可以有效地提升医保数据中台的数据质量，保障数据的准确性、完整性和可信度，从而为医保业务的顺利开展提供可靠的数据支持和保障。

5.数据资产

数据资产管理是确保数据质量的重要环节，它不仅涉及工作流上的数据质量，还需要综合考虑从数据采集到存储、应用和共享各个节点上的数据质量。为了实现对数据质量的全面把控，一个完整的数据资产模块是必不可少的。

目前，医保数据中台已经支持数据资产管理模块，但该模块主要针对中台内部的数据资产进行梳理，尚未形成完整的体系。一个完整的数据资产模块应当实现对数据生命周期的全面覆盖，包括数据的采集、处理、应用、共享和安全管理等方面。

首先，数据资产管理需要从数据的采集开始。这涉及确定数据来源、采集方式，以及数据传输的安全性等问题。通过建立清晰的数据采集流程和规范，可以确保数据的及时性和准确性，从而提高数据质量。

其次，数据资源目录是数据资产管理的重要组成部分。数据资源目录提供了对数据资产的全面视图，包括数据的结构、内容、质量和可用性等信息。通过数据资源目录，用户可以清晰地了解可用的数据资源，并能够快速定位到所需的数据，提高数据的可发现性和可用性。

数据资产管理还包括对数据的管理和维护。这包括数据的分类、标准化、清洗、整合等过程。通过建立统一的数据管理规范和流程，可以提高数据的一致性和可信度，确保数据的质量和可靠性。

数据共享使用是数据资产管理的另一个重要方面。通过建立安全的数据共享机制和权限控制机制，可以确保数据的安全性和隐私性，同时促进数据的共享和合作，实现数据的最大化利用价值。

最后，数据安全管理是数据资产管理的重中之重。通过建立完善的数据安全策略和控制措施，可以保护数据免受未经授权的访问、篡改和泄露，确保数据的机密性、完整性和可用性。

综上所述，一个完整的数据资产管理模块应该实现从数据采集到数据共享使用全生命周期的全面覆盖，包括数据资产采集、数据资源目录、数据资产管理、数据共享使用和数据安全管理等方面，从而确保数据质量和安全性，为医保数据中台的顺利运行提供可靠的数据支持和保障。

（二）大数据仓库体系

当前的医保数据中台已经在分布式文件存储系统上初步形成了分层的大数据仓库，但是医保大数据仓库从设计、使用上暂时仍未完全发挥大数据引擎的能力，仍存在各项目数仓建设规范不同、数据操作在各层数仓之间划分不清晰等问题，一方面使得大数据引擎的能力受限，另一方面也导致了资源利用不合理。一个完整的大数据仓库体系一般包含大数据仓库规范、数据指标、分析引擎等，结合既往经验，建议从数据仓库、数仓应用、新型联机分析处理（OLAP）引擎引入方面进行优化。

1.数据仓库优化

数据仓库是一切计算和分析的基础，但因其多分层的结构也使其使用和维护的难度加大，因此需要在开始便明确数据仓库的建设规范，并通过权限管理、规范约束等保证后续使用符合此规范，从而避免数仓使用的混乱。依据《指南》的规定及以往的实践经验，数据仓库优化可实行以下细化方案，如图11-1所示。

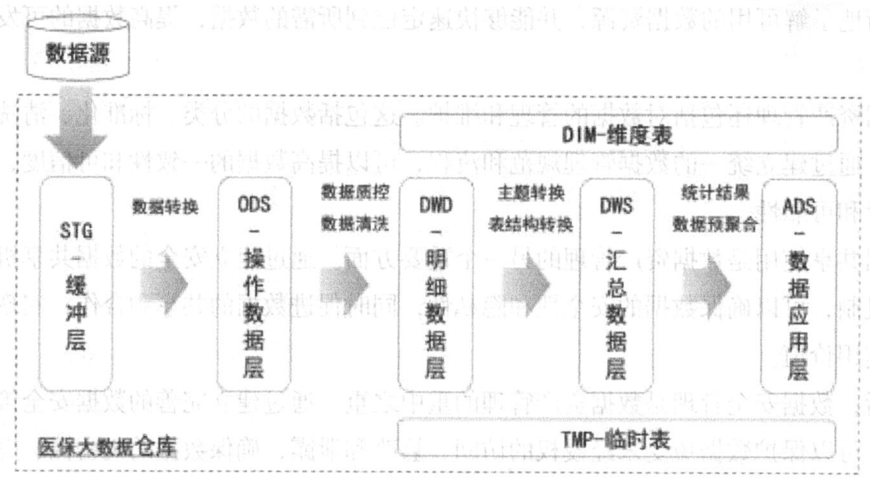

图11-1 数据仓库细化方案

其中，各层功能的约定包括以下几方面：一是缓冲层（STG层）。缓冲层存储数据源采集到的原始数据，一方面可以作为后期数据溯源或问题数据恢复的最初源头，也可以实现与数据源的数据对账，保证采集到的数据与数据来源一致。二是操作数据层（ODS层）。操作数据层主要实现元数据统一，通过对不同来源数据进行结构转化，保证来自不同数据源的同一业务数据的表结构一致，以实现数据结构的统一，这其中包括医保新老系统的元数据统一、横向委办局的元数据统一等。三是明细数据层（DWD层）。明细数据层在操作数据层之后实现明细数据的进一步标准化，其中包含了数据去重、内涵治理等，在此层后提供的数据均为标准化数据。四是汇总数据层（DWS层）。汇总数据层在明细数据层之后面向主题进行主题数仓建设，主题数仓建设一方面是为提升主题内的查询效率，另一方面也希望针对后续主题使用场景，对某些维度和事实进行预汇总，以便后续使用。五是数据应用层（ADS层）。数据应用层在数据仓库的最后面向应用进行进一步的使用优化，目前在医保数据中台中主要有两个使用场景，即面向报表应用、面向子系统应用。六是维度数据层（DIM层）。维度数据层贯穿后几层的使用，主要提供一致的维度数据。维度数据主要由主数据等组成的高基数维度表和数据字典等组成的低基数维度表构成。七是临时数据层（TMP层）。临时数据层主要服务于查询的中间结果或临时结果，不做长期存储。各层间数据转化约定主要包括以下几方面：一是STG到ODS层。由于ODS层主要实现元数据统一化，因此，在STG到ODS层的过程中，主要需要完成数据转换，包括表结构、表名、字段类型、字段名的转换等。二是ODS到DWD层。DWD层可实现数据的全标准化，因此，在ODS到DWD层的过程中涉及大量的数据质控和数据清洗工作。这里的数据质控包括国家下发规则的质控以及地方面向业务需求的拓展。质控的主要目的是通过质控规则发现数据问题，包含清洗前质控和清洗后质控，而清洗的主要目的是对发现的数据问题进行修正或提出修正建议。在这个过程中的数据清洗包括通过智能化手段进行数据贯标、数据值域的转换，实现数据的去重、去除数据表间的不一致性、全局或准全局数据信息抽取和补全等。三是DWD到DWS层。该步骤中针对规划的主题进行数据表合并、字段行转列等工作，其实施方式需要兼顾业务需求及OLAP引擎特性进行具体设计。四是DWS到ADS层。该过程中主要面向具体的使用场景，进行进一步的数据转换和聚合，以便最后的使用，并提升场景中的查询速率。

2.数仓应用优化

当前医保数据中台对应用的支撑方式主要是各个应用独立从数据中台中取数进行分析统计，存在统一指标重复计算多、各应用统计口径不一致的情况。此外，数仓应用层的组织方式和表设计暂未针对大数据OLAP引擎进行优化，难以发挥引擎的最大优势。为优化当前存在的问题，可对各个应用的统计需求重新进行主题化组织，面向主题和引擎特性进行表设计，统一进行指标输出，这在优化问题的同时，也可以在一定程度上避免未来子系统扩展而导致计算需求快速扩张的问题（因为有些指标不再需要重新计算）。

3.新型联机分析处理（OLAP）引擎引入

目前，大数据社区中不断有新的高性能OLAP引擎推出（如Presto、ClickHouse等），可以将这些引擎引入医保数据中台，以进一步提升医保数据中台的OLAP性能。

医保数据中台是医保进一步迈向大数据的标志。当前，各地医保数据中台的建设为未来医保数据中台的发展打下了坚实的基础。虽然目前医保数据中台的建设离其他行业完整的数据中台建设仍有一定的距离，但可以预见的是，随着各地医保数据中台使用的深入和数据中台使用需求的增多，医保数据中台将会逐渐在各地经验的积累下从“指南”走向“标准”，不断随着医保大数据的应用共同成长，最终实现医保大数据应用的智能化，并不断朝着智慧化方向发展。

第三节　大数据精准监管下医保监管智能管理系统构建

一、精准监管的概念

精准监管是指通过更透彻的操作流程、更规范的制度建设和更有效率的监管措施来实现。“精准”一词既要求数据的准确性，也要求工作过程和结果的准确性。在新时代，精准监管需要借助相应的工具与智能化、信息化实现理念对接，全面质控各个监管环节，以达到精细化水准。查处各类骗保行为和构建长效监管体系是新时代监管工作的具体要求，也体现了党和国家“以人民为中心”的工作精神。精准监管具有严格的约束性，是具体工作的方向和目标。基于此，下面将从以下三方面探讨精准监管的构成体系。

首先，监管凭据是监管的基础。它是一个数据生成设施，集合了信息收集、整理、决策和分析等功能，以保证信息的精确性和客观性，避免了更多人为因素造成的误差。在决策和分析数据信息时，需要监管机构及相关部门协作完成。为了确保凭据的真实效果，监管机构要从不同角度、多个渠道对数据进行综合对比。

其次，具体行为是精准监管与传统监管最大的不同之处，也是其优势所在。具体行为体现在对数据和信息变量关系的充分提炼和挖掘。在明确关键节点的前提下，监管机构针对可能存在的违规隐患设置了预防和监测的报警机制。例如，如果监测指标异常，说明发生了违规现象，报警机制则会启动提示功能，帮助监管人员在第一时间采取预防或整治措施。

最后，精确结论是精准监管的目标。过去的数据处理方式往往采用估值算法，即利用个别数据推演整体趋势，这会耗费大量人力、物力和工作时间，且成效不高，抽查的精确程度通常不符预期标准。相反，大数据在整体层面进行数据的全面统计和科学分析，减少了人为因素的干预，降低了误差，并提高了数据的有效性。在实际工作中，每个需要监管的指标都具备了成熟的规章守则，监管机构不再需要耗费人力和成本来解决这些问题。因此，可以说，在大数据时代下，精准监管更具有效率、价值和标准性。

目前，大数据技术在监管工作中扮演着核心角色。它主要用于建立管理规则、提前设定违规分界线、及时报警异常操作等功能。此外，在用户信息数据的分类、定位和提取方面，大数据技术也发挥着重要作用。为了严格约束各类数据的采集工作，大数据技术按照标准要求设立等级划分。它借助云技术的分布弹性算法预测数据的真实性，并协助工作人员根据信息做出决策。精准监管概念是医保信息化的强有力解释，也是医保监管的关键所在。监管机构通过大数据平台筛选过滤后反馈的信息，充分进行收集和分析，得出可靠的凭据，便于及时进行事前或事后的决策处理。未来的医保监管工作需要在新理念、新技术和新人才的引领下迸发出更大的活力和热情。

二、医保监管智能管理系统的构建

在“互联网+医保监管”概念形成之前，我国的医保监管工作面临多个问题。首先，参保民众对药品和医疗的需求量高，各种医药单据和处方单纷繁复杂，大量的用户信息和数据加重了监管的负担。其次，各大医疗机构普遍存在过度诊疗和权益寻租的问题。此外，监管的制度措施不健全，缺乏有效的协作机制，处罚效果不明显，各类骗保事件频繁发生，导致医保基金损失。面对这些问题，完善医保监管体系势在必行，监管机构应重点加强信息化技术的引进，实现对海量数据的全面管理和监控，力争做到万无一失。医保监管系统由以下几个组成部分：首先是进销存软件，要求各大医疗机构和药店使用管理系统经营日常业务。进销存软件能够完整记录各医疗机构或药店的货物进出、销售和库存情况，并随时提取和核实这些数据。该软件实现了对数据的分类和存储，在任何一种已纳入医保政策的药品进行消费时，系统会记录并上传至监管平台，以便监管人员查看药品是否存在过多销售的情况，了解销售人员是否按照患者实际病情进行合理用药。通过这种方式，减少了药品违规售卖，有效制止了乱刷卡和非法报销等现象的发生。其次是智能监控系统，在处理大剂量开药和非常规诊疗等异常情况时，医保局应给予足够重视，并引入先进的智能监控设备，加强对医疗行为的全面检查。该系统不仅具备常规监控功能，还包含各种医疗手段的医学知识库，由工作人员设定分界值，当医保报销信息与该值冲突时即触发警示信息。与传统的人工审查相比，该系统的检测效果更显著，效率更高。最后是区域监控是软硬件共同发挥作用，实现对特定区域的实时管控。各大医疗机构和药店应配备多个全天候连续运行的录像设备，准确记录医疗处方和医疗用品的结算情况。监管人员要注意是否存在违规操作现象，并立即从录像中获取证据，及时展开调查工作。除对常规药品和处方药进行监督外，也要重视高价营养品等的跟踪监控工作。

三、大数据精准监管医保对策的实施

（一）确立医保反诈骗体系

为有效遏止医保诈骗事件对大众的危害，医保部门工作人员应充分发挥职能作用，高度重视医保反诈骗体系的建立，建立相关制度并划分权责。在大数据技术的支持下，精准监管需要实现精细化防控，采取一系列手段加强源头控制，尽量在事前进行规避和制止。具体步骤如下。

各类医保活动都必须配备信息标准，并按照相关要求进行数据编码。除各大医疗机构、药店、医师、销售人员和消费者外，药品和消费清算等信息也需要逐一确立数据身份。这样做的好处是一旦出现违规用药或售卖问题，相关责任可以追溯到具体的事物或人员，便于后续的调查和追究。

针对医保诈骗的特点，建立实时监控预警机制。采用信息辨析技术和关键数据提取技术作为整套机制的支持，将其划分为数据稽查功能、智能报警功能和数据分析功能。预警机制可以自动获取数据，通过精细的分析和对比，披露出非常规的信息以警示人们。一旦监管人员收到警示，就可以密切关注不合理和不正常的信息数据，这对于提前保护医保基金具有重要作用。

针对不同类型的医保诈骗行径，建立能够区分诈骗类型的智能管理库。该管理库内部设有识别技术和使用策略，并在明确相关规则后逐步建立更为完善的医疗监管保障体系。这样可以更有效地应对医保诈骗行为，提高监管的准确性和效率。

（二）重视收集各类医保信息

大数据技术通过全方位对总体数据进行科学分析。在医保数据的收集与处理过程中，如何保障数据的准确性是最为重要的问题，需要从以下几点进行全面考虑。

关于医保数据的收集：相关人员定期或非定期收集医保数据，并按照有关标准将其转换为相应的格式，以减少数据分析的难度，实现对数据的深层次分析。

关于药店数据的收集：各类药店存在规模不同和工作方式略有差异。有些药店的店员仍采用传统的人工记账方式或使用Excel记录统计相关信息数据，而有些药店尽管使用进销存软件进行统计，但数据完整性往往受到信息库更新和迭代的影响，难以保证数据的完整性。此外，部分店员对信息收集人员持怀疑态度，担心消费者信息泄露。

关于医疗机构数据的收集：各大医疗机构采用医院管理系统进行数据记录，医保信息较为完整。在收集信息时，需要与系统管理者配合，提取数据库中的所有信息。

整合用户个人医保数据：包括用户的基本信息、用药情况、就医时间、诊疗费用以及刷卡次数等相关信息，将这些数据整合成医保监管信息库，并按照具体要求进行归类和区分。医保监管人员有权限及时获取所需信息，以便随时解决突发性问题。

可以看出，医保数据的收集工作具有复杂性和专业性的特征，对数据收集人员的整体素质提出一定要求。监管人员将收集到的数据信息交付给分析人员，通过大数据技术分析是否存在异常情况，并将异常信息罗列整理，进行后续的稽查工作。

（三）建立大数据技术监管模块

在建立大数据技术监管模块方面，医保局及其下属各职能部门需要综合考虑医疗网点和药品销售点，并进行以下工作：首先，对纳入医保且联网的医保数据进行线上分析，及时发现违规行为的根源；其次，对尚未联网的医保数据进行线下数据收集、整理，分析数据的完整性、有效性、真实性和合理性。如果存在异常信息，需要结合相关学术理论和信息测量手段，建立四大监管模块。

病种模块：该模块的监管规则由大数据技术和临床经验共同制定。大数据技术通过充分分析过去的经验，如病种的诊疗和判断、各项体检项目及相关费用等，及时捕捉到这些信息，方便查找医保机构的违规操作现象。

专家模块：该模块的监管规则在监控系统的基础上增强了对医保数据的分析能力。专家通过查看和分析数据信息，并与病历进行交叉对比，结合过去的诊疗经验和工作成果，对监管系统给出的结论进行审核，以检查医保消费是否合理，为消费者的医保金提供“第二道保险”。

场景模块：这是一种将假设标准与实际数据多向对比的监控手段。具体而言，首先设定一个假想的违规值，然后利用大数据技术分析医保数据库，并对比这两种数值，得出变量之间的关联程度。根据较大的数据变量提取出真实的违规数值，从而遏制违规行为。

高费用模块：该模块针对某些诊疗项目或药品消费金额较高，或频繁消费的情况进行监管。监管人员需要重视这类情况，并进行相应的审查。

以上是建立大数据技术监管模块的方式，通过综合运用这四个监管模块，医保机构可以有效监督和管理医保数据，及时发现并解决违规问题。

（四）明确医保精准监管的定位

为明确医保精准监管的定位，需要在以下几方面进行改进。

①建立相应的机制和制度，确保行为规范，有章可循。这包括制定明确的医保监管政策和规范，确保医疗机构和药店等各类定点医药机构的行为符合规定，并建立相应的机制来监督和约束各方的行为。

②对各类定点医药机构进行数据收集，为大数据技术的应用提供数据支持。通过收集各类医疗机构的数据，包括医疗行为、费用等信息，为大数据技术的分析和应用提供基础数据，以便更准确地进行监管和决策。

③构建信息化、一体化的智能管理平台，便于数据的分析、处理和决策。建立智能化的监管平台，集成各种医保数据，实现数据的快速分析和处理，以便及时掌握各项指标和违规情况，为决策提供参考依据。

要明确医保精准监管的定位，需要在以下几方面进行改进。

①事前的预防和提醒：医保智能监管系统应定期向各大医疗机构和药店推送医保使用细则。特别是在即将进行诊疗阶段时，确保医生和相关工作人员严格遵守行业纪律，约束自身行为，防止违规行为的发生。

②事中的处理：医保智能监管系统筛查出异常信息后，必须由相关监管人员进行二次审核数据，最终确认信息的准确性。在这个过程中，要求监管人员不漏查、不忘查，提升个人职业素养，将精准监管落实到各个层面和环节。

③事后的追究：一旦明确存在医保基金胡乱使用、违规操作等情况，监管系统会显示相关人物或事由的编码，根据有关规定进行相应的惩罚措施，如扣费或其他措施，对违规行为进行追究。

这样，通过建立机制和制度、完善数据收集与分析平台、加强预防和监察措施，医保精准监管的定位将更加清晰，能够更好地维护医保资金的合理使用和消费者的权益。

医保监管本身就带有一定的复杂性，并且伴随着民众健康意识上涨、人口老龄化加剧、就医患者数量不断增加等现实性问题的出现，如果单凭人工监管、处理各项事务，显然会力不从心。有鉴于此，加强对大数据、云技术等网络技术的应用，实现信息化、智能化、精准化、一体化监管控制，开发新技术、新理念、总结经验，进而规范医保基金的正确使用，既是每一位从业者的工作任务，也是新时代监管工作的开展要求。

计算机网络技术已经成为当代社会发展的标志性技术，并在国际上得到了一系列重视，而随着其技术应用范围的推广，在未来，计算机网络技术的发展空间必将越来越广泛。另外，随着近些年人工智能（Artificial Intelligence，AI）被引入了市场，其已经并且将继续不可避免地改变我们的生活，今后发展的方向之一也是与网络的进一步融合。所以，加快计算机网络技术与人工智能应用的研究具有非常重要的意义。

参考文献

[1]陆德旭.人工智能教程[M].青岛：青岛出版社，2018.

[2]杨卫华，吴茂念.眼科人工智能[M].武汉：湖北科学技术出版社，2018.

[3]顾骏.人与机器・思想人工智能[M].上海：上海大学出版社，2018.

[4]冉婧.人工智能原理与应用研究[M].北京：北京工业大学出版社，2018.

[5]汪军，严楠.计算机网络[M].北京：科学出版社，2019.

[6]郭达伟，张胜兵，张隽.计算机网络[M].西安：西北大学出版社，2019.

[7]刘阳，王蒙蒙.计算机网络[M].北京：北京理工大学出版社，2019.

[8]危光辉.计算机网络基础[M].北京：机械工业出版社，2019.

[9]乔寿合，付海娟，韩启凤.计算机网络技术[M].北京：北京理工大学出版社，2019.

[10]周宏博.计算机网络[M].北京：北京理工大学出版社，2020.

[11]张剑飞.计算机网络教程[M].北京：机械工业出版社，2020.

[12]汪海涛，涂传唐，于本成.计算机网络基础与应用[M].成都：电子科技大学出版社，2020.

[13]王学周，周鑫，卓然.计算机网络与安全[M].长春：吉林科学技术出版社，2020.

[14]罗勇，李芳，孙二华.计算机网络基础[M].成都：西南交通大学出版社，2020.

[15]钟静，熊江.计算机网络实验教程[M].重庆：重庆大学出版社，2020.

[16]贺杰，何茂辉.计算机网络[M].武汉：华中师范大学出版社，2021.

[17]姚兰.计算机网络[M].北京：机械工业出版社，2021.

[18]邓世昆.计算机网络工程[M].北京：北京理工大学出版社，2021.

[19]李超，王慧，叶喜.计算机网络安全研究[M].北京：中国商务出版社，2021.

[20]穆德恒.计算机网络基础[M].北京：北京理工大学出版社，2021.

[21]江楠.计算机网络与信息安全[M].天津：天津科学技术出版社，2021.

[22]何文斌，黄进勇，陈祥.计算机网络[M].武汉：华中科技大学出版社，2022.

[23]肖蔚琪，贺杰.计算机网络安全[M].武汉：华中师范大学出版社，2022.

[24]蒋建峰.计算机网络安全技术研究[M].苏州：苏州大学出版社，2022.

[25]刘鹏杰，单文豪，张小倚.计算机网络与电子信息工程研究[M].长春：吉林人民出

版社，2022.

[26]卢盛荣.人工智能与计算机基础[M].北京：北京邮电大学出版社，2022.

[27]王洪亮，徐婵婵.人工智能艺术与设计[M].北京：中国传媒大学出版社，2022.

[28]李楠，秦建军，李宇翔.人工智能通识讲义[M].北京：机械工业出版社，2022.

[29]田小东，沈毅，路雯婧.计算机网络技术[M].哈尔滨：哈尔滨工程大学出版社，2023.

[30]田海涛，张懿，王渊博.计算机网络技术与安全[M].北京：中国商务出版社，2023.

[31]黄亮.计算机网络安全技术创新应用研究[M].青岛：中国海洋大学出版社，2023.

[32]李春平.计算机网络安全及其虚拟化技术研究[M].北京：中国商务出版社，2023.

[33]袁方.人工智能与社会发展[M].保定：河北大学出版社，2023.